U0432700

复旦城市治理评论

Fudan Urban Governance Review

中国人文社会科学期刊AMI综合评价集刊入库期刊
中文社会科学引文索引来源集刊（CSSCI）

复旦城市治理评论　11
Fudan Urban Governance Review 11
中国人文社会科学期刊AMI综合评价集刊入库期刊
中文社会科学引文索引来源集刊（CSSCI）

复旦城市治理评论

城市更新与空间治理

唐亚林　陈水生　主编

復旦大學出版社

内容提要

中国城镇化开始从高速度发展进入既重视一定发展速度又更重视发展质量的新阶段。新型城镇化要求城市发展转入内涵式发展与治理的新模式。城市空间资源的有限性与人口的规模化集聚导致城市空间面临越来越大的人-空间-服务等矛盾，为此需要加快城市更新步伐，重视城市空间治理模式创新。本专辑聚焦城市更新的理论与实践发展，探讨城市更新与空间治理的内在关联，以国内外典型城市更新实践为例，总结梳理其有益经验和模式，推动中国城市空间治理现代化，实现城市高质量发展。

目　　录

本刊特稿

专题论文

研究论文

案例研究

本刊特稿

公共管理模式的变迁轨迹与共存逻辑：基于目标与手段的分析

竺乾威*

［内容摘要］ 本文主要分析从传统的公共行政到新公共管理再到后新公共管理的变迁轨迹与共存逻辑。本文认为，新公共管理在追寻政府效率这一目标上，与传统的公共行政事实上是一致的，它所改变的是达到目标的手段，后新公共管理的发展则是质疑政府效率这一目标本身，因而对传统的公共行政与新公共管理所采用的达到目标的手段都提出了批评。公共管理模式的变迁表明，后新公共管理在公共管理的目标和取得目标的手段方面展现了一种多样化的特点，且表现为不变的官僚制逻辑、辩证的人性假定逻辑与核心的管理法则逻辑的共存逻辑。公共管理模式的共存逻辑表明了公共管理模式的变迁不是一个此消彼长的过程，而是一个互补增益的过程。

［关键词］ 传统公共行政；新公共管理；后新公共管理；共存逻辑；目标与手段

一、政府效率的追求：从官僚制到企业模式

政府的使命是为公众服务，这一服务要从办事的效率上体现

* 竺乾威，复旦大学国际关系与公共事务学院教授。

出来。因此,如何提高政府效率几乎就成了政府运作或政府改革长期不变的主题。那么,接下来的问题就是,什么样的手段和方法可以用来提高政府效率,以达到政府尤其是向公众提供公共服务的目的呢？传统公共行政主要借助三种手段和方法:一是政治行政两分;二是官僚制组织;三是公务员的伦理道德准则。

第一,政治行政两分。从管理的角度来看,要解决这样一个不变的问题:“谁制定法律,制定什么样的法律。另一个问题是如何富有启发性地、公平地、迅速而又没有摩擦地实施法律。”[①]前者是政治,后者是行政。古德诺(Frank Johnson Goodnow)以明确的语言讲了政治与行政的区别:政治是政策的制定,行政是政策的执行。早期著名的德国公共行政学者布兰茨利(Johann Casper Bluntschli)则指出,“政治是政治家的特有领域,而行政管理则是技术性职员的事情。政策若无行政管理的帮助将一事无成,但行政管理并不因此就是政治”。[②] 这里的政行两分表明,政府的事可以有政务和事务之分,前者是政治家的事,后者则是文官即公务员的事。而文官的事务是专业性的,因此,“我们都必须有一支训练有素、以良好行为进行服务的官员队伍”。[③]

政府官员的政务官和文官的两分,尤其是文官队伍的建立,从管理的角度讲就是一种追求做事效率的设计。这可以从两个方面体现出来:一方面,文官队伍的建立,本身就是为了应对两党或多党轮流执政带来的政府运作效率低下的问题。比如,在美国的政党分赃时期,政府职位都是作为战利品奖赏给赢得选举的政党的,这使得具有政府经验的属原有党派的人士出局,新手全面接管,导致政府工作的不连贯甚至停顿,影响政府效率。文官作为像常备

① [美]威尔逊:《行政学研究》,载[美]理查德·斯蒂尔曼:《公共行政学:概念与案例》,竺乾威译,中国人民大学出版社 2004 年版,第 8 页。

② 同上书,第 14 页。

③ 同上书,第 18 页。

军这样的队伍被建立起来，可以在党派轮流执政的情况下使政府工作井然有序地进行；另一方面，做事的专业性的内在要求。文官都是通过考试进入、具有一定专长的专才，职业的保障制度更使他们随着年资的增长而具有丰富的政府工作经验，这些对于提升政府效率都是有利的。

第二，官僚制组织。沃希（Kieron Walsh）和斯代沃特（John Stewart）认为，传统的公共行政建立在 5 个主要的假定之上：(1)自足。这一假定认为，如果政府想做任何事，它就会把自己组织和装备起来制定和执行计划。换言之，政府有充分的能力自如地管理经济和社会。(2)直接控制。如有充分的能力管理社会，政府内部是有权威和等级结构的，处于这一金字塔顶端的人可以控制整个组织。(3)对上负责。政府组织内部是对上负责的，也就是职业文官对其政治性"上司"负责，以及部长对立法机构负责。这一责任制模式是行政联系政治系统和社会系统的主要形式。(4)一致性。政府对所有公民一视同仁，平等对待。这是公正的要义，但形式上的平等也会产生实际上的不平等。(5)文官系统。这是传统行政系统的"标准建制"原则，指的是诸如招募、薪酬、等级等内部人事问题是通过正式的文官制度进行的。①

如果把上述 5 个假定加以归纳，就是政府资源充沛，可以搞定任何事情。政府有一个文官系统，无偏差地服务于公众，政府组织内部的运作方式是等级控制，下级服从上级。事实上，这与韦伯（Max Weber）提出的官僚制结构没有大的区别。官僚制组织的一个基本结构就是由纵向的执行系统和横向的职能协调系统构成的，这一结构形式被称为一种能最有效地达成社会目标和经济目标的组织形式。尽管官僚制在后来遭到新公共管理以及后新公共

① John Stewart and Kieron Walsh, "Change in the Management of Public Services", *Public Administration*, 1992(4), pp. 499-518.

管理的批评,但作为一种基本的组织形式,它依然在发挥作用。

第三,公务员的伦理道德准则。政府公务员是做事的主体。如果说政治行政两分以及官僚制组织是取得效率的外部条件,那么公务员本身的状况和他的行为(如他的专业能力、献身精神、做事的热情等)会对效率产生最终的影响。公务员的行为受到他的价值观念、伦理道德的影响。在米歇尔·夫里斯(Michiel S. de Vries)看来,"向公众提供平等服务的驱动力是无私、正义、公平、正直、连贯、责任、透明、负责,这使公共部门区别于私营部门"。[①]因此,政府需要进行公务员伦理道德方面的建设,保证有一支具有良好的公共意识和热衷于公共服务的公务员队伍进行出色的工作。

简言之,政治行政两分在于使行政专业化,而行政专业化当然意味着效率的提高。官僚制组织的组织结构与运作方式本身就是提高效率的一种设计。而公务员作为办事的主体,其道德品行之所以重要,是因为这是获得做事效率的保证。这种提升效率的方法,可以说是一种强调政治和法律的方法。

这一传统的行政模式在20世纪20年代被注入了企业管理的要素,政府及公共部门对效率的追求受到了企业运作(通常是效率的代名词)的影响,企业管理的方式也被引入政府的管理。这一过程发端于泰罗(Frederick Winslow Taylor)的科学管理。他的提高效率的"动作与时间"研究风靡整个企业界,形成一个强大的效率运动。连当时远在俄国的列宁都说,泰罗制作为一种科学成就,俄国应该组织对它进行研究和传授,有系统地试行这种制度并使之适用。[②] 这一运动无疑影响了政府。美国20世纪20年代的地方

① [荷]米歇尔·S.德·弗里斯、金判锡:《公共行政中的价值观与美德:比较研究视角》,熊缨、耿小平译,中国人民大学出版社2014年版,第211页。

② [俄]弗拉基米尔·伊里奇·列宁:《苏维埃政权的当前任务》,载《列宁选集》第三卷,中共中央马克思恩格斯列宁斯大林著作编译局译,人民出版社2012年版,第492页。

政府改革受此影响，甚至在政府组织结构上都开始学企业，比如，这一时期出现的议会—市经理制就是参照了企业的董事会—总经理这样的模式，这一结构至今依然存在，连称呼都是市经理而不是市长。事实上，对美国来说，20 世纪 80 年代后期开始的声势浩大的新公共管理改革运动只是政府向企业学习、引入企业管理方法的第二波而已。戴维・奥斯本(David Osborne)和特德・盖布勒(Ted Gaebler)著名的《改革政府》一书的副标题就是“企业精神如何改革着公营部门”。尽管从改革的规模和深度来说，它要远远超越第一次，但两者的精神实质还是相同的，即用企业的、市场的方式和手段来提高政府效率，提升政府提供公共服务的数量和质量，它集中地体现在克林顿政府时期改革的一句口号上：用最少的钱做最多的事。众所周知，新公共管理后来几乎席卷了大多数西方国家，并被认为是一种有别于传统公共行政模式的新的管理模式。

经济合作与发展组织在讲到这一变化时认为，“传统的行政组织现在走向了它最终的限制：政治行政系统不是满足需求的有效的资源分配者，行政不是一个有效的生产者，未经测试和不经济的负担落到了工商企业和个人身上。任务的规范和复杂性压倒了传统行政的能力。经济理论以及经济术语衡量的运作事实表明，公共部门的供应品中存在着固有的成本，这一成本只有在严格界定的情况下才被证明是合理的。在宪法的框架中，政治权威有责任决定平衡经济效率与其他价值，但是相关的经济损失的程度将取决于公共部门的成本有效性。然而，有关作这样的决定而无风险的现有资料是不充分的”。① 公共选择理论在一定程度上解释了这一变化背后的原因。在这一理论看来，与市场相比，官僚组织是无效的，有足够的理由表明私人的市场要比政府或政府市场来得好；比起官僚制，市场具有更好的责任机制，它允许竞争和选择。

① OECD: *The Development of Public Management*, Paris, 1991, p.14.

此外,传统的官僚模式也没有提供市场提供的那种相应的激励和奖励结构,因此,它的效率比市场过程来得低。之所以如此,是因为人都是理性经济人,他们在作决定时都追求利益的最大化和代价的最小化。人们的行为通常是自身的、考虑自己的、工具性的,官员也一样,他们也追求自身的利益。这一理论后来事实上也成了新公共管理的一个理论基础。

新公共管理的取向是企业化和市场化,通过私有化、运用市场机制以及企业的运作方法、手段和技术,来提高政府效率和提供优质的公共服务。它强调私人部门对于公共部门技术上的优势,这些技术提高了公共服务提供的效率。在欧文·休斯(Owen E. Hughes)看来,新公共管理模式的主要特点有六个:第一,它代表着一种与传统公共行政不同的重大变化,它更为关注结果的实现和管理者的个人责任。第二,它明确表示要摆脱古典官僚制,从而使组织、人事、任期和条件更加灵活。第三,它明确规定了组织和人事目标,这就可以根据绩效指标测量工作任务的完成情况。同样,它还可以对计划方案进行更为系统的评估,也可以比以前更为严格地确定政府计划是否实现了其预期目标。第四,高级行政管理人员更有可能带有政治色彩地致力于政府工作,而不是无党派和中立的。第五,政府更有可能受到市场的检验,将公共服务的购买者与提供者区分开,即将"掌舵者与划桨者区分开"。政府介入并不一定总是指政府通过官僚手段行事。第六,出现了通过民营化和市场检验、签订合同等方式减少政府职能的趋势。在某种情况下,这是根本性的。一旦发生了从过程向结果转化的重要变革,所有与此相连的连续性步骤就都是必要的。[①]与传统的公共行政模式相比,这一模式可以被归纳为强调通过市

---

① [澳]欧文·E.休斯:《新公共管理的现状》,沈卫裕译,《中国人民大学学报》2002年第6期。

场和企业运作的方式来提高公共部门资源配置的效率,缩小政府规模,减少政府开支,提高服务质量。

二、后新公共管理的超越:目标与手段的互益

如果说传统的公共行政和新公共管理在追求政府效率这一目标上并无分歧,所不同的只是为达到这一目标而采用了不一样的方法和手段的话,那么后新公共管理[①]所呈现的一些理论学说被认为是一种新的管理模式。比如,提出新公共服务的登哈特(Robert B. Denhardt)就认为自己的新公共服务是第三种模式,即强调公民参与和民主治理模式;新公共治理则认为自己是一种超越行政和管理的新模式。事实上,后新公共管理时期的理论是非常多样化的,它们彼此之间既有相同点,也有不同点,但都质疑前两种模式所追求的政府效率这一目标本身,进而也质疑达至这一目标的方法和手段。

后新公共管理时期,出现了一个后来无论是在学界还是在实践部门叫得越来越响、用得越来越多的概念——治理,并逐步发展成一种理论。尽管对治理的概念有各种不同的理解,但一般可以接受的观点是指"确立一种治理方式,其特征在于公私部门之间以及公私部门内部边界模糊。治理的实质是强调治理的机制,这些机制不再依赖政府的权力或强制,而是多元治理的互动以及行动者互相影响"。[②] 这里的实质是多元治理的互动以及行动者互相影响。盖伊·彼得斯(B. Guy Peters)也认为,"公共部门和私人部门的关系形成了我们所称之的'治理'。在我们看来,治理的最重

① 这个进程通常被认为从20世纪90年代中期就开始了。

② OECD: *The Development of Public Management*, Paris, 1991, p.14.

要之处在于政府再也不像以前那样是一个自主和权威的行动者，恰恰相反，公共部门今天被认为在很多方面以各种不同的方式依赖私人部门，许多政策都是通过公私行动者的互动制定和执行的”。① 彼得斯认为，治理最重要的支撑是集体目标的设定和责任制。集体目标设定的一个含义在于政府变成了一个赋能者，而不再像以前那样是一个通过自身权力来发号施令的等级机构。在彼得斯看来，传统行政模式和新公共管理“事先确定了一种与获得政策目标相同的行动，而在治理时代，决定在某种程度上必须经过讨论和谈判才能作出”。② 由于政府目标的设定不再由政府一家说了算，即目标的形成机制发生了变化，达成目标的方式以及与达成目标相连的做事的效率以及做事的方法和手段当然也会发生变化。

事实上，在彼得斯之前，登哈特在他那本著名的著作《新公共服务》中就已经提出了类似的观点，只不过用语不同，且当时治理还不像彼得斯在写那篇文章时那样已经变得声誉日隆。登哈特用的词汇是“民主治理”和“公众参与”。在他看来，“在一个民主社会中，对民主价值观的关注在我们思考治理系统方面应该居于首要位置。尽管诸如效率和生产积极性这样的价值观不应该被丢弃，但是它们却应该被置于由民主、社区和公共利益构成的更大的环境中。新公共服务提供了这样一个基础点，围绕它，我们可以把一项公共服务建立在公民对话和公共利益的基础上，并且可以将其与公民对话和公共利益充分结合在一起”。登哈特引用了罗伊·亚当斯(Roy Adams)的话，“仅有效率是不够的”，要想使组织中的人们具有一种“体面并且有尊严的生活方式，就需要一些参与的方

① B. Guy Peters, “The Changing Nature of Public Administration: From Easy Answers to Hard Questions”, *Public Policy and Administration*, 2003(5), p.8.

② Ibid., p.14.

法”。[①] 登哈特主张一种具有高度包容性的参与性的方法。在登哈特看来,尽管质量管理和参与决策对于雇员的绩效具有积极的影响,但是参与决策的影响则要大得多。“最重要的是,参与和包容的方法是建立公民意识、责任意识和信任的最好方法。而且,它们也可以促进公共利益服务中的价值。”[②]这种参与(不仅仅是组织内部雇员的参与,还包括大众的参与)正如后来发展出来的治理所强调的多元互动一样,它首先质疑了政策及其目标都由政府一家决定的做法,政府的一些政策应该通过讨论、谈判等集体的方式作出,而对政策最后达成成效的评价,显然也不再是由政府一家说了算。

公众参与也被认为是构成善治的基石。善治通常包含以下八个方面的内容:参与、遵法、透明、回应、公开、平等和包容、高效、可问责。善治涉及的这些内容表明,“治理可以被看作加速增长、平等、可持续发展的目标和过程。总体来看,治理的第一个层面与民主治理相关,这意味着合法性、责任和可问责;第二个层面与有效的管理有关,这涉及政府的能力,而同政府的组织形式无关;第三个层面与协调的概念有关,它导致产生作为国家与其他组织互动的结构的秩序。秩序通常是通过包括等级统治、市场交换和共同的价值的各种模式而得到保证的”。[③] 很显然,治理已经在一些要点上展示了它与传统公共行政和新公共管理的不同。如果说等级统治对应的是传统的公共行政,市场交换对应的是新公共管理,治理则对应了共同的价值。事实上,登哈特在《新公共服务》中已经指出过一种“基于价值的共同领导”[④],并认为这种基于价值的共

① B. Guy Peters, “The Changing Nature of Public Administration: From Easy Answers to Hard Questions”, *Public Policy and Administration*, 2003(5), p.16.

② Ibid.

③ 竺乾威、朱春奎、李瑞昌:《公共管理导论》,中国人民大学出版社 2018 年版,第 44 页。

④ [美]罗伯特·登哈特、珍妮特·登哈特:《新公共服务》,丁煌译,中国人民大学出版社 2004 年版,第 148 页。

同领导应当被视为公务员的一种职能和责任。

如果说基于共同价值的领导更多涉及政府在共同价值的基础上,通过与相关者商讨或谈判来确定目标而一改由政府说了算的做法,马克·穆尔(Mark H. Moore)则鲜明地提出了政府的目标在于"创造公共价值"。他的那本《创造公共价值》要回答的问题,就是"公共部门的管理者应该怎样根据所处的环境来思考和行动以创造公共价值"。这至少在传统的公共行政和新公共管理两个模式的基本政府目标——满足公众的需要——之上又增加了一个新的维度。满足公众的需要,可以是在成本效益不经济的条件下实现的,也可以利用现有的资源创造更多的价值来满足公众的需要。穆尔强调了管理思想和管理方式的重要性,认为它们是提高公共部门组织工作绩效最重要的途径。他认为,把管理看作执行政策这一想法已经过时,因为执行政策关心的是政策而不是组织,所以忽视了一个最重要的问题,即如何发展和利用公共部门。在他看来,公共部门管理的成功,在于"能够发起创新,不断改革公共部门组织,使它不仅能在短期内也能在长期内为公众创造更多的价值"。① 这样的价值包括工作中提高效率、效果和公平,也包括对新的政治意图作出响应,或者在新的组织任务环境中满足新的需要,或者还意味着减少政府机构的开销,将它们用于其他公共的和私人的目标。简言之,这一成功就是"在短期和长期增加公共部门组织生产的公共价值。事实上,在管理者必须使公共组织创造价值这一点上,它与衡量私营部门的成功标准是一样的"。② 在这里,穆尔强调了公共组织在创造公共价值中的作用,这样的组织优势与新公共管理强调私人企业的作用是不一样的。

在实现公共价值这一目标的过程中,穆尔建构了一个由价值、

---

① [美]马克·穆尔:《创造公共价值》,伍满桂译,商务印书馆2016年版,第15页。
② 同上。

法律和政治上的持续性以及运作和管理上的可行性组成的战略三角形。这一政府的战略管理模式与传统公共行政模式的一个区别在于，公共行政的古典传统没有将管理者的注意力引向目标、价值、争取合法性和支持等问题上，甚至认为这些问题已经在关于组织的立法和政策中得到了很好的回答。战略三角形理论则认为，公共部门管理者应该负责确定组织的使命和总体目标，也应该从自身的行政管理水平以外的地方寻找资源来制定有价值的目标。公共管理者的责任，以前是确保现有工作的连续性和效率，现在则是更好地使组织适应未来的需要。管理者要给组织正确定位以创造公共价值，而不仅仅是利用资源达成既定的授权目标。也就是说，公共管理者不仅要利用资源达成目标，还要利用资源创造价值。穆尔认为，"战略管理与公共行政古典传统最大的不同之处在于管理者的思维方式和行动方式，而不是现有的制度安排。在行动上，管理者仍受到现有程序和他们领导的组织的管理制度的严格监督"。① 这种不同的思维和行动方式表现在"以一种有目的的、寻找价值的眼光来分析环境，然后在与政治环境的互动中发现机会，并据此采取适当的行动，或在组织内实现创新"。② 这表明，即便公共管理者身处传统的、韦伯式的组织里，但由于目标的变化（创造公共价值），思维和行动的方式与手段也随之发生了变化。

进入新世纪后出现的新公共治理则从另一个角度，也就是公共政策执行和公共服务提供来建构自己的模式。新公共治理力图展现对公共政策执行和公共服务，尤其是提供公共服务这一政府最重要的目标的一种崭新理解。

新公共治理认为，以往公共管理理论中的一个"致命的瑕疵"，在于把公共服务看作生产而非服务的过程。斯蒂芬·奥斯本

① ［美］马克·穆尔：《创造公共价值》，伍满桂译，商务印书馆2016年版，第105页。
② 同上书，第106页。

(Stephen P. Osborne)则认为,政府和第三部门或私人部门提供的大多数公共产品事实上不是公共产品,而是公共服务。服务导向的理论认为,生产导向的理论与将原料转变为可售物品的活动(包括所有权的转移)有关,而服务导向的理论与具有无形好处的交易的活动和过程有关(这些活动的所有权是不能转移的)。服务与产品不同,产品是具体的,服务则是无形的,它是一个过程(住在旅馆里不只是你的房间质量问题,也是你住在那里经历的一个过程)。服务的使用者尽管希望服务"满足目标",但他们将其对服务表现的评价建立在他们的期望以及服务过程的经历上,而不只是结果上。这种经历极大地影响了服务的有效性和运行。① 这一点很重要,因为它意味着公共服务的运作不仅仅只是一种与其目标相关的有效设计,它至少也是一种服务使用者的主观体验。这两者深刻地影响了服务的实际运作。这种互动的质量不仅影响了服务使用者的满意感,也影响了服务结果。显然,成功的公共服务管理不只是有效地设计公共服务(这是必要条件,而不是充分条件),它还需要对使用者进行治理并作出回应,并且训练和激励工作人员以便与使用者积极互动。有效的服务管理不仅同控制单位成本以及服务生产过程的有效性相关,它更重要的是与运用具体的知识相关,知识在这里是最重要的资源。在这个过程中,使用者一直是价值的生产者,即服务在使用后才有价值,经历和感觉对于价值是至关重要的。服务主导的方法注重的是具体的知识和技能驱动的活动,而不是交换过程中处于中心的输出单位。这样就对公共服务的目标提出了一种新的解释,由此运作和评价标准都发生了变化。

新公共治理提出的以服务主导的方法具体表现在四个方面。第一,战略取向。对公共服务组织来说,战略取向涉及一种理解公

---

① Stephen P Osborne, Zoe Radnor, and Greta Nasi, "A New Theory for Public Service Management: Toward a Public Service-Dominant Approach", *American Review of Public Administration*, 2012(2), pp. 135–138.

民和使用者当前和未来需要和期望的能力。这样,公共接触就成了战略取向和运作机制的一个核心层面。这样的互动产生了当前和未来的需要,有助于政策的制定和执行。第二,公共服务市场化。新公共治理主张关系经营,认为可持续的竞争优势日益要求合作而不是敌对竞争,这种合作关系对于相关组织来说是一种最宝贵的资源,它的核心是信任。第三,共同生产。共同生产是服务提供过程的一个核心要素,它把使用者而不是决策者或专业人士置于公共服务创新过程的中心,这对管理过程具有极大意义。这也要求服务组织积极地去发现、理解和满足一些潜在的和未来的需要,而不是简单地对现有表达的需要进行反应。第四,运作管理。如果运作方法是组织内取向的(产品主导的),而不是跨组织取向的(服务主导的),其结果无疑会产生更有效率的服务组织,但对组织的有效性的影响却有限。如果这种状况持续,公共服务组织不管内部多有效率,它们不会去满足使用者的需要。因此,需要考虑内部服务运作管理与外部服务提供的互动。① 在这里,我们看到新公共治理在政府目标和手段以及评价标准方面提出了有别于上面提到的几种模式的特点。

三、公共管理模式的共存逻辑:未来的发展

公共管理的几种模式包括实践的模式和理论的模式。如果说作为实践的模式,传统的公共行政和新公共管理的边界是比较清晰的话,那么后新公共管理时期出现的如新公共服务、新公共治理等模式可能更多地被认为是理论模式,尽管登哈特把自己的新公共服务也称为一种与传统的公共行政和新公共管理相提并论的模

---

① 竺乾威:《新公共治理:新的治理模式?》,《中国行政管理》2016 年第 7 期。

式(但有不少人认为这一模式反映的更多的是理念方面的东西),奥斯本也把自己的新公共治理称为一种传统的公共行政后的又一种模式(新公共管理在他看来不是一种模式),但不少人认为这两种不是模式,因为它们缺少操作性,不像传统公共行政和新公共管理那样是可以操作的模式。这方面是有争议的。尽管如此,把所有这些模式的边界搞得一清二楚是不现实的,因为公共管理的历史发展表明,这些模式在今天在很多方面往往是交织在一起的。比如,新公共服务的一些理念在现实的行政实践中是可以被领悟到的,穆尔提出的创造公共价值的理论,实际上也是建立在大量的政府实践上的。它们的关系是一种相互共存、你中有我或我中有你、并存互补的互益关系,而不是一种此消彼长的关系。这些模式之间有的边界比较清楚,有的不太清楚,但这不妨碍它们有自己独特的东西。

这些模式既有分歧,又有共同点;分歧可以互补,共同点可以作为支撑。这是这些模式得以共存的基本理由。具体来说,这些模式得以共存的逻辑有以下三个。

第一,不变的官僚制逻辑。不管什么样的实践模式还是理论模式,我们可以看到,这些模式事实上都没有绕过它背后一直存在的官僚制,即官僚制具有坚韧的生命力。也就是说,尽管理论和实践的东西发生了很多变化,但官僚制基本上还是稳定的,尤其是从它的组织结构来看。新公共管理之后所发生的所有变化,事实上都是围绕着以官僚制为基础的传统的公共行政而展开的,其后所有的模式对官僚制有改进和突破,但没有取代。

这表明官僚制尽管受到了很多批评,也有自身的缺陷,但能生存下来表明它还是有生命力的。正如查尔斯·葛德塞尔(Charles T. Goodsell)把它比作一辆老旧了的车,尽管车门和车窗有点破了,或者其他地方出了毛病,但它还是能驱动并到达目的地的。之所以如此,是因为官僚制具备的两个最基本的特征是不管什么样的管理模式都难以绕开的，这就是权力中心和专业化，即官僚制是根据纵向的权力等级结构和横向的职能协调结构建立起来的，且通过专业人员的专业作用，推动了组织得以有效运作。正因为如此，不管是政府组织还是企业组织或军事组织，都采用了官僚制的形式，因为这两个特征反映了现代管理的最本质的方面。至少在可预见的未来，这一点很难发生根本改变。事实上，后来出现的各种模式只是对这两个基本点的改进而已。比如治理，从原来的政府独享权力到政府与相关组织共享权力，从一家治理到合作治理，这当然是一种改变。但问题在于，这样的改变事实上并没有改变政府作为一个社会权威组织这一最重要的特征，因为有关公共事务的最终政策和决定还是要由政府作出的。尽管政府的决策或决定吸收了其他参与者的成分，甚至主要来自参与者的意见或看法，但这并不改变政府作为最终决策者的身份。正如乔恩·皮埃尔(Jon Pierre)和盖伊·彼得斯所说的，治理作为一种过程，“国家在其中起着主导作用，有权决定优先顺序与设定目标”。① 政府的这一权力中心的角色至少在形式上还是存在的，尽管在公共服务的提供中，政府与相关组织的关系变成了一种委托人和代理人的关系。把政府的角色降低到与一般性组织同等地位，至少是一种乌托邦的想法，尤其是政府在行使其管制功能时。此外，一些后起的新的管理模式也没有摆脱官僚制基本的层级运作方式，尽管在一些领域产生了一种平行的运作方式，如网络状的结构，但层级运作方式依然存在。

第二，辩证的人性假定逻辑。对人性的不同假定，并不妨碍不同管理模式之间存在的互补逻辑。传统公共行政模式尤其是新公共管理模式被认为是一种理性经济人的模式，由此而形成的对效

① [美]乔恩·皮埃尔、盖伊·彼得斯：《治理、政治与国家》，唐贤兴、马婷译，上海人民出版社 2019 年版，第 11 页。

率的追求、绩效的评估、成本效益、强调以绩效为基础的激励等，都反映了一个人或一个组织力图将自我利益最大化。公共选择理论就是假定公共官员也是要追求自身利益的。登哈特所主张的新公共服务对这两种模式信奉的理性经济人模式提出了批评，认为理性经济人模式的一个局限是建立在一种片面的人类理性观点以及对知识获取的不完整的理解之上的。在新公共服务理论看来，公务员是崇高的。“人们之所以被吸引去从事公共服务，是因为他们被公共服务的价值观所促使。这些价值观——为他人服务、使世界更加美好和国家安全以及使民主发挥作用——体现在一个社区的服务中作为一个公民之意义的精华。”①

事实上，这两种模式对人性的假定都有偏颇之处，因为不管是哪种模式，都不是建立在纯粹地追求自身利益或献身崇高事业的二分之上的。理性经济人只是指出了作为自然人的一个特征，但人是生活在社会和集体之中的，他还有社会人或组织人的一面，前者使他在做事时出于自利的考虑，后者则要求他在组织的活动中首先考虑组织的利益而非个人的利益，尤其是在政府或其他公共部门中首先要求他做事出于公的考虑。因此，片面地强调某一方面无法解释组织运行背后的人的因素。从另一个角度讲，这两种看似对立的观点以及可能在不同观点上采取不同的管理手段，恰恰提供了彼此的一种互补，呈现一种互益逻辑。

第三，核心的管理法则逻辑。只要涉及管理，一般来说总有一套管理应该遵循的核心法则，尽管对此类核心法则有不同的说法。赫伯特·卡森(Herbert N. Casson)认为，管理的基础是有一个明确的目标，为了获得效率，一个企业需要有三个部分：双手、大脑和灵魂。双手进行工作，完成任务，实现目标；大脑指导方向，收集信

① [美]罗伯特·登哈特、珍妮特·登哈特：《新公共服务》，丁煌译，中国人民大学出版社 2004 年版，第 168 页。

息，把信息规划成有效的任务管理；灵魂提供动力、信仰、愿望和希望，使大脑和双手保持运转。① 如果缺少受到激励的灵魂，一个公司就会失败，管理的任务之一就是使灵魂保持生命力。这段话也适用于政府和公共部门。尽管从公共管理的角度讲，现在的一个变化在于这一目标的确立往往是政府与其他社会组织互动的产物（尤其是在公共服务领域），但目标还是有的，事情都是围绕它来做的。公共管理也需要双手、大脑和灵魂。尽管政府的灵魂与企业的灵魂有些不同，但它也需要激励，否则，就做不成任何事情。

在管理应该遵循的一些核心法则方面，艾默森（Harrington Emerson）曾经提出过著名的12条法则，具体包括：（1）明确规定目标，一个组织必须知道自己的目标是什么；（2）常识，组织使用的方法和对未来的展望应该切合实际；（3）适当的建议，组织应该寻找合理的建议；（4）纪律，主要是内在的纪律和自我约束；（5）公平处理分配，员工应该受到公平对待，鼓励他们参与效率运动；（6）可靠、迅速、充分地记录，以判定效率是否实现；（7）工作流程要保证整个运作过程运转顺利；（8）建立标准和日程表，这是实现效率的基础；（9）工作场所的环境应该根据科学的原则实行标准化，并不断加以改进；（10）标准化作业，尤其是在计划和工作方法上；（11）所有指令（不仅包括标准本身，而且包括遵从标准的方法）都应该以书面形式记录下来；（12）如果员工实现了效率，就应该受到适当的奖励。② 这些管理的核心原则，事实上在各种公共管理的运作模式中都是有分布的，只是不均匀而已，因为它们展示的是获得组织目标所需要采取的一些基本手段和方法，尽管在不同的模式中其实际运用可能不一样，但这些原则还是存在的。这种不均

① ［英］摩根·威策尔：《管理的历史》，孔京京、张炳南译，中信出版社2002年版，第71页。

② 同上书，第69页。

匀恰恰也提供了不同模式之间进行互补增益的机会。因此，正如前面所说的，我们现在看到的是一种你中有我、我中有你的状况，尽管它们都有各自的边界。

公共管理走过了这么多年，从最初的传统的公共行政到新公共管理再到后新公共管理，无论发生什么样的变化，都绕不开政治、行政（也可以说是管理，如经济层面的成本效益、技术层面的发展，网络行政事实上也可以划归管理范围）两个最基本的层面，而这两个基本的层面事实上代表了公共管理力图追求的两个最重要的东西，即政治价值和行政效率。公共管理模式的不同只是在这两者之上的不同偏向而已，所有的争论和矛盾也是围绕着两者展开的。这也就是奥斯本（Stephen P. Osborne）的新公共治理为什么想把这两者连接起来的一个原因。这一鸿沟能否填平？或者本身就是填不平的？或者说恰恰是这两者之间的差异，才使得今天的公共管理实践和理论如此活跃和富有生命力？未来能否产生一个融两者于一体的新的公共管理模式？可能还需要用时间来加以证明。

专题论文

城市更新要“目中有人”

——人性化城市之抵达

丁彩霞[*]　张闻达[**]

[内容摘要]　城市是人创造的,城市给人最精彩的感觉应该是“起源于艺术,发展于需求”;城市属于它的人民,城市更新的方向便是城市发展的方向,这是城市更新的人性化需求本质。城市更新是后高速城镇化期城市的新发展方式。城市更新的政策工具与城市发展的价值目标是统一的,城市更新要为人民更好地生活而设,要通过更新打造人性化城市。具有人性化维度的美好城市品质是充满活力的、安全的、健康的、可持续的。我国现有城市更新的不足是抵达人性化城市尚有短板:活力不充分——对行人友好的理念和设计需提升;创新不够——创新环境的孕育需厚植;凝聚力不强——共同享有的认同意识待加强。为此,城市更新的完善策略,要“目中有人”,要通过人们共同努力,实现单靠个人无法完成的属于城市特质的目标:营造有活力的公共空间;打造安全的韧性城市;塑造共享的城市社区。我国全面推进城市15分钟便民生活圈的计划代表了人性化城市的进向,多种举措意在构建一种良好的人群生态:各取所需、自由集聚、加强交流、方便生活,对我国城市更新而言,这个转机不容错失。

[关键词]　城市更新;人性化城市;“目中有人”

---

* 丁彩霞,苏州城市学院城市治理与公共事务学院教授,法学博士。

** 张闻达,内蒙古交通设计研究院有限责任公司高级工程师,工程硕士。

自2021年至今，城市更新已经连续三年被写入国务院的《政府工作报告》中。习近平总书记在党的二十大报告上强调："坚持人民城市人民建、人民城市为人民，提高城市规划、建设、治理水平，加快转变超大特大城市发展方式，实施城市更新行动，加强城市基础设施建设，打造宜居、韧性、智慧城市。"①城市是一个鲜活的生命有机体，城市发展的全过程是一个成长、完善、更新、改造的新陈代谢过程。城市是人创造的，城市给人最精彩的感觉应该是"起源于艺术，发展于需求"。城市更新应是不断调整、适应、满足人的需求的。主动调整环境，区分和组织感官所感知到的事物是人类亘古以来的习惯，生存和统治都需要基于这种感觉上的适应性。②

一、城市更新的人性化需求本质：城市属于它的人民

在处于变化的世界里，城市发展史就是城市更新史。城市的兴起始于人的集聚，城市的绵延在于其是否与时俱进并更好地满足了多层次的社会需求，城市的衰败在于其发展动力衰竭。从古至今，城市都是由人构成的，而不是由建筑构成的。是人主导着城市的发展变迁，城市属于它的人民。

（一）城市更新的内涵

城市更新的背景源于第二次世界大战后，西方国家一些大城市中心地区的人口和工业出现了向郊区迁移致使城市中心区衰落

① 习近平：《在中国共产党第二十次全国代表大会上的报告》，人民出版社2022年版，第33—34页。

② ［美］凯文·林奇：《城市意象》，方益萍、何晓军译，华夏出版社2001年版，第73页。

的趋势，为吸引人口回流城市，解决中心区的贫民窟问题，城市更新应运而生。“城市更新”(urban renewal)一词由美国住宅经济学家迈尔斯·科林(Miles Colean)于1953年首次提出，主要意义是维持城市的生命力，促进城市土地更有效地使用。① 后来，西方国家在发展过程中又提出城市再利用(urban reuse)、城市再发展(urban redevelopment)、城市再生(urban regeneration)等概念，用来表达应对城市发展中出现的问题的一系列解决对策。每个阶段城市更新的侧重点不同，因此会冠以不同的名称。《不列颠百科全书》将城市更新界定为：“以纠正一系列的城市问题为目的而进行的综合计划，包括不合卫生要求、有缺陷或破败的住房、低质量的交通、卫生和其他服务设施、杂乱的土地使用方式，以及城市衰退相关的社会问题(如犯罪)等。”②2000年，彼得·罗伯茨(Peter Roberts)在《城市更新手册》中给出了更宽泛的定义，即用综合的、整体性的观念和行动解决城市问题，旨在为处于变化中的城市带来经济、物质、社会、环境等方面的持续性提升。③ 国内外的城市管理者往往通过出台城市更新政策来治理城市问题，同时，城市更新也成为城市发展的常态化方式。

西方国家的城市更新经历了“硬件”的城市更新、“软件”的城市更新、整合的城市更新三个阶段。第一阶段表现为推土机式的重建，注重城市物质空间的改善；第二阶段表现为公共住房的建设及邻里复兴，注重城市社会福利制度的健全；第三阶段表现为全球后工业化经济衰退期及综合复兴期，分别侧重以经济的发展作为

---

① 廖义勇：《都市更新主体之共生模式：以台北市为例》，东南大学出版社2011年版，第1页。

② https://www.britannica.com/topic/urban-renewal。

③ 孙威、王晓楠、盛科荣：《基于文献计量方法的国内外城市更新比较研究》，《地理科学》2020年第8期。

拉动城市发展的引擎、城市历史文化的保护及城市市民的公共利益。①

（二）城市更新政策工具与城市发展价值目标的统一

国家统计局发布的报告显示，2011 年中国的城镇化率突破 50%。国家发展和改革委员会组织召开的城镇化工作暨城乡融合发展工作部际联席会议第四次会议指出，2021 年我国的城镇化率达到 64.72%。城市发展逐渐步入成熟阶段，城市更新作为主要的城市发展政策、中国城市转型发展的主要方式，同时也是关键性任务，须基于城市是一个有机生命体的整体性思维来被对待，实现城市更新政策工具与城市发展价值目标的统一。城市更新是后高速城镇化期的新发展方式，不是城市停止了发展而只在局部的小修小补。城市更新融合工程技术和社会经济的诸多方面，遵循技术、权力、资本、权利四重逻辑，旨在通过实体规划创造满足使用者居住、工作、交通和游憩需求的高质量物质空间。围绕土地再开发利用所延伸的振兴经济发展、维护社会秩序，解决住房保障、改善人居环境、维护自然生态，优化城市机能、提高公共服务、提升生活品质，保护历史文脉等多元目标，都有待诉诸城市更新来实现。②在更新的项目上，在搞好单体老旧建筑改造的同时，扩展到成群、连片、整区的更新。要有总体性的更新理念和更新规划，建立起长效机制和稳定的政策支持。

城市从来都是出现在自然形成的商贸路线的交叉点上，而且都是当时的战略要地，商贸和交流是城市形成的原因。但需注意

① 丁凡、伍江：《城市更新相关概念的演进及在当今的现实意义》，《城市规划学刊》2017 年第 6 期。

② 叶林、彭显耿：《中国城市更新的“回应-驱动”模式分析——基于广州市“三旧”改造的考察》，《东岳论丛》2021 年第 5 期。

的是，出现思想交流和商品交流是同等重要的。在城市里，只有当思想的碰撞增加了才智、富裕的财富催生了享乐、金钱的力量带来了安全感，才会出现进步和文明。① 因此，确保新思想的涌现是十分重要的。各种新思想像传统观念一样被接纳，这是接受未来各种思想的前提条件。从这个意义上来说，城市是由人民构成的。城市能够生存是因为有人生活在其中，不能本末倒置。离开可持续发展的总目标，单独谈论城市硬件设施的规划和经济规划都没有任何意义。在数字经济时代，我国城市可持续发展的要求就是宜居、韧性、智慧。让城市成为这样一个场所：在那里，抚养和教育孩子成为心身健康的人；在那里，人们可以找到足以养家糊口的工作，并且有适当的保障；在那里，生活便利、社会交往、休闲娱乐、文化提升都能够实现。拥有较多的工作更换、商品交换、思想交流的机会，构成理解城市的主要内容。城市是一把尺子，凭着这把尺子，这些内容才能够以最接近人的方式实现。②

德国 2019 年的城市更新项目表达了这种将城市发展的价值目标与城市更新政策工具相统一的导向，它将已有的六个城市更新资助项目简化为三个，分别是：生活中心——城镇和市中心的保护和发展；社会凝聚力——共同塑造社区共存；增长与可持续更新——设计宜居社区。③

（三）城市更新要为人民更好地生活而设

不同的城市往往代表了不同的生活方式。城市的人口规模、人口密度和异质性导致了城市特有的生活方式，这种生活方式正

---

① [美]亨利 · 丘吉尔：《城市即人民》，吴佳琦译，华中科技大学出版社 2016 年版，第 3 页。

② 同上书，第 79 页。

③ 谭肖红、乌尔 · 阿特克、易鑫：《1960—2019 年德国城市更新的制度设计和实践策略》，《国际城市规划》2022 年第 1 期。

越来越被新一代年轻人所看重。一座城市的公共场所——街道、广场和公园等——都是提供人们聚会、交流思想、购物、简单放松、享受自我的舞台和催化剂。符合人性化尺度的城市才是健康、安全、可持续的，也因它吸纳人而让城市充满活力。要建设生活型城市、包容性城市，改变新中国成立后打造生产型城市的城市理念和格局构造，也不能让人在城市里仅仅是为了生存才留下来。在存量时代，城市更新无疑是实现这样的转变的最有力工具，也是最合适的时机。持续的冲突是城市治理中固有的，建设包容性城市、宜居性城市需要观念上的明确和举措上的保障。不得保障者在城市的存在谈不上是生活，只能是生存。

城市是人创造的，城市生活活动需要公共空间予以满足。基于人性化维度的城市规划应该首先关注生活和空间，其次才是建筑。城市空间中的生活的共同特征就是活动的多样性和复杂性，并且在有目的的步行、购物、休息、逗留和交流之间存在着许多重叠且频繁的转换。不可预测的和不可计划的、自发性的行为无疑构成了使在空间中的往来和逗留活动具有如此特殊吸引力的重要部分。① 城市更新作为城市空间优化的主要举措，需围绕这样的目标展开。如果我们的公共空间被汽车交通、单体建筑充塞、压缩，城市空间与城市生活的关联度越来越小，那将来我们的城市必定是无活力的，难以聚集人、激发人，也难以创新。我们首先塑造城市，同时城市塑造我们。

城市生活既有必要性活动，也有选择性活动、社交性活动。必要性活动是每日的、一致的、非选择性的部分，城市居民的活动首先是必要性活动，即人们普遍从事的活动，如工作或上学、等候公交车，买菜、购物、运送等。选择性活动是娱乐性的和兴趣类的，对

① ［丹麦］扬·盖尔：《人性化的城市》，欧阳文、徐哲文译，中国工业建筑出版社2010年版，第20页。

于这类重要活动,城市品质的创造就是决定性的前提条件。城市居民次之的活动就是选择性活动,它是在良好环境下进行的,如沿林荫道散步、登高远眺城市、坐下来欣赏风景或好的天气等。社交性活动包括所有类型的人与人之间的交流与接触,它在城市空间中无处不在。城市更新需着眼于此,通过对老旧小区、历史文化街区、工业遗产、公共空间等的更新改造,让城市提升品质,重新焕发生机与活力。

二、我国城市更新的不足:抵达人性化城市的短板

城市本质上是由人组成的,而不是由建筑组成的,城市更新和发展都要服务于人的需求和发展,一座城市的人口构成诉说了城市能够为居民提供什么。在城镇化快速扩张的增量时代,城市受汽车这个交通工具的影响很大,在慢下来的存量时代,城市更新需着眼于人,打造人性化城市,有效地吸引高素质居民,这样的人是能不断地让城市复兴、繁荣的内核。

(一)人性化城市的基本考量

根据涂尔干(Durkheim)的观点,城市社会的基本特征是社会分工和异质性,是一种“有机团结”,迥异于通过强烈的集体意识将同质性的个体结合在一起的农村“机械团结”。如何将城市这个有机体的人性化维度不断提升呢?

扬·盖尔(Jan Gehl)在《人性化的城市》中,将美好城市品质概括为充满活力的、安全的、健康的、可持续的四个指标,并提出通过提供对步行人群的、骑车人和城市生活的总体关注,而达到人性化维度不可估量的巩固与加强的观点。首先,当更多的人被吸引在城市空间中进行步行、骑车和逗留的时候,一个充满活力的城市的

潜能就被强化出来。其次，城市具有合理结构、公共空间具有吸引力、城市功能多样化。这三个要素增加了城市空间内部和空间周围的行人活动，也增强了城市居民的安全感。因为这样的设计和构造比如窗户面向街道，自然而然使得沿街有更多的眼睛关注发生在住宅内和建筑周围的城市中的活动。再次，如果交通系统的绝大部分能够作为“绿色移动”而发生，即通过步行、骑车或公共交通进行，可持续的城市就被加强。这些形式的交通降低了资源消耗，限制了排放，并降低了噪声标准，提供了对经济和环境的显著益处。此外，如果使用者觉得步行或骑车、公共汽车、轻轨和火车安全舒适，公共交通的吸引力就会猛增。良好的公共空间和一个良好的公共交通系统恰恰就是同一枚硬币的两个面。最后，如果步行或骑车能够成为日常活动方式的一部分，建设一个健康的城市的愿望就可得到引人注目的强化。因为伴随着汽车提供了门对门的交通，大部分人群已经变得习惯于久坐。诚心诚意地邀请将步行和骑车作为日常生活的正常且有机的要素，有利于健康。① 总之，城市生活的先决条件就是提供良好的步行的可能性，更广义的层面是指当你强调步行生活时，大量的有价值的社会活动和娱乐休闲的可能性就会自然而然地产生。

简·雅各布斯(Jane Jacobs)在《美国大城市的死与生》中批评了传统的理想化的漠视城市实际情况的城市规划和设计，提出以尊重城市运转机制为前提的城市规划设计理念。以街道为例，人行道的用途一是安全，二是交往，三是孩子的同化。城市公共区域的安宁——人行道和街道的安宁——主要是由一个互相关联的、非正式的网络来维持的，由人们自行产生，也由其强制执行。一个成功的城市地区的基本标准是：当人们在街上身处陌生人之间时，

---

① ［丹麦］扬·盖尔：《人性化的城市》，欧阳文、徐哲文译，中国工业建筑出版社2010年版，第6—7页。

必须能感到安全，必须不会潜意识地感觉受到陌生人的威胁。一个街道经常被使用必须符合三个条件：公共空间与私人空间界限分明，不能混合；必须有些眼睛盯着街道，楼房要面向街面；人行道上必须总有行人。因此，要在沿着人行道的边上布置足够数量的商业点和其他公共场所来吸引人，有行人也有观看者，陌生人也是一种重要的资源。与之相反，追求空荡的、明显的秩序和静谧感是不切实际的。在漫长的时间里，人行道上会发生众多微不足道的公共接触，构成街道上信任的来源。当一个城市地区缺少人行道生活时，就必须扩展其私人生活，才能满足与邻里交往的活动需求。尽管人行道上的交往表现出无组织、无目的、低层次的一面，但这种或深或浅的随机性街道人际接触是城市生活的本真，城市生活的富有就是从这里开始的。活跃的人行道有很多可供孩子玩耍的地方，人行道上拥有的安全与保护孩子一样重要，城市生活的体验不是花钱雇来照看孩子的人能传授的，城市街道方便对孩子们来说也非常重要。① 上述三点是很多老城市成功的根本原因。

上述理论同样适用于中国。伴随着城镇化的进程，我国城市的多样性、丰富性越来越饱满，与农村的单一性渐成对照，同时，城镇吸纳农村迁移的人口本身就是城镇化过程。在这个城市动态有机生发的过程中，交通拥堵，优质教育资源、医疗资源与住房价格捆绑形成的高房价，空气污染、停车难、人口急剧膨胀、城市管线负荷超载、通勤时间长、生活不便、生活品质降低等“大城市病”比比皆是。比如，拥堵导致限行，限行导致不少人又购置第二辆车，车越来越多导致无处可停，这个死循环最终的破解还是需要大力发展城市公共交通，提升包括出租车在内的公共服务品质，创造便捷的外部交通出行条件，摆脱对私家车的出行依赖。同时，逐步建立

① [加拿大]简·雅各布斯：《美国大城市的死与生》，金衡山译，译林出版社2006年版，第1—79页。

完整社区,实现市民必要的基本生活保障类需求便捷化、可达化,生活品质提升类需求也有合理布点,能满足多样化的需求。无论从社区的角度看还是从整个城市看,都有必要邀请行人、骑车人更多到城市中来,感受和体验城市生活,感受属于一个城市的生活方式。新时代在城市更新目标上,不仅要改善基本住房条件,还要建设完整的居住社区,即在步行的范围内补齐基本的公共服务设施、市政基础设施、便民商业、养老育幼等服务事项。城市市民既是社会活力的来源和创新来源,也是社会安全的守护者。

(二)我国城市更新抵达人性化城市的短板

新中国成立以来,城市更新的重心更多在于解决城市公共设施、公共服务和民生需求是否匮乏、是否充分的问题;在城镇化速度慢下来的时代,城市更新的重心会转移至公共设施、公共服务和民生需求品质好不好、供需契合度高不高的方向上。要实现这个转变过程,扭转以汽车和房地产为主要衡量尺度的既定思维,城市更新是有力的政策举措。对照人性化城市的四点特质,我国现有的城市尚有以下不足。

1. 活力不充分——对行人友好的理念和设计需提升

城市必须通过设计来邀请和吸引步行交通和城市生活,这是城市的活力之源。改革开放后,我国城市发展、城市更新主要表现在与汽车发展相匹配的房地产发展和城市发展上。城市管理者们花费不少精力在面子工程上,如拓宽城市道路(甚至有些城市的有些地段被挤占得没有非机动车道)、城市穿衣戴帽工程(给临街房子刷漆,给房顶着色)、更换道路中间防护栏、统一城市牌匾等,许多时候,这些工作就是改善市容市貌的更新工作。但毋庸置疑的是,这些行动往往备受诟病,因为效果不好。比如道路,有两种模式,一是有很多窄马路,同时有个别宽敞的主干道,纵横交叉;二是很宽阔的横纵交叉的主干道。好多城市建成后者,认为宽马路可以缓解堵车。但实际上前者主干道行车拥堵,可以分流到窄马路上,而马路太宽时马路的条数就会减少,宽马路堵塞时也因缺少小马路而无法分流。修建宽阔的道路就是对购买和推动更多小汽车的一种直接性的邀请和欢迎。另外,窄马路更适合行人行走,沿街人流多了,进每家沿街店铺的人就多,通过城市发展中的分享效应,就可以支撑商铺投资的固定成本,高密度街区的沿街商业更容易发展起来,上海市和北京市分别是上述两种方式的典型例证。① 城市生活是一个自我加强的过程。如果是人而非车被邀请到城市中,步行交通和城市生活就会相应地得到提高。城市建筑学的基本要素就是运动空间和体验空间,街道反映的是脚的线性运动模式,广场代表人眼能看到的区域,道路、街道和林荫大道都是线性移动的空间,是以人的运动系统为基础设计的。这也是像青岛、成都等一些城市给人有活力的印象的原因所在。

当下城市更新行动的目标,不是生产高质量却冷冰冰的城乡物质环境,而是要推动人在物质空间中的丰富互动,通过交流有实在的获得。所有美好的城市,都是熙熙攘攘的。城市规划、建设和治理,总要满足人民生活的需要,让市民满意。

2. 创新不够——创新环境的孕育需厚植

我国经历了由“多规”(主体功能区规划、国土规划、土地利用总体规划和城乡规划)融为统一的国土空间规划的转变,空间规划相应地经历从增量时代物质规划到存量时代品质规划的转变,也即除了使用功能外,空间开始承担新使命——引导产业找寻新发展动力,一方面,增强既有空间多样性和增加使用密度以增进创新;另一方面,使“大”了的新城空间框架“实”起来。在增进创新方面,知识经济时代的产业创新风暴正在席卷各个产业领域,各行各

① 陆铭:《大国大城:当代中国的统一、发展与平衡》,上海人民出版社 2016 年版,第 167—168 页。

业或快或慢地展开着创新革命。而且今天的产业创新是“团队协作”的创新,迥异于过去封闭式、个人英雄主义式的长周期攻关的创新模式。原因在于,技术爆炸使得再聪明的头脑也无法独自拓展创新的前沿,集体创意、创新者之间的交流变得必不可少。增强既有空间多样性和加大空间使用密度以增进创新就是城市更新过程中应着力解决的问题,也即应通过城市更新增进交流、共享,用人才吸引人才。比如,被誉为“欧洲最智慧的 1 平方公里”的荷兰埃因霍温高科技产业园,就特别规划了一条 400 米长的建筑“交流街”,它涵盖 8 个不同主题的餐厅、一个会议中心,一系列商店和服务以及健身中心,用于促进联系、交流、知识分享与合作。设计师非常强硬地要求,不能在办公楼里设置公共服务设施,一定要迫使人们使用“交流街”,创造更多人与人面对面交流的机会。在新城建设方面,作为一个城市的新经济中心和未来的新增长极,新城重点布局的往往是能够引领未来的先进制造业、战略性新兴产业等所谓的高新产业。这些高新产业更像是一个“新物种”,不同于“旧经济”的核心是“招大商、大招商”,新经济在于确定产业赛道,招到的更像是一颗种子:可能是某一个独角兽企业,可能是一个初创团队或一个创意想法。我国创意产业的发展在特大城市才做得比较好。因此,地方政府为之“配置”了什么,以及如何通过长时间的培育、陪伴来成就一个产业需要考虑。江苏省常州市通过下注新能源产业链招商,成为“锂电之都”,聚集了大量新能源汽车产业链优质项目,GDP 向万亿元目标发起冲刺,这是产业更新积极的例证。但我国的城市更新在上述两方面创设的典型案例还不够多,创意产业在我国的发展还有很大的提升空间。许多最伟大的创新型人才获取知识的途径并不是通过正式的培训,而是通过深入一线的实际工作。在苏州这个全国最强地级市,产业体系完整、营商环境优良、市场规模巨大、文化底蕴深厚,且是全国首批 24 个历史文化名城之一,但是创意产业产值在苏州地区生产总值中的占比较低。

3. 凝聚力不强——共同享有的认同意识有待加强

社会学家罗伯特·以斯拉·帕克(Robert Ezra Park)认为:“城市是一种心灵的状态,是一个独特的风俗习惯、思想自由和情感丰富的实体。”[①]无论是在传统的城市中心,还是在新的发展模式下正在扩展中的城市周边地区,认同感和社区意识等问题很大程度上仍然决定着哪些地方将取得最后的成功。没有一个被广泛接受的信念体系,城市的未来将很难想象。

在一个良好的城市,人人期望得到安全的保障,也期望从社会权威那里得到基本的公正。如果没有这种愿景,有机会选择者就会用脚投票,商业将不可避免地衰退,文化和技术发展的速度就会放慢,城市将会从人们和谐共处的充满活力的地方,变为一个停滞不前、最终衰败的废墟。各国铁锈地带的城市的衰落,有的是基于产业结构的单一,有的是基于营商环境的恶化或其他,但归根到底是城市管理者和市民没有因应形势不断地更新城市。在长达5 000多年的时间里,人们所眷恋的城市是政治和物质进步的主要场所。只有在城市这个古老的神圣、安全和繁忙的合流之地,才能塑造人类的未来。[②] 我国各地打造良好的营商环境也是同样的道理。城市更新是为了让城市更宜居、宜业、宜游、宜学、宜养,城市的风貌如何、发展潜力如何、政府信用程度如何、商贸活跃程度如何,都是城市居民及未来的城市居民要重点考察的。

以安全感为例,河南省郑州市“7·20”特大暴雨灾害、湖北省十堰市“6·13”燃气爆炸等事故,让城市地下安全问题一再引发关注,区别于易被视为城市政绩的地上建设,地下管线安全的管理机制和资金保障均亟待提升,且与国外在这一点上的反差非常大。

---

① [美]乔尔·科特金:《全球城市史》(典藏版),王旭等译,社会科学文献出版社2014年版,第292页。

② 同上书,第297页。

以居民归属感和认同感为例,中国过去这些年大规模城市更新由于严重破坏传统邻里结构而引发的问题也浮现出来。由于城市中心位置地价的迅速上升,部分被拆迁居民无力负担差价而被远迁至郊外,原有的邻里结构自然被打破,新的人际交往关系不可能在较短的时间内形成。以城市风貌为例,资金有限情形下急于求成的“推倒—重建”城市更新模式,导致的古城、古迹一次性资源毁灭的案例在北京市乃至在全国频发。古城风貌遭到破坏后,各个城市为打造全周期旅游,古城仿建又兴起,而观感雷同的仿建古城不可能延续城市文脉,这导致文化心理断层,城市意象模糊不清,失去个性。

三、城市更新的完善策略:建设活力、韧性、共享城市

如果让笔者从头开始设计一座城市,那么一定会关注它的健康发展、自然环境、公共生活和密度,这些都是人们共同努力以实现单靠个人无法完成的目标的必要特质。舒适、多元化、土地和自然环境之间的互补关系是至关重要的。笔者会更多地关注质量而不是数量,但是不会为了实现高质量而付出高成本。我们应该设计令人难忘的街道布局、交通系统和开放空间规划。[①] 存量时代的城市更新不能大拆大建推倒重来,在更新改造的过程中,需将着力点放在增进其健康、活力、可持续和安全这些基本底线上。城市属于它的人民,但是公路桥梁、建筑建造的委托者不是人民,因此,关注上述基本点是实现“目中有人”的人性化城市的基本之道。

---

① [美]艾伦·B. 雅各布斯:《美好城市沉思与遐想》,高扬译,电子工业出版社2014年版,第119页。

（一）营造有活力的公共空间

打造城市活力，就是要增加对经济活动人口和商旅客流的吸引力，让城市宜居，给市民的营商和居住提供便利，形成独特的城市品牌。美国纽约从 1990 年到 2010 年，人口从 732 万猛涨到 817 万多。纽约居民通勤使用公交的比例接近 55%，在美国大城市中名列第一。近年来，市长迈克尔·布隆伯格（Michael Bloomberg）大力推行自行车，也取得了显著效果。① 要邀请人、吸引人而非汽车到城市中来，通过城市更新营造有活力的公共空间。概括而言，城市活力主要有三个方面：一是吸引聚集；二是促进交流；三是激发创新。消费是城市活力的重要组成部分，能够激发消费的物质空间很多都是具有活力的城市公共空间。充满活力的城市空间有助于孕育各类创意创新产业，创意是引导制造的标准，能带来更丰厚的回报。“进入 20 世纪以后，距离的消失摧毁了纽约成为一个制造业基地所依赖的运输成本优势……全球化一方面消除了纽约作为一个制造业中心的优势，但从另一方面来看，它又提升了这座城市在创新理念方面的优势……一个联系更加紧密的世界已经给那些提出理念的企业家们带来了丰厚的回报，因为他们现在可以在全球范围内获取利润。”“纽约振兴—衰退—振兴的经历向我们揭示了这座现代大都市的核心悖论：尽管远距离的交流成本已经下降，接近性却变得更有价值……推动这座城市奇迹般地崛起、衰落和重生的关键因素也可以在芝加哥、伦敦和米兰等城市身上找到”“在美国和欧洲，通过为更加聪明的居民提供交流的便利，城市加快了创新的速度。在发展中国家，城市甚至发挥着更为关键的作用：它们是不同的市场和文化之间的门户。”②人是创

---

① ［美］爱德华·格莱泽：《城市的胜利：城市如何让我们变得更加富有、智慧、绿色、健康和幸福》，刘润泉译，上海社会科学院出版社 2012 年版，序言第 3 页。

② 同上书，第 4—6 页。

新之本，塑造具有吸引力和亲和力的城市空间也是在推动创意创新产业发展。比如，依托老纺织机械厂保护更新的广州市TIT创意园，在7公顷（合约7万平方米）的土地上、4.5万平方米的空间中创造了4000多个工作岗位，微信总部在此萌生。政府要为目标的实现确立综合有效的城市更新策略。

在激发经济活力方面，首先要重视产业先导的更新方法。也就是形成多元产业格局，努力通过开辟城市新功能振兴城市衰落地区，通过引育链主企业和培养“专精特新”企业、隐形冠军企业等实现产业更新，布局城市未来。其次要确立明晰的社会经济目标。抛弃过去城市更新停留于改善物质环境和单纯审美情节的目标定位，比如，当前西方在城市功能再开发的过程中，十分重视创造更多的就业机会、提高经济发展水平和城市活力。如旧金山Yerba Buena Center（芳草地艺术中心）再开发项目兼顾了商业利益和社区文化发展权利，通过混合开发方式为当地居民提供了大量的商机和就业机会，成为城市更新实践的成功典范。最后要建立多方利益互动合作机制。单靠市场或政府无法解决城市发展的诸多实际问题，城市要发展必须依赖社会各利益主体间的良性互动，这样也不至于对政府形成牵制。

在激发文化活力方面，文化是城市的灵魂，城市更新要以彰显地域特征、民族特色和时代风貌为核心，加强历史文化保护和活化利用。文化遗产的保护和旧城更新改造是历史文化名城地方政府的两个相互交织、空间重合的重要任务。城市作为一个生命有机体，其演进过程要尊重历史、尊重现实、尊重未来，实现商业和文化功能更新、扬弃，做好保护传承，改造、激活、利用、发展。同时，要把低碳、绿色、可持续的理念贯穿其中，新时代的更新任务，正在从单纯解决适用功能转向全面提升建筑综合性能和绿色品质。按照适用、经济、绿色、美观的建设要求，在建造和运维上把能耗降下来。旧城经济问题的解决途径可以与文化、艺术发展相结合，重建人文与自然的良好关联。

（二）打造安全的韧性城市

“城市地下生命线”对城市发展具有重要意义。从城市规划、建设、运营的角度来说，安全是底线的基本要素；从市民对安全、稳定、高品质的生活追求来说，安全是安心的基本保障。2023年7月5日，住房和城乡建设部印发《关于扎实有序推进城市更新工作的通知》，提出坚持城市体检先行、发挥城市更新规划统筹作用、强化精细化城市设计引导、创新城市更新可持续实施模式、明确城市更新底线的要求。坚持统筹发展与安全，把安全发展的理念贯穿城市更新工作各领域和全过程，加大城镇危旧房屋改造和城市燃气管道等老化更新改造的力度，确保城市生命线安全，便是守住城市更新底线的重要内容。城市系统是具有非平衡动力学特征的动态实体，变化性、动态性、不确定性、适应性和自组织能力是韧性规划的核心。从韧性的视角审视，我国城市地下安全存在的主要问题有：第一，基础设施建设承载力不足。设计时前瞻性不足、建设运营中缺统一规划，安全监测预警不匹配现实需求。第二，管理体制机制不顺。多头管理协同性不够、科学管理不完善、管网资料管理薄弱。第三，市场化运作能力不足。地方财政无力负担地下基础设施建设、运营和监测所需的资金，市场引入机制不完善，相关产业发展不充分。为提升城市地下安全治理，有必要采取以下举措：第一，实行统一管理，建立必要的源头备份，推进管线专业化运维，推进地下管线管理数字化转型，形成完善的系统网络；第二，完善城市地下管网规划和建设标准，加强地下管网档案管理，建立预警监测机制；第三，开展普查工作，实施城市更新管网改造；第四，市场力量与政府力量协调善用，培育发展城市生命线安全产业集群。

一个韧性的城市，在面对自然及人为的不确定因素时，要通过强化现有基础设施建设、增强风险管理及促进政府各部门的协调、合作,来体现其韧性。数字化治理和民主参与也有力地促进了城市韧性:基础设施的智慧化是一次新的技术革命,为韧性城市、社区建设注入新的活力;扩大信息开放,及时发布生命线基础设施运行动态和故障信息,积极引导和培养市民的安全意识,提高市民在社区基础设施建设和治理中的参与感,都是生命线系统韧性管理的体现。

(三)塑造共享的城市社区

通过有机更新实现“在城市上建设城市”是存量时代城市更新的基本面。在更新政策上,要着眼长远,按序推进,建立起长效机制和稳定的政策支持。建立和完善城市更新相关法律法规、标准体系,尽快出台城市更新条例和相关标准。在体制上,要改变由政府独揽转向政府统筹,动员社会力量及广大居民参与。如果政府追求一种有序的增长,那么某些远景展望的工作是必须做的,并把它们落实到文字上作为政府工作的指导,而且随着时间的推进不断加以修正。这个过程就叫作总体规划。总体规划不是静态的,而是有生命的,随着周围情况的变化而不断地变化着。这个规划必须不断地更新,不断地向民众公布和宣讲,因为一个没有民众参与的总体规划就不是总体规划,而只是一套被放进象牙塔的蓝图而已。① 具体到我国,编制城市更新专项规划、编制适用于老旧住宅历史文化街区和老旧建筑的消防规划势在必行。

城市更新是重构和塑造良好社区物质环境、社会环境的过程。社区自治与市民民主自治有着同样的价值意蕴和运行机制,有效的社区自治会有力地促进社区健康发展。城市更新既是一种技术

---

① [美]亨利·丘吉尔:《城市即人民》,吴佳琦译,华中科技大学出版社 2016 年版,第 128—129 页。

过程,也是一种治理过程、社会化市场交换过程,只有在多方形成利益均衡状态时,才能促进经济社会良性发展。基于我国当前的现实,首先需要强化政府公益、公平的角色职能。由于社区本身具有自发监督性,除政府的宏观导引外,更需要加强和完善社区发展的基础条件,尤其是高效、稳定的法治及城市管治平台,以法律和公共政策保障社区自治的有效运行。[①] 鼓励私人投资,促进政府、企业、社区三方面合作,设立更新基金来强化社区参与都是基本的渠道。公众在参与中塑造和被塑造,分享城市和社区发展的历程,策划共商、资金共筹、设施共建、成果共享、运维共管、风险共担,形成对城市的认同感,这就是城市凝聚力的来源。

有三个关键因素决定了城市全面健康的发展,即地点的神圣、提供安全和规划的能力、商业的激励作用。在这些因素共同存在的地方,城市文化就兴盛;在这些因素式微的地方,城市就会淡出,最后被历史所抛弃。[②] 城市更新是我国波澜壮阔的现代化图景的内驱手段和制胜因素,如果城市更新的推进中“目中有人”,充满活力的、安全的、健康的、可持续的这些城市特质会互相反馈,良性循环:邀请人、考虑人的城市会吸引更多的人,因为它让人选择了这种生活方式,富于活力潜质,富于创新性;有更多的人的眼睛的城市安全潜力大,韧性城市的变化性、动态性、适应性从环境上和心理上让人安居乐业;公共交通发达的城市可持续性强,也实现了社区功能整体性配齐,方便居民生活和居民外出的完美对接;常常行走,有闲暇享受绿色空间和生活烟火气的人在身体上和心理上都更健康。

---

① 张京祥、易千枫、项志远:《对经营型城市更新的反思》,《现代城市研究》2011 年第 1 期。

② [美]乔尔·科特金:《全球城市史》(典藏版),王旭等译,社会科学文献出版社 2014 年版,第 4 页。

四、“一刻钟便民生活圈”的人性化城市趋向

2023 年 7 月 11 日，商务部等 13 部门办公厅印发的《全面推进城市一刻钟便民生活圈建设三年行动计划（2023—2025）》提出，到 2025 年，在全国有条件的地级以上城市全面推开，推动多种类型的一刻钟便民生活圈建设。这表达了趋向人性化城市的进向。

“一刻钟便民生活圈”计划的实施重点表现在五个方面：一是系统谋划设计，优化社区商业布局。把便民生活圈纳入居民议事协商机制，将居民需求清单转化为项目清单，推广社区规划师制度，合理布局商业网点。二是改善消费条件，丰富居民的消费业态。在“家门口”配齐基本保障类业态，在“家周边”发展品质提升类业态，发展“一点一早”，补齐“一菜一修”，服务“一老一小”。三是创新消费场景，增强多元消费体验。实现传统商场向社区商业中心的转型；发展新型商业模式，赋能实体门店；促进健康消费，繁荣社区商业；促进融合协同发展。四是推动技术赋能，提升智慧便捷水平。五是促进就业创业，提高社区居民的收入。这些由一刻钟区域圈出的圆圈就像一个个有机连接的网络上的细胞，在城市中有机地连接起来，形成一个网状网络，基本上把居民生活、商业、娱乐、健身、工作的需求予以考虑，也解决了就业问题。弱势群体在自己的社区里生活艰难，这些地方缺乏高端社区所拥有的工作机会、杂货店和便利设施。“一刻钟便民生活圈”计划解决的正是这一类人的就业。在城市里，高端人群、精英人群和弱势人群并不互斥，恰恰相反，是互补的。

“一刻钟便民生活圈”体现了城市节奏以人为本而非紧随汽车的回归实质，体现了空间的集约利用和多样化使用，体现了有助于人健康成长的完整社区的应有生活内容。这种多样性是一种良好

的人群生态环境:各取所需、自由集聚、加强交流、方便生活。“一刻钟便民生活圈”的设计有助于减少不必要的交通通勤,提高了人口密度,便利了居民也支持了地方经济发展,这种结构更具韧性,是将来集中连片整区城市更新的打造方向,绝不能错失这个转机。当然,“一刻钟便民生活圈”是适宜之地的基线,而非真正城市生活的大部分,顶尖大学、博物馆、大剧院等,这些无法轻易复制的不可思议的机构和资源创造了市场,真正使得城市繁荣、充满活力。

在一个有竞争空间、有迁移渠道的法治社会,人们可以选择自己的居住地,主导人们选择的因素是城市能为该市居民提供什么。好的城市能吸引优质单身人士、经济颇佳的家庭、志趣相投的朋友、更有志于提高生活品质的各阶层人群……城市更新是促进城市发展的内生动力,是积蓄城市未来兴盛的重要机制和渠道,城市更新的方向就是城市发展的方向。丰富多样的生活和娱乐需求、与外界发展保持比较紧密联系并能提供大量就业机会的经济需求、催动人才不断集聚驻留贡献才智的人才需求是城市发展的关键点,也是城市更新的着力所在。人性化城市的充满活力、安全、健康、可持续是承载上述元素的载体和磁极。即便一座城市吸引着比较贫困的人口持续地流入,只要城市能够为其提供超出其原居住地的物质、文化、经济、社会服务,帮助其各得其所,城市运行的方向就是成功的。城市更新“目中有人”,才会更好地集聚人,并使其更好地发展,如此循环,城市这个有机体才会生生不息。

“翻越围墙”：开放式邻里空间的生产路径

——基于Q小区“拆墙”行动的考察

袁方成* 柯年美**

[内容摘要] 改革开放以来，异质性因素不断涌入社区，使得以血缘、地缘、业缘作为情感纽带的较为紧密的邻里关系渐失，城市社区陷入居民间情感冷漠、公共事务参与责任感缺失、居民自治空转化等困境。随着“两邻”理念的提出，“邻治”这一传统基层治理形式重新受到广泛关注，并被应用于当下居民关系认知与再构。置于“感知-构想-体验”的空间生产三元分析框架下，城市老旧小区改造的现实经验表明，在封闭物理空间消解、居民居住隔离消除的同时，以“邻”为基础的社区社会关系也会得到改变和强化，心理文化在熟人社会的催生下向共同体意识转变。为了维护与达成共同利益诉求，小区空间内外开展联合行动的邻里网络、合作机制、共治制度不断完善，生产出集体的秩序规范、价值和情感，呈现出空间—文化—行为的积极、可持续的复合形态。

[关键词] 开放式邻里；空间生产；生产路径；共同体；拆墙并院

流动性显著增强是现代城市社会的鲜明特征。在高频次人口

* 袁方成，华中师范大学政治与国际关系学院教授，深圳大学全球特大型城市治理研究院研究员。

** 柯年美，华中师范大学政治与国际关系学院硕士研究生。

流动的冲击下,改革开放后的中国基层社会历经了两个迥异的社区组织形态时期:一个是计划经济时期延续下来的以集体组织形态为特征的封闭性单位大院结构时期;另一个是"以小规模居住组团为特征,城市交通路网穿插其中"①的更加开放的街区制时期。2016 年 2 月,中共中央、国务院出台了《关于进一步加强城市规划建设管理工作的若干意见》,提出"新建住宅要推广街区制,原则上不再建设封闭住宅小区""已建成的住宅小区和单位大院要逐步打开"等政策意见,在着力解决道路梗阻、丁字路等城市病的同时,也意味着对市民原有居住空间结构的有计划改造被纳入国家治理轨道。

社区是城市治理的基本单元,也是国家、社会展开权力博弈的基础场所,国家可以通过对空间的规划、改造、分配等行为,实现对流动社会的治理与管控。② 一般来说,"治理都是在特定空间中进行的",而空间并非只是静止的社会关系"容器",其作为众多社会空间的叠加,是社会关系的产物,也是一个复杂综合体。③ 空间的建构意义表明其会根据各历史时期政策、制度等因素的变迁发生变化,也会随着场域内治理主体的互动促生改变。

作为从私人领域到公共领域的过渡形态,社区无疑是复杂且多变的,其本身介于公域与私域之间,具有公共性与私密性的双重属性。④ 作用于基层场域内的邻里空间同样如此,邻里空间的改变、形塑和再生产不会自发产生,其改造过程不可避免地呈现出各方利益主体博弈、合作与互动相互交织的样态。伴随着浩浩荡荡的"拆墙"

① 袁方成、毛斌菁:《街区制、空间重组与开放社会的治理》,《社会主义研究》2017 年第 6 期。

② 马梦岑、李威利:《房权社会与圈层结构:中国城市空间权利的兴起及其治理》,《甘肃行政学院学报》2020 年第 6 期。

③ 包亚明:《现代性与空间的生产》,上海教育出版社 2003 年版,第 47—58 页。

④ 相凤:《"里仁为美":小区拆墙与人文意味的安放——兼与陈忠研究员商榷》,《探索与争鸣》2016 年第 10 期。

运动在各地的兴起，以基层社区为场域，政党、政府、社区居民、社区“两委”等多方主体基于自身利益衡量形成多元诉求，社区内外面临着物理空间、文化制度、自治共治等多维层面的改造、重组与革新。

一、问题的提出："围墙"社会的治理之困

“墙，垣蔽也”，在中国的建筑格局中，围墙起到对外防御、对内保存的重要功能。围墙的本义是指花园、公园等园林或房屋周围的砖石墙，是一种垂直向的空间隔断结构，用来围合、分割某一区域。从其功能的角度而言，围墙意味着封闭和保护，即构筑一道高墙将居住空间分割开来，人们以墙为边界，将个体从集体中抽离出来，“墙”之外被定性为他者，“墙”之内才被判定为我者，异质因素和一些不安定的成分被排除在外。从物理空间的表征来看，大门、围墙、门禁等以辨识身份和实现防卫为目的的结构构成其共同景观，而安防严密、空间分割、内部私有、外部排斥则是其外在表征①，传统中国就形成了一个名副其实的“围墙”社会。在乡村社会中，围墙的自然属性远远大于人工属性，村民居住的空间分异大致表现为横排式的水平分布结构，民众毗邻而居，独门独栋，空间开放且宽敞，村庄与村庄之间的边界作为一堵天然围墙，将村庄囊括为一个完整的闭合性空间。在这个固定式的空间中，少有陌生人闯入，熟人社会奠定其基础底色，每个人的生产、生活、思维方式皆被纳入其中，以己为中心构成差序格局，个体因此拥有归属集体的安全感与稳定感。

投射到城市社会情境下，“无围墙不小区”是城市居民对于独

---

① 侯利文：《走向开放的街区空间：社区空间私有化及其突破》，《学习与实践》2016 年第 5 期。

立私域空间追求的生动诠释。尤其是在单位制时期,为高效地推进工业化进程,党和政府推行职宿一体的管理形式,生产、工作、娱乐、生活都围绕一个集体展开,居民的生老病死被牢牢地限制在一个单位内,"单位大院"成为城市居民聚居的主要形式。固定排外的单位空间限制了居民开展社会交往的活动范围,构成了居民主要的邻里空间。改革开放后,随着单位制解体、福利分房结束和住房补贴的出现,城市步入商品房社区时期,城市社区的管理体制也逐渐从街居制转型为社区制。

在同质化社区向异质化社区的转变过程中,围墙被视为居民发动安全防御、抵制治安风险和犯罪行为、寻求私人空间与追求高质量公共物品提供的重要结构,在现实经济因素的驱动下,一些社区俨然成为封闭型社区。一方面,工业化、城市化所带来的社会变迁意味着社会中不安定的成分加剧,经济飞速发展所伴生的高犯罪率、社会不稳定是居民躲进封闭社区寻求自我保护的重要因素。① 另一方面,经济的分异加速群体的分化,面对居住空间内部公共服务需求与供给的不平衡,以经济收入为基础,各类人群对于生活质量怀有不同的诉求与主张,于是,封闭型社区也成为身份、权力与利益享有的代表。当居民的个人物质、情感需求不再完全需要从集体中获得,而是逐渐依靠网络与制度享有,个体就从"文化传统、家庭、亲属、社区和社会阶层中抽离出来"②,形成个体化倾向。

围墙高筑同样引发了城市碎片化、社会不平等、责任转移等诸多问题。其一,在街区制中,小区围墙将本来连片的家户与家户分割开来,产生居住隔离,造成了公共空间连续性的断裂。其二,空间生产与社会关系之间的复杂关联决定着社会在创造空间的同时,空间也会反过来成为生产与改造社会关系的场所,不断形塑社

① 吴晓林:《城市封闭社区的改革与治理》,《国家行政学院学报》2018 年第 2 期。
② 梁洁:《个体化背景下的民间权威与乡村公共生活》,《甘肃理论学刊》2013 年第 5 期。

会构型。围墙的搭建在将人群分隔的同时，必然产生社会隔离，缺少交流与互动的邻里间情感难以维系，传统社会中温情脉脉的邻里关系逐渐异化，面临弱化及消逝的危机。其三，正是出于对私域空间的极力追求，产生了对私利的重视凌驾于公共利益之上的风险，集中表现为逃避参与公共事务、漠视公共责任、参与集体行动的积极性减弱与自觉性下降，社区自治面临主体性危机。由围墙构建产生的困局在现实治理场域中演化为具象的“拆墙并院”行动，该行动的开展是否可以从物质层面的公共空间营造进而催生出更加积极的、进取的居民自治文化与治理样态？其又将会推动社区治理转向何处？这就是本文需要关注的重要问题。

二、邻里-空间生产：一个分析框架

破解“围墙”困局，在空间视角下对邻里这一社会关系进行分析与再构有其必要性，两者具有目标、路径和价值上的契合性，分别为重构基层社会关系、聚焦公共空间营造和再塑被消解的公共性。这就要求将公共场景作为载体营造开放式的邻里空间，将邻里性和邻里情感作为内核培育包容、平等、互助的邻里文化，以创制共治制度、开展共治活动为手段促成广泛的邻里实践，建设可持续、程序健全的邻里自治机制。

（一）邻里的传统与现代阐释

邻里作为居民聚落体系中最基本的单元，具有空间性、社会性的双重属性。① “邻”意为居住在附近的人家，邻里则代表着在一

① 杜春兰、柴彦威、张天新等：《“邻里”视角下单位大院与居住小区的空间比较》，《城市发展研究》2012 年第 5 期。

定区域内对一定数量的人口与家庭的容纳。为了保持邻里的稳定属性，或多或少地会通过修建实体围墙、大门、栅栏、道路、绿化带等形成有形的自我边界，或者在签订契约基础之上形成法权范围和责任边界。农耕文明时期，由于社会整体生产水平较低和小农经济的脆弱天性，出于自身生存的需要，以血缘、姻缘关系为纽带的家庭、宗族和村落不得不紧密团结起来，形成天然的邻里单元和生产生活共同体，以组织的形态对抗自然和人为灾害。稳定固态的空间形态将孤立的个体凝聚成为社区结构中的原子之一，从功能型的角度厚实了邻里间的耦合关系，塑造出了“远亲不如近邻”的紧密的社区关系纽带。

对于邻里关系的重视由来已久。早在商周时期，《周礼 · 遂人》中就明文规定，“五家为邻，五邻为里，四里为酂”，邻里关系被纳入基础性的人际关系范畴。秦汉时期，《汉书》卷二四《食货志》记载道：“五家为邻，五邻为里，四里为族，五族为常，五常为州，五州为乡”。该规定表明，邻里已被归入古代户籍编制单位，作为一种基础制度规范，“邻里一家亲”则成为个人小家庭的外延。隋朝有“古八家而为邻，三邻而为朋，三朋而为里”的乡里规范。① 到了唐代，“诸户以百户为里，五里为乡，四家为邻，五家为保”得以延续。② 两宋时期，士大夫在“五家为邻，二十五家为里”的基础之上逐渐形成了系统的以“齐家”为核心的居家礼仪，邻里相处是否和睦友善成为评价一个人道德高尚与否的重要标准。明清时期，基层社会结构没有发生重大断裂，守望相助仍然是邻里间朝夕相处的主旋律。

现代化与城镇化过程促使邻里空间发生异变。从单位制到街区制、社区制的转向，广大人群纷纷“上楼”，渐趋形成纵向式的结

---

① 肖群忠：《论中国古代邻里关系及其道德调节传统》，《孔子研究》2009 年第 4 期。

② ［唐］杜佑：《通典》，中华书局 1988 年版，第 63—64 页。

构。竖排式的楼栋空间增加了邻里交往的物理和精神密度，却使得昔日邻里间的有机联结遭到破坏。① 与此同时，社区内外居民流动频繁，常住人口比例下降，社区越发呈现为“陌生人”或者“半熟人”社会。随着大量陌生人群涌入社区，邻居之间的共同体标记被个体化意识取代，居民之间地缘、血缘、业缘的联系纽带俱失。新邻居之间彼此互不相识、态度疏离，居民的邻里归属感和身份认同感难以及时成形。为了将不安定的因素排除在外，邻里之间高筑“围墙”，以家为单位建立起严密的私人边界，居民们以一种更为警觉、惊惧的态度审视着陌生的邻居，甚至抗拒着紧密性邻里交往行为的发生。

面对现代邻里关系的解构，以“与邻为善，以邻为伴”为核心的“两邻”理念的提出为新时代城市基层治理提供了基本指引。2013 年，习近平总书记赴辽宁省沈阳市调研指导时提出，“社区建设光靠钱不行，要与邻为善、以邻为伴”。② 即要推动社区治理重心下移，聚焦于“为了谁、依靠谁、怎么看、怎么干”的问题上，要求在如何建立起人人有责、人人尽责、人人享有的社会治理共同体上下功夫，推动所有建设者、参与者树立“社区是我家、建设靠大家”的共同体意识。对“邻”的重新重视使得“邻治”思想在当下社区治理场域内焕发出新的生机与活力。在党中央的高位推动下，各地紧紧围绕“两邻”理念建立了一批社区治理和服务创新实验区，实施了一批社会治理改革创新服务项目，打造了一批诸如“邻长制”“邻治理”“毗邻党建”等在内的社区知名治理品牌，继而着力构建起通达上下、睦邻左右的新型基层社会治理体系。

---

① 管其平：《空间治理：过渡型社区治理的“空间转向”》，《内蒙古社会科学》2021 年第 6 期。

② 习近平：《社区建设要与邻为善、以邻为伴》(2013 年 8 月 30 日)，中华人民共和国中央人民政府网，https://www.gov.cn/ldhd/2013-08/30/content_2478143.htm，最后浏览日期：2023 年 11 月 21 日；宋道雷、丛炳登：《空间政治学：基于空间转向分析框架的空间政治》，《政治学研究》2021 年第 7 期。

(二) 邻里-空间生产的分析框架

学界对空间这一概念分析的源头可以追溯到物理学和地理学的研究上来。20 世纪中叶后,被时间性所掩盖的空间性得到凸显,社会科学领域发生了重要的空间转向,空间思维在本体论和认识论上与时间思维并重,逐渐成为学术研究的重要维度。[①] 马克思主义时空观也认为,物理—地理空间、社会—经济空间、心理—文化空间是人类生存发展的基本空间。空间生产的概念率先由新马克思主义代表人物亨利·列斐伏尔(Henri Lefebvre)引入社会分析当中,他认为空间不仅应该被理解为看得见摸得着的有形的物质性存在,还需要被理解为意识形态和政治性的存在,是"物理空间、历史遗产、象征意义和生活经验的结合体,是由各种政治和社会力量生产而成的"。[②] 其对空间关注的价值在于将空间的政治属性和社会属性的独特价值发掘出来,以尺度重构再分析空间政治中的权力关系调整和实现空间正义的核心机制。[③] 国内学者关于空间的研究也成果卓著,主要集中于权力对空间的形塑与控制、空间正义的人文价值属性等方面,空间—行动者、空间—权力、空间—治理、空间—制度等是比较有代表性的研究路径。[④] 基于以上空间及空间生产的相关研究,本文引入列斐伏尔空间实践、空间表象与表征性空间三位一体的"三元辩证法"思想,将其与"邻"的概念相结合,提出如下分析框架。

---

① 冯雷:《理解空间:20 世纪空间观念的激变》,中央编译出版社 2017 年版,第 2 页。

② Edward W. Soja, *Postmodern Geographies: The Reassertion of Space in Critical Social Theory*, London and New York: Vero Press, 1989, p. 131.

③ 王锐:《理解空间政治学:一个初步的分析框架》,《甘肃行政学院学报》2020 年第 4 期。

④ 茹婧:《空间、治理与生活世界——一个理解社区转型的分析框架》,《内蒙古社会科学》2019 年第 2 期;吴晓林、徐圳、乔琳琳:《空间、制度与治理:两岸三地城市商品房社区治理的比较》,《甘肃行政学院学报》2019 年第 2 期。

第一,空间的物理属性决定其能够通过空间结构的调整对环境、资源、场景等物质要素进行重新调适、组合与配置。例如,对有价值的社会资源及其使用机会在空间中展开公正、公平的分配。在基层社区单元中,空间本身就是一种可利用程度非常高的资源。可以说,空间是一个超越场所的概念,其本身独立于物体之外,即使没有任何物体也依然存在,对空间的研究必先作用于其绝对的物理属性之上,即物质存在为第一属性,而后才是与空间概念相联结的、被赋予的诸如分割、集聚、变形、剥夺、脱离等其他元素特征。

第二,空间不仅能体现人文意义,而且能对价值、认识、符号、规约等意识层面的内容进行再生产。因而,“列斐伏尔的‘生产’概念不但具有经济学的意味——事物的生产,更是一个宽泛的哲学概念——知识的生产、体制的生产等,甚至可以关联于尼采的‘创造’”。① 在这个维度上,意象与象征可以被视为主体反叛现存空间秩序的工具,并期待以与空间社会关系更契合的理性重构意象,再塑秩序。

第三,空间再构社会性,空间中的主体通过对意象和符号的直接使用、再实践,对空间进行再认知,生产行为化、生活化的经验。作为各种利益奋然角逐的产物,空间实质上已经表达了社会关系,隐喻了社会分层,它能够通过其自身的空间改造对进入其中的社会关系与社会力量进行重新整合,并形成新的社会关系与社会秩序。② 概而言之,社会作用于空间之上。社会阶级、阶层、人口、族群以及其他权力关系都嵌合在一定的空间内,一个社会的空间实践则透过对其空间的释明展现,空间与行为就这样展现为双向的建构过程。行为建构空间,受空间的影响,空间又塑造人格和心

① Stuart Elden, *Understanding Henri Lefebvre*, London and New York: Continuum, 2004, p.44.

② 管其平:《空间治理:过渡型社区治理的“空间转向”》,《内蒙古社会科学》2021年第6期;汪民安:《空间生产的政治经济学》,《国外理论动态》2006年第1期。

理,从而影响主体行为。

基于以上研究,笔者尝试从感知-构想-体验维度建构小区邻里空间的三位一体框架。从物质空间上的公共空间营造、精神空间上的公共文化培育、社会空间上的自治共治角度探讨邻里空间的再生产过程(图1)。

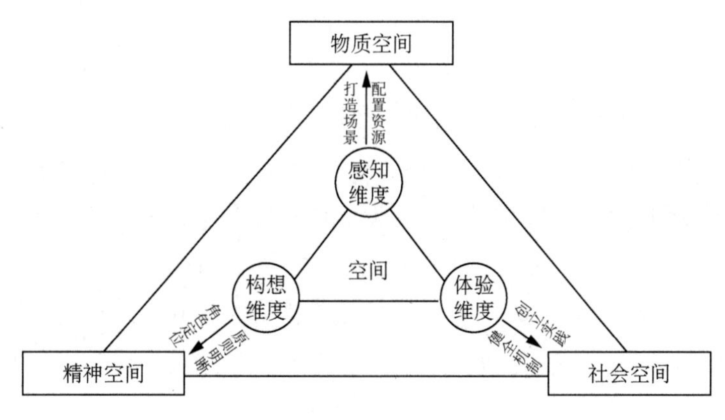

图1 空间生产的三元框架

三、Q小区“拆墙并院”的行动过程

“城市之治,重在小区”。2019年6月,国务院召开常务会议,部署推进老旧小区改造工作;早在2018年,湖北省住房和城乡建设厅就印发了《关于推进老旧小区改造工作的通知》和《关于开展老旧小区改造试点工作的通知》;2020年,黄冈市跟随省政府部署制定了《黄冈市城镇老旧小区改造工作实施方案》,明确用3—4年的时间完成全市城镇老旧小区改造工作,要求有效地解决公共设施设备老旧、生活环境较差、管理缺失等问题。落实到社区层面,除了要实现最基本的“小区道路平整、绿化提质、路灯明亮、车辆有序、线路规整、外墙美观、安防齐全、组织健全、物业规范”目标,拆除围墙以促进小区连片建设也是老旧小区改造的一项重要工程。

（一）历史维度：Q 小区“5 区 4 墙”的建与拆

Q 小区位于黄冈市黄州区赤壁街道，小区占地面积约 30 亩（约 2 万平方米），房屋建筑面积约 2.8 万平方米，有 9 个楼栋、15 个单元。其前身居民聚居形态具有典型的单位制特色，小区被围墙划分为 5 个组成部分，分别为市职业技术学院、市政设施管理服务中心、街道财政所、区农经局、区检察院 5 家不同的单位职工宿舍，5 个宿舍区之间建成了 4 堵墙、9 个楼栋、7 个门，空间分割呈现出破碎化、隔离化的特征，打上了鲜明的业缘、地缘属性。自黄冈市全面启动城镇老旧小区改造工作以来，H 区积极响应跟进。坐落在城市内陆湖湖畔的 Q 小区由于建成在 2000 年之前①，空间布局不合理，基础设施老旧，严重影响了小区居民的生活品质，因此被率先划入城市老旧小区改造的范围中，将四堵围墙拆除以实现区块整合是区级层面首先订立的目标。

1. 筑墙：安全屏障的建立

对于 Q 小区的居民来说，一堵围墙是一个单位的标志，其代表着对于同一性质身份的认可和包容，是业缘、收入与阶层的象征。Q 小区合并之前被统称为第十二片区，划入社区第八网格，作为著名的职工宿舍聚集区，20 世纪 70 年代就有汽修厂、商场、旅社等企事业率先在此设厂办公，从事医药制造、零件加工、幼儿教育等行业，迄今为止该小区的平均房龄超过 30 年，属于年代遗留久远的老旧小区。在单位制的塑造下，四堵围墙将第十二片区划分为五个彼此隔绝的部分，各部分紧密聚居在各自单位的保护与隔断下，职工家属之间以共同的职业作为邻里交往的基础，老

① 2021 年 3 月，湖北省人民政府办公厅印发了《关于加快推进城镇老旧小区改造工作的实施意见》，提出重点改造 2000 年年底前建成的老旧小区。

教师、老干部是其不同的代称标识。他们之间彼此确认身份,认识且相对熟稔,习惯于在同质的小圈子内产生交往与互动,相似的生活经历、经济收入、日常惯习使得他们往往表现出非常紧密的邻里认同感。一般来说,认可往往意味着稳定、安分,陌生、不熟悉的因素则被排斥在互动圈之外,从而使得居民的人身安全、财产安全得以保存。

2. 拆墙:互动阻隔的去除

在围墙的阻隔下,单位宿舍楼各自为政,公共空间局促、设施老旧、缺少管理,居民偏安于狭小的一隅,小区空间治理呈现了突出的碎片化特征。2019 年,Q 社区抢抓到区老旧小区改造的机遇,针对第十二片区的 5 家单位宿舍建设年代久远、公共空间狭小、消防通道不畅、停车位不足、逢雨必淹等问题,在通过茶馆会谈、上门走访进行前期调研,召开 20 余次协商座谈会广泛征求居民群众意见的前提下,决定因地制宜、连片改造,按照"地域相邻、便于管理、规模适中"的原则,将 5 家单位宿舍的围墙打通,并全面建组织、拆违建、治脏乱、通管网、置绿地、进物业,形成全新的、打通式的 Q 小区(合并后的小区名称由居民提议表态决定)。

(二) 主体维度:多元合力撬动空间生产

"拆墙"行为的产生是一个多元主体参与互动再塑基层治理空间的过程。作为生产社会关系的载体,社区空间被若干权力关系所影响和支配,各种国家的、市场的、集体的、个体的因素在空间改造过程中不断交融,代表这些因素的利益主体为了捍卫和实现自身权益,共同促发、推动、影响"拆墙"运动的全过程。

政党是"拆墙并院"行动的领导核心和最重要的组织化力量。列斐伏尔在阐述国家空间理论研究中也提到,国家权力通过对经济增长、城市空间基础设施建设和日常生活的管理产生了长期的结构性影响①,这虽然是对于资本主义国家空间统治的分析批判,却也可以从中嗅到政治权力对于民众日常生活的绝对影响力。党政一体化下,党—国家的政治权力不断向下渗透,与基层建设展开持续性的互动,政党引领社会建设,对城市物理空间、社会空间进行系统的规划和生产,无论是 20 世纪下半叶的“经济型旧区改造”,抑或是新世纪的“社会型城市更新”,中国城市改造都带有明显的政治色彩。② 老旧小区改造计划启动以后,H 区立足三方联动建设,坚持以党建引领小区治理,完善“小区综合党支部—楼栋党小组—党员中心户”三级组织架构,在居民意愿采集完成后,党支部成员立即展开行动,广泛收集居民的需求信息,组织三方会议。可以说,执政党力量是推动围墙拆除的原动力,首要表现在“拆墙”这一组织规划上。

“拆墙”并非单一社区的个体独立行为,这一行动的运转涉及财政资金款项来源、施工企业招标、负责单位指导等多方资源、主体的协调,需要在政府职能部门的统筹下展开行动。首先是市、区政府统筹部署;其次是街道社区对于上级政府的命令回应;最后是指令层层下派下落到基层社区中,扮演着上级政府代理人角色的居委会与居民产生面对面式的互动,承担起“拆墙”背后的政策解释以及“拆墙”过程中对居民组织劝导、意见吸纳、达成共识的重任。但有一点值得关注,那就是随着“强社会”的崛起,居委会在基层治理中的控制性逐渐弱化,渐渐地向服务性质转移,成为行政服务的提供者,居委会组织作为国家与城市基层社会的中介层,将上级政府的政策、指令转化为一种居民可以理解、接受的话语向下推

---

① 鲁宝:《空间生产的知识——列斐伏尔晚期思想研究》,北京师范大学出版社 2021 年版,第 439 页。

② 陶希东:《中国城市旧区改造模式转型策略研究——从“经济型旧区改造”走向“社会型城市更新”》,《城市发展研究》2015 年第 4 期。

进运作[①],但是它们只能疏导、化解居民们的疑问和反对声音,促进政策衔接和运行的和谐,而不能与民意背道而驰。

利益是驱使居民参与社区治理的第一要素,作为"拆墙"后果的直接承担者,居民的认同和配合作用于"拆墙并院"的整个过程当中。首先,是对自我利益的关注和保卫。第十二片区靠近城市内陆湖,逢雨必淹成为影响社区居民生活品质的最大干扰,此外便是大多数楼栋单元公共空间狭小的问题。如何在不影响原有居民空间利用[②]和保障更多居民有更多可供利用的公共空间(如停车场、电动车棚)的情况下解决淹水问题成为一大难题。其次,"人们天然地具有对创造和保持一个有利的身份以及积极的自我意识的渴望"[③],这就是认同。生活在与他人之间的、长期的社会联系当中,居民不仅有自利的一面,也有他利的需求,人们需要通过为他人的利益展开行动、与群体甚至社会合作以谋求同伴、集体的认可,建构其可承认的共识,获得团结的力量。在小区中,任何一个居民都具有与他人交流与合群的需要,当小区改造可以创造这一个契机,并且为其提供一个可供实现的方案时,有此意愿的居民便可能成为"拆墙行动"的自发推动者。

四、"从围到破":开放式邻里空间的生产路径

在开放式邻里空间营造的情境下,围墙的消解成为邻里关

---

① 桂勇:《邻里政治:城市基层的权力操作策略与国家-社会的粘连模式》,《社会》2007年第6期。

② 五家单位宿舍之一的街道财政所原住居民在拆墙提出之初曾激烈反对,认为拆墙合并改造会占有其原本较为充足的公共空间,并表示不愿意与其他楼栋单元的小区居民共用公共空间。

③ 肖哲、魏姝:《理解邻里社区中的"公民合供":社会动机视角下的分析框架》,《上海行政学院学报》2022年第4期。

系复苏的新起点，而围墙本身也已超越单一的物理属性，成为集空间、文化、制度、治理等复杂属性为一体的综合象征，对其形式上的反思与突破贯穿邻里“空间—文化—行为”再生产的全过程。

（一）物理“拆墙”：邻里空间营造的博弈过程

小区围墙结构的拆除代表着对于既定空间资源整合的开始，意味着走出私域、走向公共空间的过程，从前约定俗成式的、暧昧的私人领域与公共领域的界限划分被打破。公共空间被重新分配，这个过程必然会产生一些居民个人利益之间、个人利益与公共利益之间的张力。

Q 小区拆墙的原因可以被归纳为两点：一是原片区的基础设施老旧、公共空间局促、居民居住环境差；二是宿舍楼栋活动区域狭小，居民邻里交往面临阻隔，小区公共性难以生成，社区自治空转化严重。虽然其中不乏一些上级要求提升居民自治效能的行政任务的考量，但究其根源来看，拆墙这一行为至少是基于居民共同利益之上作出的慎重决定。然而，拆墙过程面临的诸多诘难却证实了“拆墙”的正当性不能完全与居民利益画上等号。“拆墙”之前，不少居民对于原公共空间使用权归属问题表现出忧虑，“我们小区只有 1 栋 14 户，前后都有场地，停车很方便，合成一个小区，停车位会不会被挤占”①；也有居民质疑“拆墙”后如何保障人身财产安全，“咱们宿舍区 2 栋楼 42 户，都是自己单位人，熟门熟户，有专职门卫，拆掉院墙，安全怎么保障？”②

针对居民的担忧，社区如何打消居民的困惑，将居民个体利益与集体利益相嵌合成为改造顺利进行的前提。提出异议的居民毕

---

① W 女士，Q 小区居民，访谈于 2020 年 8 月。
② Z 先生，Q 小区居民，访谈于 2020 年 8 月。

竟是少数，社区最常采用的手段便是委派威望高的老党员、老干部、老居民出马，动之以情、晓之以理，情在于给面子，理则是对“拆墙”这一行动合法性的营造。显然，最有效的说理方式无疑是可信的许诺和在明确周期内及时给予回馈的保证。在社区骨干上门劝说后，这一部分居民大多松了口，小区居民 W 女士在事后表示，“其实拆了围墙，对我们禹王财政所住户也有好处，过去大门窄小，消防车进不来，打通后问题可迎刃而解”。①

至于极个别难说服的“刺头”居民，社区“两委”选择的应对策略则是“避让”，即绕开与其可能发生的直接冲突，并在其做出的其他“违规”事项上予以一定妥协作为一种默认的补偿。例如，小区的“名人”孙婆婆，她就是对小区改造由始至终持反对立场的一派。社区工作人员 YP 曾介绍道：“这就是我们小区的那个婆婆，乱搭乱建，当初‘拆墙’时她就不肯，在地上打滚，她女儿还在社区工作，一点不留面子。这里的菜和花都是她私下种的，社区管不了，也不想管了”。② 时至 2023 年年初，孙婆婆仍然坚持占用绿化带种草、种菜，社区工作人员普遍保持旁观、默许的态度。

在多轮谈判和协商后，Q 小区“拆墙”动工从 2020 年 9 月开始到 2020 年 11 月结束，耗时 3 个月左右，小区空间布局焕然一新。横亘在 5 个宿舍区之间的 4 道 2 米高的围墙被拆除，共腾出 240 平方米的公共空间，种上花草树木，打造成小区的中心花园；下水道管网重新改造，建起 2 座每小时排水量 300 立方米的排涝泵站，过去下雨易涝的难题得到彻底解决；重新设置两个大门，规划贯通小区的内通道，铺设沥青路面，增设门岗门禁；划定 153 个停车位，比改造前多出 53 个。

“拆墙并院”行动表明，一部分“用围墙、栅栏包围起来实现公

---

① W 女士，Q 小区居民，访谈于 2020 年 2 月。

② YP，Q 社区居委会工作人员，访谈于 2023 年 2 月。

共空间私有化并限制进入的居住区”[①]被开放，被置于更大的空间载体中并成为这一类开放型空间的一部分。社区内部的居住隔离问题被化解，邻里空间个体化与家庭围墙化的趋势在一定程度上被打破，邻里交往突破了屏障的限制，变得更加方便、频繁，这也为恢复以往守望相助的邻里关系提供了契机。

（二）心理“破墙”：邻里共识再塑的文化情境

长期以来，在我国城市社区治理中，以政府、社区与居民之间的纵向互动为主，而居民与居民、居民与组织、组织与组织之间的横向互动不足。[②]“两级政府、三级管理、四级网络”的城市管理体制推动社区治理触角一步一步地向网格、楼栋延伸，在促进治理单元不断细化的同时，也生成了治理服务不够精准、治理成本增加、居民自治效能低下等困局。社区治理行政化的过分凸显，导致居民心态和行为发生“异化”，以消极、被动的态度抗拒社区公共事务，表现出一副“事不关己，高高挂起”的姿态。部分主动参与社区治理的居民大多则以原子化式的参与为主，有效沟通的缺乏使得居民之间难以达成共识、开展合作，自下而上的、自治的、互动的社区治理体制有名无实。

对主体身份及其位置归属予以再确认是推动邻里合作的要义之一。“邻”意味着在共同居住的地域内，以己为中心对外形成关系的联结，基本上隐含一种共识，即“同级为邻”，同一层次上的关系平等、身份等同。因此，“邻治”是一种横向合作模式，而非国家精英主导的纵向治理，进入“邻”之范围的主体在官民、强弱、阶级

① Blakely Edward J. and Snyder Mary Gail, *Fortress America: Gated Communities in the United States*, Washington, DC: Brookings Institution Press and Lincoln Institute of Land Policy, 1999, pp. 55-101.

② 李国青、郭美玲：《“两邻”理念视域下的城市社区治理创新》，《党政干部学刊》2022年第5期。

及阶层的界限被淡化,在地位、价值、尊严上同等视之,都具有能够影响他人的权威和权利,少部分人的专权、强势被遏制,比如,在对于社区空间资源的使用和支配上。近年来,乡村资源向城市的流动和聚集,使得城市逐渐成为集财富、信息、权力、暴力为一体的中心①,与之相伴随的是城市人口密度的增大与个人可支配空间的缩减之间的矛盾,社区公共空间争夺与摩擦频发。因而,要想打造更和谐、更多元的友邻圈层,就要先在参与角色的身份上予以公平的定位,把管理和治理社区的权力还给"全体"居民,尤其是关注到"少数群体"的利益诉求,例如,场所与资源的可及性。Q 小区在对多轮居民情况和民意调查的基础上,发现小区居民收入呈现出较强的不平衡性,部分居民的出行工具为电动车,社区配置的高档轿车停车场无法使用,对于电动车车辆停放点和充电桩的需求较大。为此,Q 小区专门开辟闲置场地修建电动车棚,以满足此类居民的需求。

集体意志和集体规范是衡量共同体水平的关键要素。② 传统农村社会中高度浓缩的重合型社会—时空结构导致社区生活呈现出浓厚的基层共同体色彩,空间的公共性不断被放大,邻里这一空间中发生的事情很容易家喻户晓。在共同体的监督下,个人越界、出格的行为很难得到隐瞒和支持,人们心照不宣地遵循基本的规范与惯例。现代社会里,出于互惠和维护公共利益的需要,将隐形的约定、认同进行制度化是必要的,这可以保证在公共空间内,"一切对平等性和相互性有可能造成破坏的活动,都是绝对不允许的"。③ 2020 年 5 月,经过前期入户走访后,居民代表对《关于同意

① 鲁宝:《空间生产的知识——列斐伏尔晚期思想研究》,北京师范大学出版社 2021 年版,第 384 页。

② 桂勇:《城市社区:共同体还是"互不相关的邻里"》,《华中师范大学学报》(社会科学版)2006 年第 6 期。

③ 白刚、张同功:《阿伦特和当代西方政治哲学:反叛与回归》,《江西社会科学》2016 年第 8 期。

对H职院等五家相邻单位宿舍区实行片区管理的意见》进行联合签字署名,在街道办事处的指导下,于同年11月联合街道代表-社区代表-业主代表20余人举行了Q小区业主委员会筹备会议,以楼栋或单元为单位推选业主委员会委员候选人,之后遵循差额选举、公示、备案的规范流程实现了联合业主委员会的组建,并表决通过了《Q小区业主大会议事规则》和《Q小区管理公约》。基于此,Q小区管理章程基本订立,这也是5家单位宿舍居民联合管理、自治的开始。

被赋予共同意味的符号、象征标识的创造成为Q小区迈向邻里融合的重要一步。相较于农村"社区记忆"的深刻独到,一些学者却认为,城市邻里更像一个"没有故事的基层社会",缺乏刻骨铭心的历史、文化、情感联结。[①] 当然,这并不是说城市社区没有文化,而是随着居住、休闲、工作、社会交往等各类功能的结构型分离,邻里仅仅成为城市居民生活中极为微小的一部分,其重要性大打折扣,文化印象也变得极为微薄。在此情况下,Q小区的做法便是以打造居民记忆点重塑文化共识,例如,对于居住楼栋的统一命名。小区居民L先生表示:"都是一家人啦,再各喊老名不合适,新生的小区一共有9栋楼,过去都喊序号,现在多出现1栋,容易叫混"。在居民领袖的提议下,Q小区居民纷纷发表意见、集思广益,最终以"和"字命名九栋居民楼,如和泰楼、和顺楼、和善楼等,既表示每一栋楼都是小区格局的一部分,彰显小区整体的井然有序,也意味着原先分散的居民慢慢击破心理壁垒,达成和合共识。

在社会治理中,文化好比是场中的景,意味着更为根深蒂固的东西,空间治理场景的搭建关键在于以景唤情、以景达意。"拆墙"运动在物理维度上破除阻碍,在更大范围的居民之间塑造共同的

① 桂勇:《城市"社区"是否可能?——关于农村邻里空间与城市邻里空间的比较分析》,《贵州师范大学学报》(社会科学版)2005年第6期。

空间格局,有利于打造共同的文化景观。打通围墙后,居民互动频次提升,邻里社区之间形成利益、价值、文化共同体。在Q小区五区合并前后,虽然遭到一部分居民的质疑,但随着邻里活动的持续开展、社区空间的高效化利用、小区特色居民公约的出台,邻里渐渐由原子化的个体凝结成一股整体性合力。

(三)治理"跨墙":邻里共治实践的规范生产

从党的十九大提出"打造共建共治共享社会治理格局",到党的二十大报告再提"健全共建共治共享社会治理制度,提升社会治理效能",无论是从社会体制创新的现实需求,还是从推进基层治理体系与治理能力现代化的目标来看,以打造社会治理共同体为目标都是今后基层社会建设与发展的长期导向。下落到社区场域中,要提升城市社区居民的自治效能,需从两方面努力:一要关注公民文化,公民文化的成熟度与居民参与社区治理呈现正相关关系;二要促成共同利益联结,不同的利益相关度决定不同的利益共同体,不同的利益共同体决定不同的自治水平。① 通过对H区的实地调研发现,为构建新型善邻睦邻和谐关系,社区一般通过开展社区公益、志愿服务等各项活动,创建共同学习、娱乐的活动机制,缩短个人的沟通半径,促发人们的情感交往、生活互助与思想共鸣,从而强化人们与社区的关联,提升居民对社区公共事务的关注度与参与度。

首先,邻里网络建设。出于对特定问题的应对,在组织间建立网络系统是较为普遍的行为,这也涉及对于网络中人的动员与约束。"这些网络系统制定出指引其行动的非正式或正式的规则以及一套套的规范,系统中的成员也会彼此分享一些价值观和义

---

① 郑晓华、余成龙:《从服务到自治:社会性基础设施何以增能基层自治?——基于上海社区治理创新的经验观察》,《甘肃行政学院学报》2021年第6期。

务”。[①] 作为综合性的生活空间，居住空间内生产和交织着多种多样的社会关系，居民同他人产生各种社会联结，由此组成或大或小的社群和团体，进而编织出稳定的网络组织结构，这既包括为了满足个性化需求而成立的会员俱乐部组织，即各类文体队伍[②]；也包括为他人和社区提供服务的具有公益、慈善性质的志愿服务组织，如Q小区的“邻聚力”志愿服务队。同时，互联网技术的发展使得超越责任制的虚拟网络的普及成为一种现实，居民通过手机、微信群、公众号等智慧化手段相互联系，随时随地地订立约定，以保证网络组织渠道的畅通以及网络结构本身所发挥的实效性。

其次，邻里服务开展。在行政力量参与社区治理由包办向引导方向转型的现行背景下，小区党支部指导下的业主委员会与物业服务企业发挥着重要作用，前者集中反映居民的服务诉求，代表居民与政府、第三方单位展开沟通；后者则在小区居民普遍同意的前提下入驻小区，提供最基础的公共服务产品。除此之外，便是居民自身提供的邻里互助服务，如“敲门行动”、“上门送温暖”、帮扶空巢老人等活动。Q小区所处的位置在1999年改制前曾为城中村，单位制色彩浓厚，院落服务由各单位购买供给，但是随着社区体制转型，单位与小区居民的联系渐弱，提供的服务资源趋向于单一且综合质量下降，居民曾想过以原院落为单位引进专业物业服务企业，却屡屡受阻。正如Q小区居民所言：“过去走物业自治之路，服务跟不上；想引进物业公司，单位宿舍区体量小，人家不愿入驻。”[③]

院墙合并后，在社区的指导下，Q小区顺利地引进物业服务企

---

① [美]B.盖伊·彼得斯：《政府未来的治理模式》，吴爱明、夏宏图译，中国人民大学出版社2001年版，第82页。

② 吴猛：《发育邻里网络：降低社区直选成本的根本途径》，《社会》2004年第10期。

③ Z先生，Q社区两委成员，访谈于2023年2月。

业,并按照规定章程组建业主委员会,其成员由各单位楼栋选任代表。物业提供小区安保、环境清洁、房屋维修等基础服务;业主委员会在为居民争取利益的同时,组织起小区的自治力量,为居民提供各类非物质性服务。一些比较强势、具有威望的居民代表也纷纷组建各类队伍,在助老助幼、文化娱乐、环境保护、非遗传承等领域发力,以满足小区居民的日常生活需求。在Q小区的努力下,居民评价向正向认可转变,"现在好了,小区有了管事人,环境也越来越好!让我们这些隔墙住了几十年的住户成了一家人,越来越亲!"①

再次,邻里议事规范。邻里中心、议事厅、庭院、草坪等小区社会性基础设施的完备在为小区居民提供共同的生活、娱乐空间之余,邻里议事也就具备了基础阵地,空间的公共性渐渐走向政治性。② Q小区院墙合并后集中规划修建了两处水泵、停车场、电动车棚、晾衣场等场所,原来杂乱无序、功能单一的空间被清理出来,居民可以在院坝中、议事长廊里随时随地评议大事小情。在党支部的领导下,Q小区形成了约定俗成的议事规范和议事流程,小区三方联席会议每一季度至少召开一次,居民提出需求后就可随时召集相关利益主体列席会议,以谋求问题的即时解决。

最后,邻里行动生成。邻里性的激发不只在于居民日常生活的互动性增加,也在于居民面对公共事务时责任感和自主意识的催生。正如理性选择理论的认识,公共物品的需求是集体行动的原动力。当置身于熟人环境中,人们对于参与公共事务的疑虑下降,更乐意于以一种积极进取的姿态,联合志同道合的居民一起对影响自身利益和公共利益的决策和行为提出意见,甚至转化为某种具体的邻里行动,例如,针对物业服务收费标准的斗争。Q小区

---

① C先生,Q小区居民,访谈于2022年8月。

② 郑晓华、余成龙:《从服务到自治:社会性基础设施何以增能基层自治?——基于上海社区治理创新的经验观察》,《甘肃行政学院学报》2021年第6期。

在实现地域融合和组织融合后，为了快速地提升居民邻里的熟稔度，选择了一条“以活动促自治”的途径，即在小区综合党支部和新成立的业主委员会的组织下，小区有计划地开展一些针对不同居民群体的主题活动，如象棋比赛、轮胎彩绘、邻里节等，有时候甚至与其他小区、社区开展联合活动。同时，在小区的大型集会中，不断吸纳潜在的志愿者，动员小区的有生力量，为居民生活品质的提升添砖加瓦。

五、结论与讨论

随着社会人口的高速流动，更多人进入城市社区中，由争夺公共空间引发的矛盾、邻里关系的疏离冷漠、公共事务管理的缺位等诸多问题频发，在多重异质性因素的冲击下，城市社区必然面临各种社会关系的重新生产和塑造。“邻”这一传统中国社会的显性关系之一，作为当下社区群众关系凝合的催化剂，被逐渐融嵌到基层社会治理中来。单位制小区开展“拆墙”行动，从物理层面出发对将阻碍邻里交往与融合的障碍拆除，开辟出便于开展公共生活的邻里空间，再从文化上打通小区共同体理念，建立以集体共识为规制的互动原则，从而构建邻里共治机制，不断推动邻里实践的秩序化发展，这无疑是国家从当下的个体化困境中跳脱出来，企图重塑兼具秩序、互信和认同的基层治理的创新性实践。

从实施过程来看，“拆墙并院”这一具体行动的发生并非偶然为之，而是在国家-社会视角下的多元利益主体互动与博弈的结果。执政党在这一过程中始终占据引领与核心地位，无论是在政策层面予以高位规划，还是在微观场域组织人力物力实施，从“拆墙”前收集居民的意见表达、到“拆墙”中的组织协商、再到“拆墙”后的秩序构建，政党的身影贯穿其中，并从一力包办渐渐地向指导者的方向转移。作为贯彻执政党意志的工具,政府则发挥着统筹和具体实施的功能,尤其是区街层面的政府,以及作为基层自治组织与居民深度接触的社区居委会,它们既直接面临着"拆墙"前后的居民疑难诉求,且需要以合理化的手段与策略推进相对陌生的小区群体的共识构建与行动合力。除此之外,居民在其中扮演的角色无疑是更为复杂且生动的。他们作为受"拆墙行动"影响最大的利益主体,掌握着与执政党和基层政府沟通的主导权,使用"是否允许拆墙""拆墙能否保障我的权益"等话语作为筹码,与上级政府和居委会展开谈判,并在实施建设中拥有否决和拒绝提议的权力。

因此,"拆墙"就是一个社会关系再整合的过程,是物理、精神、实践空间相互交织、同步生产的过程。然而,"拆墙"的结束并不意味着社区邻里空间重构的结束,最终都要指向制度层面的建立与规约,在本文中指代为治理的"破墙"。随着居民从私域走向公域,从陌生人社会走向熟人社会,居民对利益的关注必然要从对私利的极大关注再到促成公共利益和福祉的产生,在居民集体价值观念的觉醒下,离散性的居民结成社群,在更为开放的公共场域内展开互动,持续地健全邻里网络,不断地开展邻里服务,建立和完善邻里议事规范,有效地生成邻里行动,邻里互惠的模式最终达成,并形成一个闭环式的运作路径,最终促成更大范围内的邻里治理共同体的产生。

[本文系2023年度国家社会科学基金一般项目"党建引领基层全周期治理机制创新研究"(项目编号:23BDJ009)和2022年华中师范大学人工智能助推教师队伍建设研究项目"基于人工智能赋能的通识核心课程参与式评价机制研究"(项目编号:CCNUAI & FE2022-03-03)的阶段性成果。]

渐进式城市更新中的政社互动协作机制研究
——以C市生态花园营建项目为例

胡晓芳[*]　张诗雨[**]　王利亚[***]

［内容摘要］　当前,城市发展由增量更新进入存量更新阶段,社区花园营造成为众多城市进行微更新的重要选择。然而,现有的社区花园建设路径和模式并非适用于所有城市进行微更新。处于不同经济发展阶段的城市,该如何基于自身条件学习借鉴成熟的社区花园建设模式,有效地推进城市微更新?本文基于行动者网络理论的视角,采用案例研究方法,从C市生态花园的渐进更新历程中,总结出一种"政府资源有限、社会组织独立性弱、公众参与有待提高"情境下的政社"弹性协作"机制,为以生态花园建设为抓手探索城市微更新的政社协作模式提供有益的经验借鉴。

［关键词］　渐进式更新;行动者网络;政社协作机制;生态花园营建

一、问题提出

《中华人民共和国国民经济和社会发展第十四个五年规划和

* 胡晓芳,重庆大学公共管理学院副教授。
** 张诗雨,重庆大学公共管理学院硕士研究生。
*** 王利亚,重庆大学公共管理学院硕士研究生。

2023年远景目标纲要》明确提出“实施城市更新行动”，将城市更新的必要性和重要性提到了前所未有的高度。由此，各地相关管理部门出台了一系列城市更新的政策。一般而言，城市更新活动主要有三种方式：一是全部拆除重建；二是局部改造或扩建；三是整体风貌保护。目前，依托空间扩张以及土地金融的传统更新方式已难以为继，同时，大拆大建的城市更新模式也备受质疑。经历近40年的快速城市化，面对人民日益增长的美好生活需要以及城市可持续发展的内在需求，城市发展从“增量时代”逐步转向“存量时代”，从以经济利益为导向的开发建设转向对存量资源的发掘利用。① 在城市存量更新阶段，基于可持续发展的城市建设战略和日趋增多的老旧社区问题，传统的大规模拆除改造方式已经不适用于很多老旧社区的更新。有学者指出，以“小规模、低冲击、渐进式、适应性”为特征的“微改造”更新方式具有试错成本低、包容性强等优势，是未来城市更新的重要方式之一。② 住房和城乡建设部也强调，城市更新应坚持“留改拆”并举，鼓励城市微更新，力推“以小修小补代替大拆大建，以细小变革带来巨大变化”的渐进式城市更新实践。③

以社区花园建设为代表的社区微更新实践为城市微更新提供了一个重要切入点。社区花园源自欧美国家，被视为城市绿化的重要策略和社区营造与治理的重要方式。上海、北京等国内城市在把社区花园与社区营造、社区参与联系起来的同时，更倾向于将其视为城市更新的一种方式，并且在实践中探索出成熟的社区花园建设模式及实现路径。

---

① 唐坚、方小桃、刘江：《城市更新管理政策的探讨——以重庆市为例》，《城乡规划》2022年第6期。

② 王梅：《公共政策导向下重庆市主城区城市更新制度设计与空间策略》，《规划师》2017年第10期。

③ 《住房城乡建设部关于扎实有序推进城市更新工作的通知》（建科〔2023〕30号）。

然而，现有的社区花园建设路径和模式并非适用于所有城市进行微更新。处于不同经济发展阶段的城市，该如何基于自身条件学习借鉴成熟的社区花园建设模式，有效地推进城市微更新？经过3年多的实地观察发现，C市的社区花园建设者们“摸着石头过河”，在资源有限的情境下，通过渐进、灵活、弹性的政社协作，探索出一条渐进式城市微更新的道路。本文采用案例研究方法，借用行动者网络理论，对C市生态花园建设的曲折历程进行描绘和分析，试图总结出其内在的政社协作机制，期待为以生态花园建设为抓手、探索城市微更新的政社协作模式提供有益的经验借鉴。

二、文献综述与分析框架

（一）文献综述

1. 城市更新进程中的社区花园研究

在国内外学术界，社区花园被赋予不同的界定和功能解读。在西方国家，社区花园或份地花园通常是指将闲置土地分配或廉价租借给个人和家庭用于园艺或农艺的一种土地使用模式。① 国内学术界代表性的观点认为，社区花园是民众通过共建共享进行园艺活动的场地②，是一种由园艺团体、高校以及居民共同管理的城市绿色空间形式。③ 还有学者认为，共同建设社区花园有利于

① 钱静：《西欧份地花园与美国社区花园的体系比较》，《现代城市研究》2011年第1期。

② 刘悦来、尹科娈、葛佳佳：《公众参与协同共享日臻完善——上海社区花园系列空间微更新实验》，《西部人居环境学刊》2018年第4期。

③ 蔡君：《社区花园作为城市持续发展和环境教育的途径——以纽约市为例》，《风景园林》2016年第5期。

提升公众的参与度，促进社区营造。①

国外对社区花园研究已久，涉及风景园林、社会学、农学等多个学科领域，涵盖了社区花园的发展脉络、设计与营造，社区花园与环境健康、社区花园的社会功能等内容。在欧美国家，早期的社区花园与居民权利相联系，用于满足居民园艺或农艺的需求。随着社会的发展，社区花园逐渐和城市环境管理联系起来，被视为一种城市绿化策略②，现已成为社区营造的重要手段。

国内对社区花园的研究起步较晚，现有研究主要关注两大主题：一是国外社区花园理论研究的梳理；二是基于我国社区花园实践的总结，从公众参与、社区治理、城市更新等多角度探讨我国社区花园的营建策略、路径等。实践案例以上海市的社区花园为主，北京市、成都市、杭州市等地的社区花园也有涉及。在城市更新的相关研究中，学者们将社区花园视作城市更新的一种策略，更专注于其中的设计策略、公众参与或多元主体共治。例如，从政策制度、平台构建和自组织培育的角度出发，廖菁菁和刘悦来分析了公民参与社区花园营建的实现途径，并根据实际案例总结了相关经验。③ 侯晓蕾以北京常营玫瑰童话花园为例，提出了老旧社区花园的设计和营建策略，即参与式设计和以一带多的辐射式设计治理网络。④

综上，虽然城市更新中的社区花园受到了广泛关注，但既有研究多聚焦于公众参与的实践或社区花园设计的思路，鲜有关注其

① 刘悦来：《社区园艺——城市空间微更新的有效途径》，《公共艺术》2016年第4期。

② Mercy Brown Luthango, Prestige Makanga, Julian Smit, "Towards Effective City Planning: The Case of Cape Town in Identifying Potential Housing Land", *Urban Forum*, 2013, 24(2), pp. 189-203.

③ 廖菁菁、刘悦来、冯潇：《公众参与老旧社区微更新的实现途径探索——以上海杨浦创智片区政立路580弄社区为例》，《风景园林》2020年第10期。

④ 侯晓蕾：《"微花园设计"：基于日常需求的老旧社区微更新——常营玫瑰童话花园设计解析》，《建筑学报》2022年第3期。

中政府与社会的动态互动过程。因此，本文尝试用行动者网络来分析政社互动过程，探究政府与社会的协作与社区花园网络之间的相关性。

2. 行动者网络中的多元主体协作研究

行动者网络理论（Actor-Network Theory，简称 ANT）也被称为异质建构论，由法国社会学家布鲁诺·拉图尔（Bruno Latour）、米歇尔·卡龙（Michel Callon）和约翰·劳（John Law）提出。行动者网络理论是一种理解复杂社会的分析方法和阐释多元主体关系的理论工具，包括三个核心概念，分别是行动者（agency）、网络（network）和转译（translation）。行动者包括人类行动者（humans）和非人类行动者（non-humans），行动者们以同等的身份彼此连接成网络，扩展到所有的角落。网络的形成需要吸收行动者的参与并控制行动者的行为，这一权力获得过程就是转译的过程。所谓转译，是指行动者努力把其他行动者的利益和兴趣用自己的语言转换出来。[①] 行动者网络中的转译含有四种实现网络构建的方法，即问题化（problematization）、利益相关化（interestement）、征召（enrolment）和动员（mobilization）。其中，问题化是关键行动者将行动者们所关注的内容以问题的形式呈现出来，并就该问题提出“必经之点”（obligatory passage point, OPP）的解决策略，以回应行动者们的需求。利益相关化是通过各种策略对参与网络的其他行动者进行利益赋予，使其被征召成为生态花园建设网络中的成员。当然，政社协作治理未必会产生积极的结果：当协作者的需求和利益无法得到满足时，协作只能被“搁浅”；网络中的行动者如因某种原因撤出，便会直接影响协作的成效；行动者之间若缺乏信任或沟通不畅，也必然导致协作遇阻。因此，动员必不可少。如卡龙所

① 郭俊立：《巴黎学派的行动者网络理论及其哲学意蕴评析》，《自然辩证法研究》2007 年第 2 期。

言，行动者网络要成型，各主体之间需有共同的“必经之点”，即将各行动者的意识和利益都成功地带入，到达一个有利于实现共同方向或目标的关卡。

行动者网络理论囊括了一般社会现象中的多元主体。随着该理论研究的深入，学者们将其引入社会学、人文地理学、建筑与城市规划等诸多学科领域之中。例如，在基层社会治理研究方面，许文文运用行动者网络理论对社区养老模式进行分析，建构出一条构建基层社会治理共同体的本土路径。[①] 在乡村发展研究方面，杨忍、徐茜等运用行动者网络理论研究传统村落空间转型的机制，提出了行动者网络理论有效地联系空间关系和复杂网络，为解释空间变化提供了新的角度。[②] 在城市更新研究方面，汪雪基于行动者网络理论构建总结了历史街区复兴的社区参与机制。[③]

从现有文献来看，学者们将行动者网络理论广泛运用到社会各领域的活动中，把它作为一种重要工具，用于分析活动中的多元主体协作过程、策略或机制。在某种程度上，行动者网络理论在分析社区花园促进社区微更新方面有较高的契合度，使用该理论不仅有利于拓展现有社区花园研究的视角，还能拓宽行动者网络理论的应用领域，丰富现有的理论成果。

（二）行动者网络视角下渐进式更新的政社协作机制分析框架

行动者网络并非一个静态的模型，而是一个基于行动者彼此协作的动态网络，体现了多元主体从分散到整合的动态过程。转

① 许文文：《超越行动者网络：基层社会治理共同体建构的本土路径——基于社区养老场域的田野观察》，《学习与实践》2021 年第 3 期。

② 杨忍、徐茜、周敬东等：《基于行动者网络理论的逢简村传统村落空间转型机制解析》，《地理科学》2018 年第 11 期。

③ 汪雪：《基于行动者网络理论的历史街区更新机制》，《规划师》2018 年第 9 期。

译机制中的问题化、利益相关化、征召与动员四个环节则充分反映了各主体为实现自身利益而进行的协作。渐进式城市更新中的政社协作是一个政府部门与各社会力量因自身利益不断加入或退出协作、运用各种协作策略推进协作,以协作实现共同目标的动态演变过程。因此,本文借助行动者网络理论对C市生态花园的渐进式更新历程进行描述,并对渐进式更新中的政社协作机制进行分析。基于研究问题和文献综述,本文构建了如图1所示的行动者网络视角下渐进式更新的政社协作机制分析框架。

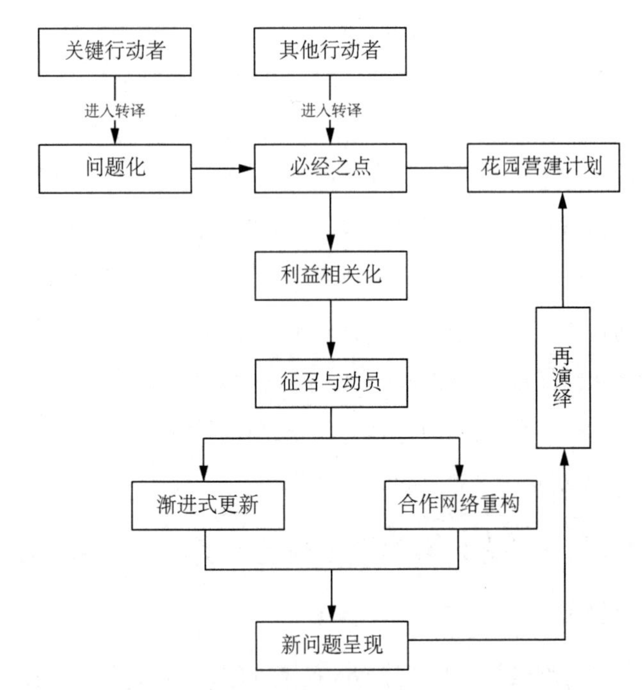

图1　行动者网络视角下渐进式更新的政社协作机制分析框架

资料来源:笔者根据参考文献[①]自绘。

① 王玉洁、张京祥、王雨:《行动者网络视角下渐进式更新协作机制研究——以江苏省南京小西湖地段更新为例》,《上海城市规划》2022第1期。

第一，行动者网络中的行动者构成。根据行动者网络理论，行动者是重要节点，节点之间经过通路联结，各类行动者在结合成网络的同时也构成了一张“行动之网”，在网络中的每个行动者都具有能动性与广泛性。① 其中，意识到问题并表达问题的行动者被认为是关键行动者。社会组织是协同治理视角下政社力量平衡工具的理想选择，也被视为基层公共性困局的破局之匙。② 此外，社会组织对于促进公民参与具有重要意义，其公益性和志愿性促使社会组织主动发现、解决社会问题。因此，在生态花园建设的过程中，具有知识、服务或技术等专长的社会组织是关键行动者之一。政府作为管理者，需要建立公民意识并同公民投身共同合作的行动中。③ 在生态花园建设的过程中，政府和准政府参与行动者网络构建，担当参与者、决定者、决策者等多重角色，需要提供政策和资金支持，帮助解决实际问题。因此，关键行动者包括社会组织、政府与准政府。同时，生态花园建设的其他利益相关者在关键行动者的动员下被纳入行动者网络。

第二，行动者网络构建中的政社协作机制。在行动者网络中，各行动者作为转译者(mediator)都作出了影响原有状态的行动，并通过彼此间的行动和合作实现目标，这样的过程就是转译。本文借助行动者网络分析生态花园建设的过程，发现转译机制描述了行动者们进行协作的过程：首先，由关键行动者提出问题，进入转译，将问题的解决办法操作化为一个“必经之点”，提示其他行动者。其次，其他行动者进入转译，并把“必经之点”与自身利益相联系。再次，在征召与动员环节，各个行动者积极参与合作活动，以

---

① 吴莹、卢雨霞、陈家建：《跟随行动者重组社会——读拉图尔的〈重组社会：行动者网络理论〉》，《社会学研究》2008 第 2 期。

② 张其伟、徐家良：《社会组织如何激发城市基层治理活力？——基于某环保类组织的案例研究》《管理世界》2023 年第 9 期。

③ 张康之：《合作治理是社会治理变革的归宿》，《社会科学研究》2012 第 3 期。

满足自身利益。最后，在转译过程中，各行动主体，即政府部门与社会力量，通过各种策略来实现合作。

第三，政社协作的结果。以政府和社会组织为代表的关键行动者进行成功转译，吸纳其他行动者参与，实现了生态花园的渐进式更新，重构了政社合作网络。生态花园的渐进式更新是一个转译和再转译的过程，每一次的转译都会经历“必经之点”、利益相关化和征召动员的环节。在这个过程中，行动者渐进地、弹性地在各个场地营建生态花园，最终有效实现城市微更新。

三、C 市生态花园的渐进式更新过程

（一）生态花园的营建背景

2021 年，《住房和城乡建设部发布关于在实施城市更新行动中防止大拆大建问题的通知》一文，从政策层面鼓励城市微更新。《C 市城市更新规划设计导则》中也明确提出，针对老旧小区更新规划设计要活化街巷空间、提升品质环境、增补公共空间。为了推动城市老旧小区的空间更新，作为城市微更新重要方法的社区花园进入了 C 市政府和社会组织的视野。

较之于发达城市，C 市的城市发展、城市建设仍处于探索阶段，城市建设缺乏经验，社会组织有待发展，政社关系仍处于磨合状态。社区花园建设模式虽然各有千秋，但往往需要一些基础性条件作为保障，如地方政府财力充足、社会组织活跃、居民自治意识强且社会治理参与度高等。相较之下，C 市进行生态花园建设的基础显得非常薄弱，注定很难在短期内取得数量上的快速突破，抑或获取质量上的显著成效。C 市虽然面临着诸多问题和挑战，但其拥有丰富的自然资源，且政府的包容度高、社会组织的学习意

愿强。在此背景下，C 市的生态花园营建行动，在充分学习现有经验的同时，没有盲目地复制道路，追求花园的数量，而是因地制宜，充分发挥山水园林城市的优势，并采用渐进式的工作模式，通过政社协作促进资源整合和社会动员，根据实际需求建造生态花园。

（二）生态花园的渐进式更新历程

从单个社区的生态花园实践探索，到 C 市生态花园项目落地是一个循序渐进的过程。恰逢 C 市第二届 H 社群艺术季，几名专家学者和社会组织组建的团队，在整合上海社区花园和北京生态项目的基础上提出了生态花园建设的想法并将其付诸实践。2020 年年底，社会组织 S(以下简称 S)吸纳北京设计机构 G(以下简称 G)、成都社工机构 A(以下简称 A)等社会组织参与，在获得街道允许后由社会力量发动在地居民一起完成了 H 街道 Y 社区生态花园的营建。2021 年，H 生态花园初见成效，加上城市更新政策的出台，政府有关部门注意到了生态花园这一议题。基于以上背景，C 市绿化委员会、中共 C 市委宣传部、C 市精神文明建设委员会办公室、共青团 C 市委、C 市林业局五大市级部门联合发文，自上而下地开启了政府与社会组织合作营建生态花园的项目——Q 生态花园共建计划(以下简称项目 Q)。项目 Q 以 L 区 R 街道 X 社区和 Z 村 W 社区城乡两个社区作为试点，计划用三年左右的时间在全市范围内逐步复制推广，建立 15—20 个样板型生态花园。2022 年，Q 项目组与林业局、社区工作人员、在地居民和社会力量开始了在 X 社区和 W 社区的生态花园共建。

在生态花园的建设过程中，社会组织起到了“关键少数”的作用，相较于其他的行动者来说，其在组织、策划、举办、后续跟进各环节都发挥了重要作用，是行动者网络中必不可少的一环。从总体上看，C 市的生态花园营造是一个系统又有弹性的渐进式过程(图 2)。与此同时，政府与社会组织在生态花园营建过程中也逐

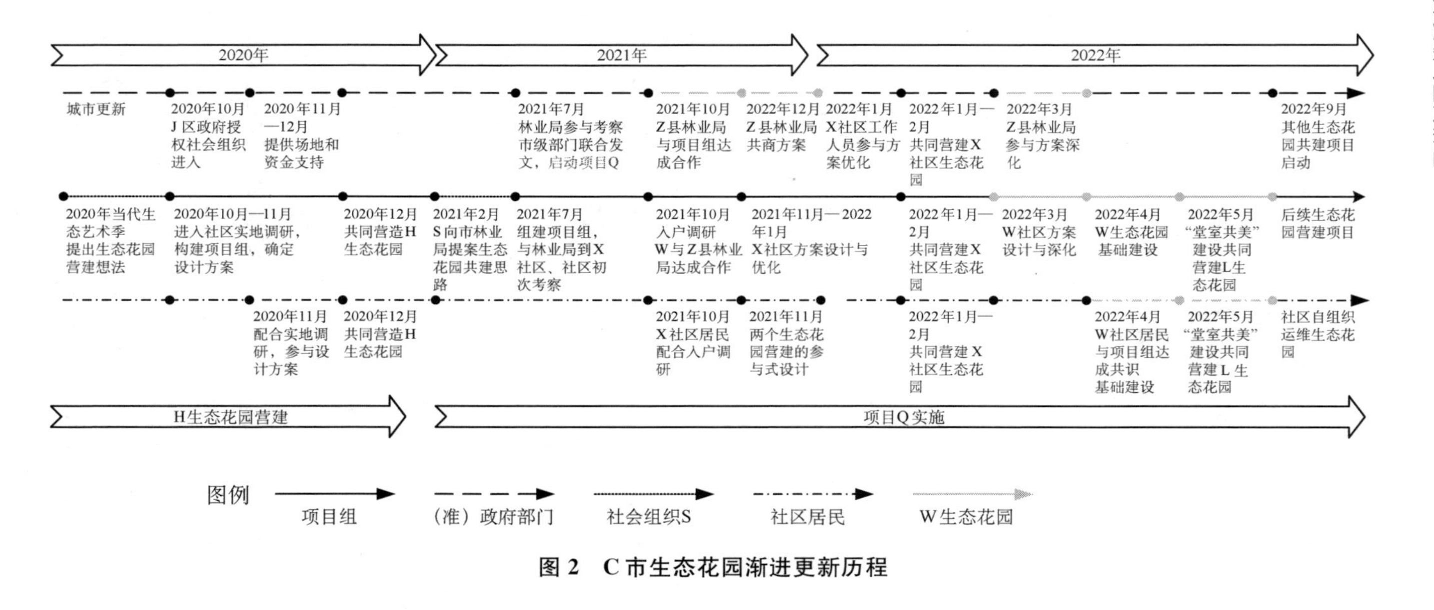

图 2 C市生态花园渐进更新历程

渐摸索出弹性的协作方式。

（三）参与主体及其作用

紧密连接、彼此信任的协作主体是开展生态花园营建的重要条件。生态花园营造是一个强调多部门跨学科的多元主体协作过程，跨部门的合作治理使得城市治理更具可行性。① 协作主体之间的关系将影响行动者联盟的作用发挥，具有信任关系的合作网络将有助于降低成员间的沟通成本。

在生态花园的营建过程中，政社采用协作的方式，而非单纯的政府自上而下或政府购买服务的方式。政府不仅向社会组织赋权，而且给予充分的信任，这为社会组织与其他主体开展协作打下了基础，也为项目的弹性实施留出了足够空间。

协同治理并不是各个领域资源的简单叠加，而是各个主体间深入、默契、高效的协作，要求不同背景的主体在不同层面实现多个要素的协同。通过多元主体的参与，大量的社会治理网络节点经过相互之间的作用联结成一个整体，凸显出协作开展过程中整体性、系统性的特征，为生态治理、环境美化提供了一个新的视阈。② 想要更好地推动协同效用的发挥，必须强化“人人有责，人人尽责，人人享有”③的协同理念，充分发挥多元主体的效能。在C市生态花园的渐进式营建过程中，基于政社前期的良好协作，更多的主体被吸纳到行动者联盟中，各个主体也通过彼此之间的沟通交流调整协作方式，协作强度也由浅入深地逐步增加，在合作中实现多元主体协同治理。

---

① 曹海军、霍伟桦：《城市治理理论的范式转换及其对中国的启示》，《中国行政管理》2013年第7期。

② 张灏：《共同体思想引领下的社会治理创新研究》，《理论观察》2022年第11期。

③ 《中共中央 国务院关于加强基层治理体系和治理能力现代化建设的意见》（2021年7月11日），中国政府网，http://www.gov.cn/zhengce/2021-07/11/content_5624201.htm，最后浏览日期：2023年5月13日。

生态花园营建中的协作主体(表1)主要有:各类社会组织、政府部门、专业机构、在地居民、跨学科专家以及包括社会志愿者和高校团体在内的其他社会成员。

表1 C市生态花园营建中的协作主体及作用

主体类别	具体成员	作用/职能
社会组织	艺术类社会组织S、C市复归文化艺术研究院、SF大学MSW教育中心	链接各方主体,形成行动者联盟,建立协作机制;提供专业知识和能力;策划、设计营建方案;解决居民日常问题
政府及准政府部门	市级党政部门:C市绿化委员会、中共C市委宣传部、C市精神文明建设委员会办公室、共青团C市委、C市林业局	提供相关政策、项目发起方;赋权项目组;资金支持;促进基层部门的有效参与;推动案例复制,实现渐进式扩散更新;实地参与营建
	区级政府部门、基层社区组织	发动、联络居民;有效管理;协助项目可持续发展
专业机构	G、C市某园林公司	提供社区花园和园林设计的专业知识和技能
在地居民	各试点社区居民	花园的主人决定花园的未来发展;参与设计花园营建方案;参与花园营建、运维
专家学者	生态学、社会学、人类学、设计学、艺术学、哲学等学科领域的专家	从各学科的角度为生态花园营建提供专业咨询和指导
其他社会成员	社会志愿者、高校团体	提供志愿服务,协助项目组完成花园的建设、居民自组织建立及花园后期治理工作

四、转译:生态花园行动者网络的生成机制

一般而言,转译过程包括问题呈现、利益赋予、征召、动员和异议五个环节。① 然而,在实践中并非如此,正如学者指出的那样,转译的阶段并不是按时间顺序列出的,而是概念性的步骤,它们可以以重叠的方式进行。② 转译的第一个阶段以关键行动者参与为主,对应的环节是问题化,即关键行动者通过学习探索的方式来表达问题,设置必经之点(OPP),并强调该问题的解决会影响其他行动者各自问题的解决。转译的第二阶段由关键行动者和其他行动者共同参与,包括利益相关化、征召和动员三个环节。

(一)第一次转译:H街道的春天

1. 问题化与"必经之点":亟待改造的社区

H街道Y社区位于C市J区,属于典型的回迁安置型老旧居民社区。随着时间的推移,社区内设施老旧,公共空间的有机性与多样性消解。虽然H街道曾多次组织开展环境整治工作,但效果并不理想,同时,居民也对破败的社区环境表示不满,希望公共空间环境得到改善。在借鉴国内社区花园成熟营建经验的基础上,结合社区治理实践和社区现存问题,S创建出一个"鲜花盛开的H街道"方案,以此作为"必经之点"。

2. 利益相关化、征召与动员:填补结构洞,构建行动者联盟

生态花园的营造是一个多元主体共同行动的过程,策划者需

---

① Michel Callon, *Power, Action and Belief: A New Sociology of Knowledge?*, London: Routledge Kegan & Paul, 1986, pp.196-223.

② 王佃利、付冷冷:《行动者网络理论视角下的公共政策过程分析》,《东岳论丛》2021年第3期。

要通过利益相关化将多元主体链接起来，推动项目发展。从网络结构的角度看，H 街道的关系网络亟待优化：虽然辖区内有丰富的艺术文化资源和 6 家社会组织，但是长期以来政社关系较为松散，基层政府与社会组织缺乏联系；同时，基层政府与居民、居民与居民之间的联系也并不紧密。以 S 为主导的项目组在共同行动中充分链接各方主体，发挥了填补“结构洞”的作用。第一，(准)政府力量支持。S 首先联络了所在的 H 街道，街道持支持态度并帮助联络了社区支部书记，社区“两委”提供场地并给予部门协调。第二，组建项目组。作为艺术类社会组织，S 在社会治理领域并非十分擅长，于是邀请更熟悉社区情况的在地社工机构 B 和在地社工机构 O 以及有经验的社工机构 A 加入。第三，调动居民参与。在社工机构和社区“两委”的协助下，项目组得以成功地与居民产生联系，唤起居民的参与热情。第四，借力多领域专家。项目组联络了跨学界(如社会学、生态学等专业领域)的专家群体，为项目注入专业力量。第五，组织志愿者。志愿者是多元主体合作中重要的一环，可视化的营建方案吸引了各方志愿者的参与。处于“结构洞”位置的项目组成功地发挥了桥梁作用，链接了各方主体，构建了以基层政府、社会组织、社区居民、社会力量和志愿者为主体的行动者联盟(图 3)。

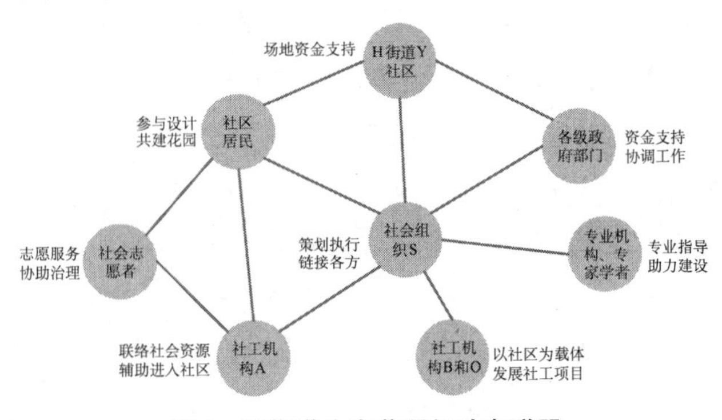

图 3　H 街道生态花园行动者联盟

3. 转译失败:政社协作不足

在第一次转译中,由S担任行动者网络中的关键行动者,提出了"必经之点",并通过各种方式征召动员其他行动者,参与花园的共建活动。在共建阶段,每一个主体都在行动中发挥自己的作用,花园共建也取得了较好的效果。但是共治环节却未能如期开展,花园缺乏后续监管和运维。究其原因,是此时的政社协作深度不足:街道虽持支持态度,但是与社会组织的合作仅停留在资金支持、场地支持和协调工作上。作为基层治理中至关重要的一环,街道和基层组织并没有直接加入到花园营建工作中,也没有充分发挥自己的作用,在合作中的参与度还有待提升。

其实大家不妨现在去看一下Y社区,现在花园基本上是没人管,后面共治的环节缺失了……我们当时去做共建的时候,社区的基层组织和居委会没有深度参与进来。①

艺术组织和社工机构作为专业团队,只能在共建时期和共治早期提供帮助。社区花园维系持续的活力和生命力离不开在地力量的支持。共建向共治的过渡,是一个专业团队与在地力量接力的过程,需要基层组织带领在地居民和组织从专业团队手中接过接力棒。但因政府力量在共建共治阶段参与的不足,导致H生态花园在营建之后缺乏在地团队的长期陪伴和运维,花园营建成效不尽如人意。

(二)第二次转译:共建城乡生态花园

1. 新问题呈现:新的行动者加入

针对H生态花园在营造过程中出现的政社关系问题以及C

① 资料来源:对生态花园共建团队的访谈,访谈编号:20220207-GJD-DYX。

市目前大部分社区还存在社会资源匮乏、社工机构缺乏的问题,C市政府进行了进一步的思考,由市级政府部门发起的项目Q回应了这一问题。市级政府部门主动加入,将新的“必经之点”呈现在其他行动者面前:在不同的地方,通过合作建花园来实现城市更新。作为关键行动者,政府部门更为主动地发挥作用,不仅提供项目和资金来引入外部社会组织和社会资源推动社区更新,还积极参与实践,与各方社会力量协作,以获得更好的更新成效。

在新的情境中,具体的行动者发生了改变,各方的利益诉求也有一定的变化,但行动者联盟的共同目标并未发生变化,仍然是营建生态花园。在新的转译中,新的行动者加入,组建了新的行动者联盟(图4)。

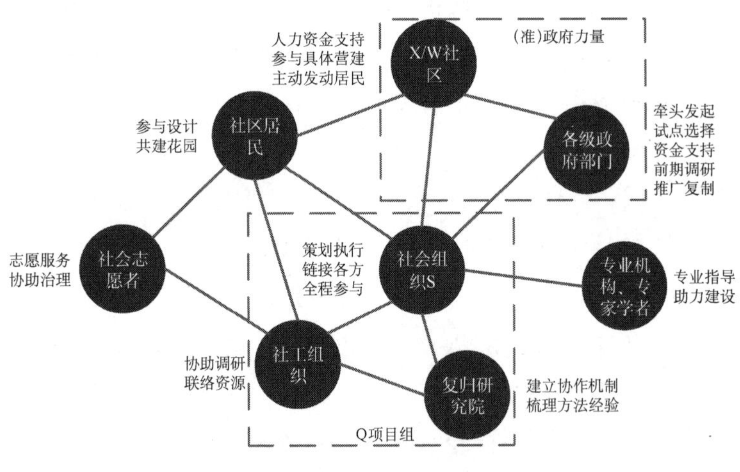

图4　项目Q行动者联盟

2. 城市中的生态花园:艺术文化切入,讲述场地记忆

项目Q选择了C市L区R街道X社区作为首期城市试点。X社区是一个配套设施差、环境卫生差、存在安全隐患的老旧社区,社区常住人口由农转非居民、老街旧城拆迁安置户、购买商品房迁入户三类人群组成,人员组成的复杂也导致各类矛盾突出,社

区工作不易开展。X社区早已开始了对社区的更新改造，虽然改造后空间利用不足、居民参与不到位等问题仍待解决，但前期的改造却成功地链接起了居民和当地政府，这为后续开展生态花园营建提供了良好的群众基础和政府支持。

政府有关部门的积极参与为本次协作提供了良好的条件，S因此也更关注如何充分发挥各主体的作用，达成更好的营造效果。S与相关政府部门多次开展交流会和实地考察，力求明确营建需求，完善营建方案，更好地实现营建目的。在设计方案时，S把握场地记忆和历史文化，将文化与艺术充分融合：以艺术为抓手，讲述场地中的居民故事，唤起居民参与协作的热情。

3. 乡村里的生态花园：家庭美学共建，艺术振兴乡村

项目Q选择了C市M乡Z村W社区作为首期乡村试点。M乡是C市17个乡村振兴重点帮扶乡镇之一，其中，W社区是M乡人居环境整治示范点。M乡与中国大部分乡村一样，存在发展主体和发展内容整合性不足的缺陷、缺乏在地人力资源和社会组织资源、资金支持不足、居民文化生活匮乏和观念意识保守、地方自主性较弱等问题，这些问题给项目组带来了新的难题。

初次进入场地，项目组试图套用城市生态花园的营建模式，直接通过实地调研与入户探访来调动居民参与花园的方案设计，却发现居民们因为缺乏与政府、社会组织之间的情感链接而对这些“外来者”的接受度不高。为了与居民形成良好的合作关系，在村“两委”的帮助下，项目组通过观察并结合专业所长，采取了“同吃同住同劳动”和“堂室共美”两种策略来获得居民的信任支持并达成合作。“同吃同住同劳动”拉近了项目组与居民们的关系，让居民们放下戒备，为后续的沟通交流打下基础。“堂室共美”则是项目组成员从居民的生活习惯和需求入手，对村民的居所进行的室内改造实践。这一改造计划邀请了邻里乡亲、村“两委”和志愿者一起参与，成功地拉近了多元主体间的联系。此外，相比于城市试

点，农村试点更加强调发挥社区党员和能人的带头作用，通过“受居民信任”的人的带领、游戏互动环节的开展，成功地发动居民参与共建活动。

4. 转译成功：有效的政社协作

在整个项目试点运行中，从前期筹备阶段一直到后续花园运维过程，政府和基层组织都深度参与，甚至在协作开始时政府相关部门就为项目的成功奠定了良好的基础：选择了合适的地点进行试点。虽然在地社会资源匮乏，但社区的工作人员主动性强，居民配合度高，通过政府主动引入社会组织的方式，构建行动者联盟，各主体充分发挥作用，实现了生态花园营建的目的。

> 其实，政府的作用是非常大的，特别是基层政府在这里边的作用是非常重要的……这里面集中社会力量，还有具体的行动都是由我们来执行的……政府、老百姓给我们赋权，让我们做花园，我们也有责任去履行权利。①

作为协作的发起者，政府在项目Q中并不是以“主导者”的身份出现的，而是一个很好的协作者。政府部门向项目组充分赋权，给予项目组足够的信任和支持，项目组因此充满了责任感和使命感，认真地推动项目发展，Q生态花园也因为政府与社会组织的良好协作取得了让人满意的成效。

> 从第一个案例(H生态花园)到项目Q，它其实是从一个单向的社会组织(活动)到一个，包括横向的(涉及)各个专业和各个领域的人一起参与进来，完成一个相对

① 资料来源：对生态花园运营团队的访谈，20230407-GJD-SLH。

来说比较完整的组织活动。这是关系的升级或者说递进。①

（三）行政支持+社会动员——政社弹性协作机制

如前所述，在生态花园的行动者网络中，政府与社会组织同为关键行动者。为了更好地实现共同目标，政府部门与社会力量分别采用了行政支持和社会动员两种策略来为合作助力，政社采取弹性协作的机制。行政支持在纵向上挖掘了政社合作的深度，既为政社合作创造弹性的可能，给合作的具体实施方法留下探讨空间，又为社会组织充分发挥自身力量提供机会；社会动员在横向上扩大了政社合作的网络，即把政府与社会组织的合作拓展为政府与社会部门的合作，为合作的推进注入新的动力与活力。政府部门和社会组织的弹性协作机制如图 5 所示。政府在行政支持方面

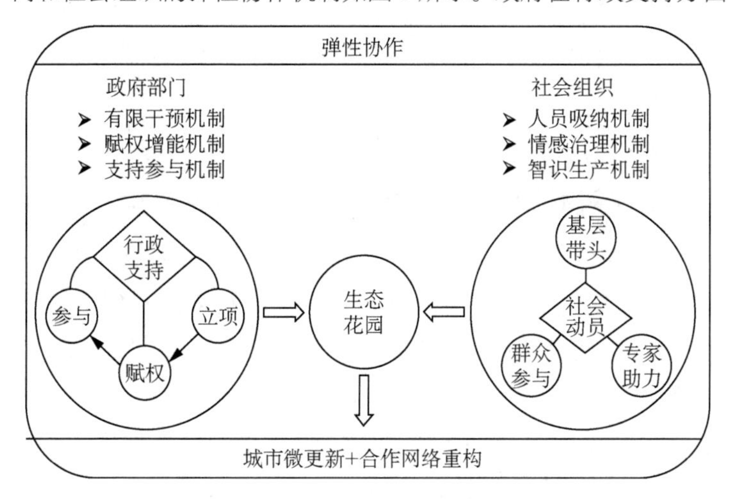

图 5　政社弹性协作机制运行图

① 资料来源：对生态花园策展人的访谈，20230407-CZR-ZT。

采取了有限干预机制、赋权增能机制和支持参与机制；社会组织在社会动员方面则采取了人员吸纳机制、情感治理机制和智识生产机制。

1. 政府部门：行政支持

在政府购买服务中，政府通常直接将服务事项交由社会力量承担，并提供相应的资金或政策支持，仅对大的方向加以把控，在给予社会力量充分自由的同时，缺失了官方力量的直接参与支持。在政府主导项目中，政府通常对于项目的具体内容、项目边界和其他细节等作出严格的要求或规定，项目的实施缺乏弹性和活力，虽然政府参与程度更深，但社会力量因此受到更多限制，可能影响合作的效果。然而，在生态花园营建中，以林业局牵头的政府力量，以发文立项的形式，采取了刚性规划与弹性调适并行的方式——对生态花园营建进行大方向的调控和有限度的干预。

(1) 有限干预机制。首先，政府虽自上而下地进行宏观调控，但干预却非常有限，发文仅仅确定了生态花园营建的总体目标和必要条目，对于具体营建细节并未多加约束。其次，政府给社会组织选址留有自由空间，试点由社会组织和政府工作人员一同前往考察，确定生态花园的具体实施社区。

(2) 赋权增能机制。在花园方案与具体实践的制定上，政府让渡权力给社会组织，担当行政支持而非行政控制的角色，培育社会组织的能力。社会组织开办各种活动，充分发挥社区居民的主观能动性。政府作为平等的参与主体，参与方案设计的讨论。同时，政府为项目提供必要的政策和资金支持，推动其顺利进行。总之，政府充分向社会组织放权，与社会组织进行良性互动，让多元主体在协作中更好地发挥自身的特长，有利于实现协作的共同目标。

(3) 支持参与机制。政府工作人员深入参与方案制定和实地调研环节，帮助社会组织与社区展开对接，为后续协同治理奠定良好的基础。同时，政府主体通过全程参与社区花园的营建过程，增强了社区居民的信任感，并在此过程中深入了解项目实施情况，有助于更高效地实现城市微更新。

2. 社会组织：社会动员

研究社会动员的学者认为，比起其他学科的专家，艺术家的行为更容易得到民众认同。[①] 由政府购买专业服务的社会组织，充分发挥自身的专业能力，借助艺术介入和参与式设计的手段，吸纳更多的主体（如社区居民和其他社会力量）加入。此外，社会组织进入社区后，避免触碰与各方主体重大利益相关的历史遗留问题，而是以第三方的身份为桥梁链接各方，提醒政府、社区“两委”和居民共同发现美好。

（1）人员吸纳机制。社会组织吸纳了大量的行动者进入生态花园的行动者网络。在社区花园营建初期，社区居民大多数处于观望的状态，模棱两可的参与态度可能会导致项目执行受阻。社区支部书记和党员作为社区中的“领头羊”，需要起到一定的带头作用，积极发挥自身在社区中的号召力，动员大家参与社区营建的过程，调动大家的积极性，提升居民的参与度。

（2）情感治理机制。首先，社会组织运用艺术介入的手段规避利益冲突，唤醒各方对美的认识和渴望，从而实现多主体参与协作。社会组织以艺术为沟通媒介促使社区居民参与[②]，以艺术作品为载体诠释社群的历史记忆、构建文化认同，激发居民认同感与主体性，不仅吸引居民参与花园共建，还动员了许多志愿者。

其次，社会组织进入社区时秉持“以人为本、以情感为纽带”[③]

---

① 方李莉：《论艺术介入美丽乡村建设——艺术人类学视角》，《民族艺术》2018 年第 1 期。

② 陈可石、高佳：《台湾艺术介入社区营造的乡村复兴模式研究——以台南市土沟村为例》，《城市发展研究》2016 年第 2 期。

③ 潘小娟：《基层治理中的情感治理探析》，《中国行政管理》2021 年第 6 期。

的原则,通过调研形成社区口述史、对居民的日常生活进行影视拍摄等互动方式来构建与居民的情感链接,并通过对居民家居环境进行改造等方式,促进群众的情感认同,为后续发动群众的广泛参与奠定良好的人际基础。

(3) 智识生产机制。社会组织并非全能,要完成生态花园的营建,需要专业团队的助力。专家团队包括学术团队(生态艺术、城市管理和社会学专业)、艺术团队、创作团队和四个策展人。专家助力可以链接和发动居民参与,提升公共空间改造过程中的科学性。网络中的行动者通过持续的跨界学习和合作,民众的心智受到启发,共同产生新的知识,从而提升了生态花园的完成度和满意度。

五、结论与讨论

(一) 结论

相对于传统的结构化理论,行动者网络理论为城市微更新提供了一种更加全面、系统、动态性的思维方式,它能动态地描绘并解释行动者如何参与并影响社会治理网络及治理过程。因此,行动者网络理论在回答城市更新何以可能的问题时具有较强的解释力。

C 市生态花园微更新行动依托于行动者网络的有效运转。行动者包括关键行动者、人类行动者和非人类行动者。关键行动者包括社会组织和政府,双方的合作方式的变迁体现出灵活、弹性与渐进式的特点。在早期,艺术类的社会组织是关键行动者,它能回应居民的现实需求,具有专业特长,还能联动其他类型的社会组织,通过鲜活的艺术形式介入社区微更新和社区治理实践,吸纳社区党员、社区能人以及动员普通居民参与,共同融入社会治理体系之中,取得可视化强的治理绩效。社会组织获取了政府与居民的认可,从而具有了合法性基础。在后期,政府部门采用自上而下的方式进行规划,项目 Q 得以诞生。因此,社会组织和政府两者缺一不可。

C 市的经验表明,自下而上和自上而下的实践方式并行不悖,两者可以运用于不同的阶段。在生态花园的建设中,社会组织与政府是关键的行动者,初期,社会组织主动学习和模仿,在 H 街道成功地营建了花园。当花园初见成效时,政府的注意力被花园所吸引,主动与社会组织展开合作,以政策形式进行花园的试点和推广。多个政府部门联合发文,有利于突破部门壁垒,加强部门间的协同。C 市生态花园的第一次演绎具体表现为 H 街道 Y 社区,在此过程中,关键行动者(以 S 为主的项目组)通过发掘各主体对社区公共空间的需求唤起各方共情,将各方行动者纳入“必经之点”。中期,项目组采取讲座、社区协调大会和调研等方式,与各方主体协作设计生态花园的营建计划,从而将生态花园与各方利益产生关联,实现利益相关化。终期,项目组通过参与式设计、共建工作坊等方式征召动员,调动各方主体参与共建的热情和积极性,促进各方主体的共同参与,充分发挥各方主体的优势,达到生态花园营建的共同目标。项目组又在不同场地发现新的问题,再演绎上述过程,渐进式地实现 C 市生态花园营建的总目标,达到城市微更新的目的。

城市更新离不开多元主体的参与,更新所依赖的资金、物质、人力或政策资源因地区和情境而有所差异。C 市在“政府资源有限、社会组织力量薄弱、公众参与有待提高”的情境下,政府与社会组织通过“行政支持 + 社会动员”的弹性合作方式构建了行动者网络联盟,实现了有效的城市微更新。所谓的弹性合作,一方面,政府并非行政控制,而是行政支持,采取了有限干预机制、赋权增能机制和支持参与机制。政府让渡权力并主动留下弹性执行空间，让社会组织在渐进学习中成长，担当关键的行动者；另一方面，社会组织利用专业特色，利用人员吸纳机制、情感治理机制和智识生产机制，对建立、拓展和维护网络发挥重要作用。故而，行动者网络中的政府和社会均具有不可替代性。

（二）讨论

社区花园或者生态花园为何能实现城市的微更新？在实践中，随着老旧小区数量的增加，各街区内基础设施逐年老化，城市活力被逐步消解，居民的生活品质受到一定程度的影响，渐进式更新成为诸多城市对老旧社区、历史街区进行更新的主要方式。在建筑学、城市规划学科领域中，渐进式更新强调城市更新应采用“小尺度、分片区、分步骤、重时序”循序渐进的方式进行更新。社区花园或生态花园本身就是小而美的、值得期待的渐进式更新模式，它包括物理空间的更新、交往空间的更新和社会空间的更新。就社区花园而言，其重点不在“花园”，而在“社区”，有利于实现“城市有机”更新的理念，其核心是“以人为本的空间重构和社区激活”①，因此，社区花园存在双重向度：社区微更新＋社会治理。我国公共空间更新与社会治理的结合恰逢中国社会治理现代化转型的重要阶段，上海市的高密度城市社区花园实践充分体现了微更新、微改造、微治理的社会治理思维。正如诸大建、伍江和企业界精英孙虎在《社区花园理论与实践》一书的前沿部分评价所言，社区花园有利于实现自下而上地建构社区共同体；社区花园是人民城市的草根实践，社区花园是“人民城市人民建”思想指引下的社区层面共建共治共享的鲜活体现，取得了广泛的社会影响力。由

① 刘悦来、魏闽、范浩阳：《社区花园理论与实践》，上海科学技术出版社 2021 年版，第 45 页。

此可见,社区花园不仅能活化物理空间,而且是一种化解社会矛盾和解决社会问题的有效手段,成为撬动社会治理的支点。

在生态花园的建设过程中,生态花园的行动者网络如何体现政社协作?政社如何协作?这是学术界应该讨论的问题。在学者看来,协作是较合作更高形态的组织间关系,它强调多元主体基于共同目标的参与且成为真正意义的决策者,协作主体要共同行动且地位平等,但不排斥实际的领导者存在。[①] 行动者网络理论正好回应了这一疑问,因为异质性网络的形成需要吸收行动者的参与,这一权力获得的过程就是转译的过程。转译过程包括五个环节,其中的每一个环节几乎都离不开政社的协作,因为政社的单独任何一方都无法面对复杂且充满不确定性的社会问题。政社发挥了各种功能和作用,例如,政府的贡献体现在为社区微更新的全过程提供财政支持、制度安排和资源配置支持,解决资金筹措、空间利用、治理模式和运营维护的保障问题。社会组织的贡献则在于凭借专业优势,对居民具有亲和性,既可以协同政府进行征召和动员,也可以通过情感治理进行"柔性治理",吸纳其他行动者积极参与网络。

行动者网络理论主张社会的变迁与演进是通过行动者之间的互动及其所组成的网络决定的,为分析人类社会以及人与物之间的相互作用机制提供了一种方法论。行动者网络理论中的转译机制能解答政社为何协作的疑问。在生态花园渐进式更新过程中,行动者网络理论将行动者分为关键行动者、人类行动者和非人类行动者,动态化地看待协作过程,以转译来思考和解释 C 市生态花园得以形成的原因,更好地剖析政社协作机制,这无疑为社区生态花园的营建提供了一个新的思路。

---

① 郭道久:《协作治理是适合中国现实需求的治理模式》,《政治学研究》2016 第 1 期。

传统的政社关系被理解为自上而下的合作方式,而现代的政社关系可能转向互动的过程。行动者网络理论启发我们,应当超越二者谁为中心的线性思维,转为弹性合作的思维模式。政府与社会组织的关系是连接国家和社会之间的桥梁,是理解中国社会治理的重要切入点。社会组织具有极强的生命力和活力,在社会治理现代化转型的大背景下将获得更好的生存与发展空间。在未来城市微更新的实践中,在国家治理现代化的框架中,期待政社的弹性协作为国家治理现代化提供新的动力。

[本文系重庆大学中央高校基本科研项目"公共空间异化对社会治理有效性的影响机制及优化路径研究"(项目编号:2019CDJSK01XK21);重庆市哲学社会科学规划研究项目"后疫情时代'三社联动'对社区韧性的影响机制及对策"(项目编号:2020YBGL78)的阶段性成果]

城市更新背景下适老化社区营造的支持体系与路径研究

刘　奕[*]　鹿文雅[**]

[内容摘要]　面对深度老龄化的严峻态势、养老资源有限的现实考量和老年人居家养老的理想期盼，适老化社区营造成为应对老龄化难题和实现积极老龄化的新出路。本文利用“个人-环境”匹配理论构建适老化社区营造的分析框架，基于制度环境、物质环境、社会环境和技术环境四个维度，探讨它们对适老化社区营造的影响和作用，形成城市更新背景下适老化社区营造的支持体系，在对上海市罗秀社区案例研究的基础上，进一步阐释适老化社区营造体系的合理性和优越性，探索形成适老化社区营造良性格局的现实路径，即形成有机制度合力、规划设计人性化老年社区、积极构建友好社区人文观念和推动数字适老化渐进融合。

[关键词]　适老化社区营造；城市更新；“个人-环境”匹配理论；老龄化

一、问题的提出

党的十九届五中全会通过的《中共中央关于制定国民经济和

---

* 刘奕，东华大学人文学院教授。

** 鹿文雅，东华大学人文学院硕士研究生。

社会发展第十四个五年规划和二〇三五年远景目标的建议》首次提出“城市更新行动”[1]，为推进我国新型城镇化发展明确了方向。城市更新是城市发展的客观规律。在以人民为中心的发展理念下，人民群众对美好城市生活与品质城市建设的现实需求日益增长[2]，现在城市发展正从过去的增量建设向存量提升、外延增长向内涵发展积极转变，城市建设的高品质可持续发展与人民群众的福祉紧密关联。社区是城市治理的基本单元，社区营造是城市更新行动的重要环节。

根据《第七次全国人口普查公报》，截至2020年11月，我国60岁及以上人口数量达到2.64亿，占比为18.70%；65岁及以上人口数量共1.91亿，占总人口的13.50%，相比10年前的老龄人口比重大幅提升。[3] 随着我国老龄化程度不断深化，社区适老化程度低与老年人日益增长的养老需求之间的矛盾愈发明显。日益加剧的老龄化问题早已成为我国社会经济进步、城市更新发展不可忽视的重要课题。2016年11月，全国老龄办、国家发展和改革委员会、教育部等25个部门印发了《关于推进老年宜居环境建设的指导意见》；2020年12月，国家卫生健康委、全国老龄办联合印发了《关于开展示范性全国老年友好型社区创建工作的通知》，明确指出探索建立老年友好型社区创建工作模式和长效机制，引起社会各界对适老化建设的高度重视，这也为适老化社区营造指明了前进方向，开启了城市更新背景下适老化社区营造完善升级的新征程。

---

① 《中共中央关于制定国民经济和社会发展第十四个五年规划和二〇三五年远景目标的建议》(2020年11月3日)，新华社，http://www.gov.cn/zhengce/2020-11/03/content_5556991.htm，最后浏览日期：2023年5月6日。

② 陈水生：《我国城市精细化治理的运行逻辑及其实现策略》，《电子政务》2019年第10期。

③ 《第七次全国人口普查公报(第五号)——人口年龄构成情况》(2021年5月11日)，国家统计局网，www.gov.cn/xinwen/2021-05/11/content_5605787.htm，最后浏览日期：2023年5月6日。

在我国90%居家养老、7%社区养老和3%机构养老的养老格局下，完善家庭和社区养老是实现积极老龄化和健康老龄化的重要步骤。根据第四次中国城乡老年人生活状况的抽样调查显示，认为社区中活动不便、公共服务设施不够完善以及设施不够齐全的老年人分别占比为44.7%、60.6%和65.4%。[①] 在健康老龄化和积极老龄化理论的引导、国家老龄化政策战略的驱动以及对老年人养老需求的现实考量下，我国积极构建老年友好社区具有非常重大的现实意义，因而，适老化社区营造是改善老年人养老环境和积极应对人口老龄化战略的关键举措。[②] 推进适老化社区建设，提高社区适老化水平，对于构建中国特色养老服务体系具有重要意义。社区营造是城市更新的重要组成部分，适老化社区营造为城市快速更新发展奠定坚实的基础，而现在的社区适老化措施主要围绕物质环境维度，缺少社会、文化、技术环境等多维度内容的构建，老年人的适老化需求难以得到真正满足。因此，探究城市更新背景下的适老化社区营造体系并给出有效的实施路径，成为当前城市治理和养老服务领域亟待解决的问题。

二、文献回顾与分析框架

（一）文献回顾

纵观我国适老化社区的相关研究，学者们从不同的角度出发，探析适老化社区的建设路径。现有适老化社区的研究方向主要聚

① 于一凡、朱霏飏、贾淑颖等：《老年友好社区的评价体系研究》，《上海城市规划》2020年第6期。

② 穆光宗：《构建老年友好型社会：涵义、本质与进路》，《人民论坛·学术前沿》2023年第2期。

焦于老旧小区改造、社区公共空间改造、居住环境适老化、社区建筑适老化、公共设施适老化和健身设施适老化等，研究内容侧重于社区更新路径、适老化社区支持体系、适老化改造政策研究、适老化改造策略等内容。不难发现，国内适老化社区的研究虽然较为丰富，但仍然存在尚待完善的地方：第一，整体研究相对分散化，理论基础、支撑体系、实践对策尚未形成相对统一的结论；第二，大多数研究忽视了适老化社区营造的支持体系研究，尤其是更重视物质环境的改善，轻视了社会、技术等环境对适老化社区营造的影响，以及多维度综合作用带来的效果。因此，有必要丰富现有研究内容，系统性地厘清适老化社区营造的支持体系，形成具备推广意义的实施路径。张冬雨和隋杰礼等人以 20 世纪八九十年代建成的天津市天拖居住区为例，指出其适老化改造存在的问题，探索社区住宅、社区环境和社区设施的适老化改造策略。① 张文阁和李兢兢等人基于我国适老化转型战略机遇期的背景，总结老旧小区适老化改造存在的难点，提出综合施策、精细设计、依法执行、多元协同、改善服务的办法实现适老化改造。② 李媛媛、李晋轩等人在城市更新内涵式发展的背景下，指出老旧社区改造的困境，通过构建适老化社区支持体系，综合考虑政策制度、物质空间和社会人文等多方面的需求，尝试建立适老化社区支持体系的运行机制，并以北京市垡头街道为对象开展案例研究，总结更新实践的成果，提出社区适老化更新的路径。③ 寇华男和杜鹏针对我国老旧社区的社区设施、安全、交通、交往、文化等方面的问题，结合老年人的多方面需求，提出老旧小区适老化改造的设计理念，以经八路街区老旧

---

① 张冬雨、隋杰礼、吴松：《基于社区养老模式的 80—90 年代老旧小区适老化改造探究——以天津天拖社区改造为例》，《建筑经济》2022 年第 S2 期。

② 张文阁、李兢兢、田永英：《老旧小区适老化改造策略研究》，《建筑经济》2023 年第 8 期。

③ 李媛媛、李晋轩、曾鹏：《基于适老化社区支持体系的社区更新实施路径初探》，《现代城市研究》2022 年第 1 期。

社区改造为研究对象，从社会制度、物质环境、精神文化和经济发展四个层面展开老旧小区适老化改造，推动城市更新背景下的老旧社区有机更新。① 刘天畅、朱庆华等人通过对 285 份适老化政策进行政策文本分析，总结归纳我国适老化政策的演进阶段，即无障碍建设阶段、专项适老化阶段和智慧适老化阶段，适老化改造的场景不断丰富，改造重点也发生了转变。② 郑海霞、阚心茹等人利用 cite space 软件对知网数据库中的老旧小区适老化改造文献进行可视化定量分析，总结归纳我国老旧小区改造研究关注度不断增加，研究热点从老旧小区的物质更新层面转向公众参与、代际共享、协同治理等内容，未来会更加重视老年人的情感需求，实施精细、差异、智慧化的适老化改造策略。③ 陈李波和李琴等人从社区差异化的角度，对武汉市老城区四种不同类型的社区开展调研，不同类型的社区在居住环境、社区环境、医疗环境和商购环境上存在差异，因此需要提出具有针对性的适老化改造策略。④

德国、美国和日本等国家在适老化社区营造方面都开展了诸多实践，文献梳理发现，不同国家在推进适老化社区建设的过程中，侧重点也会存在一些差异。德国科隆市的利多社区是强调多方主体合作的适老化社区。德国科隆市的利多社区是德国科隆最大的多代屋，该社区鼓励不同年龄阶段、不同身体健康状态的居民共同生活。⑤ 居民群体、政府、企业和社会组织组成多代屋社区联

---

① 寇华男、杜鹏：《老旧社区适老化改造的逻辑、策略与路径》，《北京社会科学》2023 年第 7 期。

② 刘天畅、朱庆华、赵宇翔：《中国适老化改造政策的文本分析与演化特征研究》，《情报科学》，2023 年 9 月 18 日网络首发。

③ 郑海霞、阚心茹、陈思伽等：《老旧小区适老化改造研究演化路径及热点分析》，《建筑经济》2023 年第 9 期。

④ 陈李波、李琴、陈剑宇等：《社区类型差异化视角下的城市老城区住宅社区适老化改造策略研究——以武汉市为例》，《现代城市研究》2022 年第 4 期。

⑤ 彭伊侬、周素红：《行动者网络视角下的住宅型多代屋社区治理机制分析——以德国科隆市利多多代屋为例》，《国际城市规划》2018 年第 2 期。

盟,通过平等合作,协商讨论,推动利多社区的建设。利多社区的居民主要来自“积极老龄化”组织和“关爱多发性硬化症患者”组织,它们共同提出建立邻里互助、无障碍化的老年友好社区环境的要求,参与社区规划管理,实现自下而上的社区建设;科隆市政府发挥协调作用,为社区提供政策保障和资金支持;GAG 地产公司以居民的需求为导向,负责房屋和基础设施的建设和管理,解决技术上的问题;科隆社区基金会、汉姆博尔内街家庭中心等社会组织,与社区合作开展活动,参与社区文化建设,促进代际互动。

美国 NORC 社区是重视老年参与的适老化社区,它是美国适老化社区建设的开端。这种社区使老年人继续生活在自己熟悉的社区中,与原有的邻里保持密切联系,赋予老年人主动选择的权利,提高老年人的社会积极性与参与度,满足老年人“在熟悉的环境中老去”的愿望。① 美国 NORC 社区中的 NORC-SSP 计划,是 NORC 社区的运营核心,也是发挥老年人主体意识,实现社区养老可持续发展的根本保障。除了引入老年照顾、老年医疗等外部服务资源,还重视开发老年人力资源,发动老年人参与社区服务,吸纳老年人参与社区规划,保证老年人的被需要感和成就感。

日本藤泽智慧城(Sustainable Smart Town)则是物联网泛在的适老化社区,它位于神奈川县藤泽市,由松下电器的工厂旧址改造而来,在政府统筹下,借助不同企业在家居设备、能源系统、交通出行、医疗护理、基础设施开发、智能物流等多领域的技术优势,大力开发智慧适老化社区。② 日本藤泽智慧城的适老化思路体现在以下三个方面:在感知层方面,主要是进行老年人的信息监测,采集老年人的身体数据,建立健康档案;在网络层上,日本藤泽智慧城

---

① 李煜、李麦琦、徐跃家等:《社区设计支持居家养老——基于纽约自然退休社区(NORC)的探究》,《装饰》2022 年第 5 期。

② 陈玉婷、梅洪元:《基于 IOT 技术的智慧养老建筑体系研究——以日本为例》,《建筑学报》2020 年第 S2 期。

在19家企业的技术支持下，针对社区房屋、设施都提供了智能化的服务；在应用层上，主要围绕老年人的生活住宅，开展智能家居、智能环境、智能安防和智能照护系统四个方面的技术应用来辅助老年人的生活。

（二）分析框架

"个人-环境"匹配理论基于勒温（Lewin K.）的场域理论提出，主要指个人和环境之间的匹配性或者一致性。勒温认为，一个人的行为是由个人属性和他所处环境之间互相作用产生的。① 这一理论原来被广泛地应用于组织行为领域，后来扩展至心理和环境领域。今天的"个人-环境"拟合模型都把勒温的工作作为基础。杰出的老年医学家如劳顿（Lawton M. P.）②、卡哈纳③（Kahana E.）和卡普④（Carp F. M.& Carp A.）已经将勒温的"个人-环境"匹配理论纳入两种基本方法，用于理解个人老龄化和情境环境之间的相互作用，即能力方法和个人环境一致性方法。⑤ 简单地说，能力方法认为行为是个人能力水平与环境要求相匹配的结果，而一致性方法认为个体行为是环境如何满足个人需要的结果。

从"个人-环境"匹配理论的视角来看，老年人与社区环境之间的匹配程度影响着老年的行为和心理状态，即老年人与社区环境

---

① Lewin K., *Field Theory in Social Science*, New York: Harper, 1951, pp. 28-30.

② Lawton M. P., Windley P. G., Byerts T. O., *Aging and the Environment: Theoretical Approaches*, NewYork: Springer, 1982, pp. 1-10.

③ Kahana E., "A Congruence Model of Person-Environment Interaction", in Lawton M. P., Windley P. G., Byerts T. O., *Aging and the Environment: Theoretical Approaches*, New York: Springer, 1982, pp. 97-121.

④ Carp F. M., Carp A. "A Complementary/Congruence Model of Well-Being or Mental Health for the Community Elderly", in Alitman I., Lawton M. P., Wohlwill J. F., *Elderly People and the Environment*, Boston: Springer, 1984, pp. 279-336.

⑤ Cvitkovich Y., Wister A., "Chapter 1 A Comparison of Four Person-Environment Fit Models Applied to Older Adults", *Journal of Housing for the Elderly*, 2001, 14(1/2), pp. 1-25.

的匹配度越高，越有利于老年人积极老龄化和健康老龄化；反之，则不利于老年人的养老状态。“个人-环境”匹配理论应用的基本原理在于这样一种观点：一个人应对环境的能力随着年龄上升和身体状况下降而显著下降，通过具有积极补偿效果的社会引导，帮助老年人增强独立生活的基本能力。老年人与其所处环境之间的交互作用，强调老年人养老需求和社区环境的一致程度，通过环境营造提高老年人和环境之间的契合水平，增强老年人的行为能力。① 基于这一理论，应该从老年人与环境之间的匹配性出发，根据老年人的需求和期望，推动社区环境适老化，进而实现老年人社区居家养老的愿望。

社区养老是我国老年人养老的理想选择，实现适老化社区营造，形成老年宜居环境，是提高老年人生活质量和幸福感的关键抓手。2007 年，世界卫生组织发布的《全球老年友好城市指南》明确提出，老年友好城市建设围绕八个核心展开：户外空间和建筑、交通、住房、社会参与、尊重和社会包容、市民参与和就业、沟通和信息、社区支持和健康服务，要从硬件环境和软件环境两个方面开展相关建设。由此可以看出，适老化社区营造离不开制度环境、物质环境、社会环境以及技术环境适老化的积极构建。在开展适老化社区营造的过程中，制度环境、物质环境、社会环境以及技术环境四者之间是相辅相成的，通过将它们完善整合来实现老年人社区环境的适老化，实现老年人就地养老的美好愿景。

依据“个人-环境”匹配理论，以老年友好社会为价值导向，以老年人的需求与养老环境的匹配为目标导向，构建囊括“制度环境-物质环境-社会环境-技术环境”的分析框架(图 1)，并在各个维度下探索适老化社区营造的支持体系，形成城市更新背景下研究

① 周五四、江苾雅、戴卫东：《英国适老化改造的政策路径与经验思考——基于“个人—环境”匹配理论视角》，《国际城市规划》，2022 年 10 月 27 日网络首发。

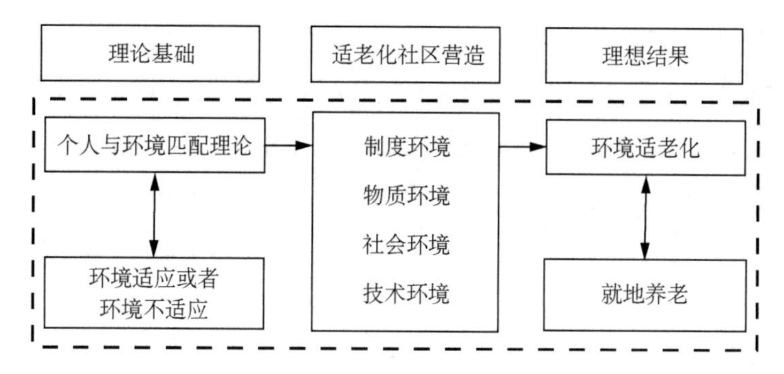

图 1　适老化社区营造的分析框架

适老化社区营造所必备的相关要素。第一，在制度环境层面，适老化社区营造离不开顶层设计的指导，近年来，我国发布了一系列政策规划，推动适老化社区建设的顺利进行。我国"十四五"规划指出，支持家庭承担养老功能，推动特殊困难家庭适老化改造。① 中央强调适老化改造在老年友好社会建设中的重要作用，积极引导地方政府围绕适老化社区建设，采取相关举措，重点围绕居住环境、出行活动、健康管理、养老保障、社会参与等，多维度助力老年友好社区建设。第二，在物质环境层面，主要是指老年人可以直接接触社区中的居住空间、公共空间、基础设施和交通环境等，是社区适老化改造的基础要求，因此，物质环境的改善是实现其他层面环境适老化改造的前提。第三，在社会环境层面，更多强调社区中社会交往、社会参与和社会氛围方面的适老化营造。老年人进入养老年龄阶段后，生活圈子基本上就局限在社区当中，老年人对于社区社会环境的期待要远远高于其他年龄阶层的人。如何有效地改善社区社会环境，保障老年群体的社会参与既是重点，也是难点。第四，在技术环境层面，是指社区中智慧技术的适老化。随着

① 《中华人民共和国国民经济和社会发展第十四个五年规划和 2035 年远景目标纲要》(2021 年 3 月 12 日)，中华人民共和国国家发展和改革委员会网，https://www.ndrc.gov.cn/xxgk/zcfb/ghwb/202103/t20210323_1270124.html，最后浏览日期：2023 年 5 月 6 日。

数字时代的到来,老年人正在积极跨越数字鸿沟,体验互联网、大数据、人工智能技术带来的养老服务数字化便利,享受数字红利,因此,社区中技术环境的适老化改造也是不容忽视的重要环节。适老化社区营造,是制度环境、物质环境、社会环境和技术环境多重维度适老化营造共同作用的结果,以上述维度搭建本文的分析框架,来解释适老化社区营造的支持体系,同时对城市更新背景下的适老化社区营造的实施路径进行思考,以期提出有效建议。

三、城市更新背景下的适老化社区营造的支持体系

适老化社区的营造是多维环境适老化构建的最终结果。在"个人-环境"匹配理论的指导下,沿着制度环境-物质环境-社会环境-技术环境的互嵌融贯,建立适老化社区营造的支持体系(图2),解释适老化社区营造与社区环境的关系,以此明晰城市更新背景下的适老化社区营造的实践路径。

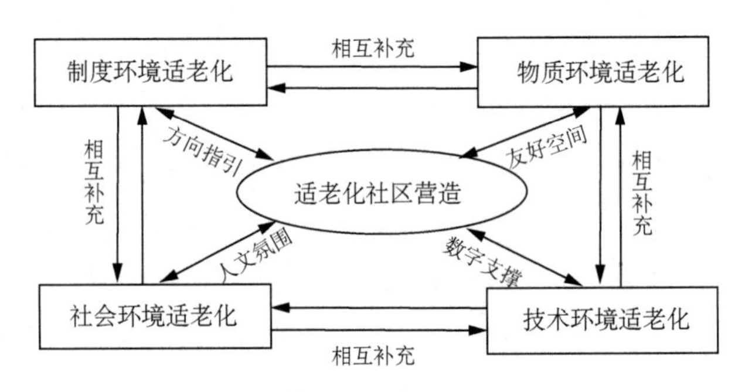

图 2　适老化社区营造的支持体系

(一) 制度环境为适老化社区营造作出方向指引

从"十三五""十四五"老龄事业发展规划,到家庭及居住区无障碍改造、老年宜居环境建设、居家适老化改造工程等具体政策,再到

互联网应用适老化及无障碍改造、无障碍环境建设等政策的出台，我国适老化改造的内容越来越丰富多样，要求也越来越清晰具体。

制度环境适老化即以老年弱势群体为制度受益的主要对象，围绕老年人的生活环境无障碍建设、日常出行无障碍、信息无障碍等内容出台相关实施方案和指导意见，从制度层面严格落实适老化改造的各项措施，推动各方面内容的适老化改造，切实维护老年人的合法权益，鼓励整个社会重视适老化改造工作，共同努力积极打造老年友好社会。适老化建设是我国长期面对的任务，不仅需要政策法规的引导，还需要整个社会的支持和参与。党的十八大以来，中央高度重视基层社区治理工作，提出“实现政府治理和社会调节、居民自治的良性互动”。党的十八届五中全会、党的十九大都提出了“共建共治共享的社会治理格局”，而适老化社区的营造同样需要共建共治共享，要充分发挥老年人的主体作用，凝聚群众智慧，将社区适老化建设的建议转化为可执行的决策，引导社会组织、企业参与社区治理，明确适老化社区营造任务的职责，构建多元治理格局，实现社区治理创新。

与适老化相关的法规政策在不同时期有着不同的侧重点(表 1)。2014 年 7 月，住房和城乡建设部、民政部、财政部等多部门发布了《关于加强老年人家庭及居住区公共设施无障碍改造工作的通知》，强调了无障碍改造工作的重要性，提出了切实推进老年人家庭和居住区无障碍改造的具体意见。2016 年 11 月，全国老龄办、国家发展和改革委员会等部门印发《关于推进老年宜居环境建设的指导意见》，明确了今后老年宜居环境建设的重点，内容涉及适老居住环境、出行、健康支持、生活服务、敬老社会文化环境五个方面。2020 年 11 月，国务院办公厅印发的《关于切实解决老年人运用智能技术困难实施方案的通知》，提出坚持线上与线下、传统与智能创新相结合，解决老年人的技术障碍，为老年人提供周全贴心的技术服务。

表 1　中央层面适老化工作的政策文件

发文时间	政策法规名称	发文主体	适老化相关内容
2014 年 7 月	《关于加强老年人家庭及居住区公共设施无障碍改造工作的通知》	住房和城乡建设部、民政部、财政部、残疾人联合会、全国老龄工作委员会办公室	切实推进老年人家庭及居住区公共设施无障碍改造，宣传老年人家庭和居住区公共设施无障碍改造，对改造情况开展监督检查
2017 年 2 月	《国务院关于印发“十三五”国家老龄事业发展和养老体系建设规划的通知》	国务院	推进老年宜居环境建设，包括三点，即推动设施无障碍建设和改造、营造安全绿色便利的生活环境和弘扬敬老养老助老的社会风尚
2020 年 7 月	《关于加快实施老年人居家适老化改造工程的指导意见》	民政部、国家发展改革委、财政部、住房和城乡建设部、卫生健康委等 9 个部门	将居家适老化改造纳入养老服务体系建设统筹推进，鼓励多方力量参与居家适老化改造
2020 年 11 月	《关于切实解决老年人运用智能技术困难实施方案的通知》	国务院办公厅	扩大适老化智能终端产品供给。积极开发智能辅具、智能家居和健康监测、养老照护等智能化终端产品，按照适老化要求推动智能终端持续优化升级
2021 年 11 月	《无障碍环境建设“十四五”实施方案》	中国残联、住房和城乡建设部、中央网信办等 13 部门	提出居家适老化，支持有特殊困难的高龄、失能、残疾老年人家庭实行适老化改造，配置康复辅助器具和防走失装置等设施

资料来源：笔者根据政府网站公开的政策文件整理自制。

（二）物质环境为适老化社区营造创造友好空间

我国老年人口数量的迅速攀升催生了养老服务的增量需求，在“原居安老”理念的不断流行下，适老化社区营造显得越来越重要，而社区物质环境的适老化也将会直接影响老年群体的生活质量。目前，社区的无障碍建设、基础设施配置、住宅适老化改造等与老年人多样化、个性化的养老需求并不匹配。为了更好地应对人口老龄化难题，推进积极老龄化建设，物质环境的适老化改造是老年友好社区建设的第一步，也是最基础的一步。

社区物质环境适老化，即以老年生活住宅为核心，以社区生活圈为半径，以老年人的健康状况和实际需求为导向，优化居住空间规划、服务设施布局、无障碍出行道路等，为老年创造安全舒适、健康环保的物质空间环境。社区物质环境一般涵盖居住空间、公共空间、服务设施、交通环境四个核心要素。[①] 适老化社区的营造需要具备满足老年人基本需求的各种优质空间，在安全、舒适、健康、友善的社区环境中保障老年人的生活质量。首先，打造适老化的居住空间环境是构建老年友好社会的着力点。[②] 随着家庭及居住空间适老化改造的大力推动，现在很多社区已经开展了适老化居住户型、无障碍活动空间、专门的老年住宅或者照料型的居住空间的更新。其次，公共空间是老年人开展社交活动、放松心情的重要场所。因此，在考虑更新设计公共空间时，主要考虑是否适合老年人开展健身娱乐或者简单休息、聊天，要尽可能地满足老年人的适老化需求，为老年人融入社区活动提供基本的场所。再次，实现社区适老化营造离不开完善便利的服务设施建设。服务设施根据功

---

① 李媛媛、李晋轩、曾鹏：《基于适老化社区支持体系的社区更新实施路径初探》，《现代城市研究》2022 年第 1 期。

② 穆光宗：《构建老年友好型社会：涵义、本质与进路》，《人民论坛 · 学术前沿》2023 年第 2 期。

能内容分类，主要包括日常生活支援、医疗护理、社会生活三大类，具体而言包括综合超市、老年活动中心、健身场地、养老照料中心、医疗健康设施等。适老化社区的服务设施需要保障内容全面，配置标准、布局合理。最后，交通环境的适老化建设。在积极营造适老化社区的过程中，必须考虑老年人身体机能下降的客观情况，为老年人提供人车分流、出行无障碍化的安全便捷交通系统，实现公共交通便利可及和选择多样，营造老年友好的出行环境。

（三）社会环境为适老化社区营造提升人文氛围

老龄化理论经过三个阶段的变化，从成功老龄化变为健康老龄化，再到今天的积极老龄化，整个社会对老龄化的态度转向积极，老年人自己也开始变得注重个人的自我认同和价值实现。从早期的老年环境学来看，社区适老化改造主要围绕物质性环境设施的更新优化，包括住房、服务设施、交通道路等硬件设施。现在，随着社会进步和认知改变，人们逐渐意识到社会环境的重要性，同时，受积极老龄化理念影响下的适老化社区营造也更加强调老年人充分发挥潜能，贡献余热，积极参与社会事务，实现价值创造和重塑。

社区社会环境适老化，即创建友好的社区人文环境，鼓励老年人积极参与社区交往和社区治理，感受邻里互助、代际共融的社区氛围，从养老转变为享老，实现老年人的满足感和效能感。社会环境的营造不仅可以加强老年人的社区归属感，也直接影响了老年人的自我价值感。社会环境适老化的积极营造包括和谐互助的社区交往环境、尊老爱老的社区文化环境、多元共治的社区参与环境三个核心要素。在社区交往方面，适老化的社区需要为老年人提供和谐互助的交往环境。友好的邻里关系可以有效地降低老年人在家中发生意外的风险，代替子女陪伴老年人和及时帮助老年人解决生活中的突发困难，帮助老年人更好地融入社区生活。在社区文化方面,尊老爱老的社区文化也是营造适老化社区的重要努力方向。在社区内开展尊老爱老、敬老孝老的文化宣传活动、代际交流共融活动以及为老年人提供心理咨询、法律援助等精神关怀服务,都能够反映社区尊老爱老文化氛围的浓厚程度。在社区参与方面,世界卫生组织认为,健康老龄化的目标就是促进老年人个体的功能发挥,延长他们价值创造和产出的时间。老年人是社区治理的重要成员,鼓励老年人积极参与社区日常事务处理和重大事项决策,提高老年人社区事务的参与率,这既能够帮助老年人获取社区事务的参与感,还可以利用老年人的知识经验,提高社区事务的治理水平。

(四)技术环境为适老化社区营造提供数字支撑

截至 2022 年 12 月,我国 60 岁及以上老年网民达到 1.52 亿,占网民总体的 14.3%。一方面,数据显示老年人正在积极消除数字障碍,与时俱进,为老年人融入数字时代奠定基础;另一方面,数据也进一步表明很大部分的老年人还面临着数字鸿沟。当我们享受数字化时代的发展成果时,那些“数字难民”可能正在被时代所抛弃,成为数字社会的边缘群体。[①] 因此,在推动适老化社区建设的过程中要注重数字包容,弥合数字鸿沟,让老年人真正享受技术发展带来的便利,享受有尊严的晚年生活,而且技术环境的适老化可以有力地支撑适老化社区的营造。[②]

数字技术赋能适老化社区营造,需要依托智慧技术与适老化社区相互融合,利用技术支撑社区老年人的日常生活服务与管理,将其贯穿适老化社区的各个方面。在数字技术赋能养老服务方面,适老化社区下的智慧养老平台应该是集合医疗、健康、照护、学

---

① 刘奕、李晓娜:《数字时代老年数字鸿沟何以跨越?》,《东南学术》2022 年第 5 期。

② 左美云:《老年友好型社会导向的智慧技术适老化》,《人民论坛 · 学术前沿》2023 第 2 期。

习、再就业等内容，实现各种服务事项网上办、方便办。社区智慧养老服务平台考虑到人人交互和人机交互的两种运行方式，为信息素养高和信息素养较低的老年人都提供适合的智慧养老平台交互方式。智慧技术赋能适老化社区营造的应用场景还包括居家生活、健康支持、社区就餐、娱乐生活等多方面，如智能报警器、智能水表、家庭监控、远程医疗和健康管理、社区食堂刷脸就餐等。在数字技术赋能社区治理方面，技术赋能下的社区智慧治理为整体性治理和动态治理的完善提供了契机。智慧化的社区治理降低了信息收集的成本，实现信息共享，依托网络实现政府、街道办、社区和居民之间的沟通交流，形成社区应急管理机制和日常事务行动执行网络，引导老年人运用数字技术参与社区事务管理，满足老年人的个性化、多样化需求，弥补老年人数字治理参与的缺失。同时，技术驱动社区资源分配更加科学准确，例如，利用智慧平台对社区内需要帮助的老年人建立帮扶档案，收集分析老年人的健康信息和生活需求，依据分析结果为老年人安排个性化定制的精准服务。①

四、城市更新背景下的适老化社区营造的国内实践探究

罗秀社区位于上海市徐汇区长桥街道罗秀路 112 弄，地处长桥街道的东部区域，占地约 0.064 平方千米，是徐汇区典型的老旧公房小区。社区内共有 167 幢居民楼，有 3 000 多名老年人，社区内的老年人占总人口的 56%左右。辖区内集合了商店、邮政、快递等便民服务网点，广场、花园、休闲步道和健身广场等休闲活动

① 金筱霖、王晨曦、张璐等：《数字赋能与韧性治理双视角下中国智慧社区治理研究》，《科学管理研究》2023 年第 1 期。

场所，以及教育、医疗、卫生等机构。该社区进行适老化改造前的特点主要有四点。第一，老龄人口集中，小区老旧程度高。罗秀社区建成于 1994 年，至今已有 30 年的历史，社区内老龄人口数量较多，老龄化严重，社区面貌相对破旧，设施老旧破损，道路地面老化破碎，小区内卫生环境的品质整体较差。第二，社区适老化建设缺乏指导，居民改造意识不足。起初开展适老化社区营造缺少街道的统一领导和专业化的团队指导，改造计划遭到很多居民的反对，而且社区居民合作共建适老化社区的意识淡薄。第三，居住环境适老化不足，公共空间建设落后。社区老年人的居住环境缺乏空间、地面和设备的适老化改造，以及家庭安全隐患排查；存在公共空间社区道路狭窄交通不便，公共电梯、座椅数量少和公园灯光太暗等问题；老年活动场所分散化，活动功能丧失。第四，老年社会参与较少，智慧养老理念缺乏。罗秀社区在过去忽视了老年群体在社区治理中的重要性，更多的是将老年人作为社区服务的对象。此外，社区缺乏对智慧网络平台、智慧健康技术的应用来提高养老服务的效率。

长桥街道高度重视适老化社区建设工作，积极应对社区老龄化程度高的问题，以打造“生态罗秀、适老宜居”的社区环境为目标，全面完善老年人的居住环境、出行交通、社会参与、敬老氛围、智慧助老等方面的内容。2022 年，徐汇区长桥街道罗秀社区被列入全国示范性老年友好型社区。遵循适老化社区营造的支持体系，本文对上海市徐汇区长桥街道罗秀社区的制度环境、物质环境、社会环境以及技术环境的适老化情况进行全面深入的实践研究。

其一，制度环境方面。罗秀社区在上海市老龄事业“十四五”规划的指导下，稳步推进《徐汇区乐龄友好健康老龄化行动方案》，认真开展老龄工作，加快建设老年友好型社区，实现社区老龄工作的高质量和高效率发展。目前，社区主要在长桥街道党工委和办事处统筹下开展社区适老化建设，将养老服务作为社区治理的重要目标，结合社区和社会资源，构建多主体参与的社会化养老新模式，开展老年友好社区建设。由于社区老龄化程度高，养老服务不能仅仅依靠政府投入，必须结合社会资源和力量，积极鼓励多主体参与。长桥街道不断探索和创新社区老龄事业工作方法，打造清和敬老联盟，通过发挥党建引领，挖掘社区资源，激发社会和市场的活力，以养老设施布局为基础，实地调研老年居民的需求，加大为老服务的力度，构建15分钟敬老服务圈，探索多样便利的社区服务，推出"惠相伴""爱相随"等计划，构建人人参与、人人受益的适老型社区共同体。① 此外，2017年爱创益和见山设计团队受到长桥街道委托，展开对罗秀社区的环境改造，社会公益组织爱创益团队引导居民参与社区自我造血，提出社区存在的真实问题，以老年人在内的所有居民为受众群体，落实美丽家园计划。2020年，上海铂爱公益发展中心和罗秀居委会联合举办了社区志愿者团队领袖分享会，致力于提升志愿者团队的服务水平和能力。

其二，物质环境方面。罗秀社区推进适老化微环境改造，为孤寡老人安装浴室扶手，安排人员定期检查使用情况。社区也会安排专业人员为独居老人、重残老人定期上门检查水电设施的运作情况，实现及时维修和更换，以防安全事故的发生。社区卫生服务站专门为老年人提供家庭医生服务，帮助他们进行健康评估、身体检查等服务；针对失能老人设置24小时无缝式照护。此外，在社区"家门口"一站式服务中心，涵盖食堂、康复护理中心、照料中心、家庭医生工作室等，为社区老年群体提供医疗服务、护理照料、心理呵护、健康指导、营养餐食等服务，打造全方位的养老服务体系。

---

① 徐汇区委组织部、徐汇区长桥街道党工委：《上海市徐汇区长桥街道：清和敬老联盟——构建适老型社区共同体的长桥经验》(2022年8月24日)，中国共产党新闻网，dangjian. people. com. cn/n1/2022/0824/c441888-32510347. html，最后浏览日期：2023年5月6日。

为了解决老年人的出行困难，社区积极加装电梯，让居民体验到“一键直达”；对社区道路进行硬化处理，道路沿线加装照明设备，合理设置无障碍设施，引导人车分流。

其三，社会环境方面。社区专门建设大型为老服务场所，鼓励老年人积极开展社区交往，创建老年课堂、老年书法展示区、老年议事厅等；组建书画、瑜伽、剪纸等文艺体育团队，满足老年人的精神文化需求。罗秀居委睦邻点就是专门为社区老年人搭建的实现生活互助、学习娱乐和精神慰藉的平台，在这里，居民自发组织各种活动，在活动中增进邻里关系，增强对社区的感情。社区定期邀请老年人参加社区代表会议，调动老年人参与社区建设和治理，听取他们的意见，商讨为民解忧、办实事的最佳方案。这一做法提升了老年居民参与社区治理的兴趣度，同时帮助老年人在社区治理中实现自我价值，收获老有余热的成就感。罗秀社区重视敬老爱老文化宣传，结合“最美家庭”评选，树立模范典型，开展“爱心义剪”“学用智能设备”“制作百香果蜜”等志愿服务，帮助并陪伴老年人，提升老年人晚年生活的幸福感，营造敬老孝老、爱老助老的社区氛围。

其四，技术环境方面。罗秀社区积极把大数据、云计算、互联网等应用到健康服务中。目前，智慧化养老服务已经和老年人生活的各方面紧密融合，通过引入徐汇区综合为老服务平台，开启“互联网+养老”模式。社区以智慧养老服务平台为支撑，掌握社区内的老年人信息，整合养老服务资源，保证养老服务供需平衡，让老年人享受个性化、智能化的服务。社区老年人依托平台随时了解养老服务信息，依托为老服务热线寻求紧急援助、心理关怀等服务，帮助老年人实现科技助老。另外，罗秀社区综合为老服务中心引入智慧健康驿站，为老年人提供身体健康检测和健康指导，帮助老年人了解自身健康状况，做好身体健康管理，养成良好科学的健康管理意识。

五、城市更新背景下的适老化社区营造的实施路径

适老化社区营造是我国老龄政策下新的发展趋势。在人口老龄化和城市更新的双重背景下，适老化社区营造日益凸显出重要性和紧迫性。适老化社区的建设需要制度环境、物质环境、社会环境以及技术环境的相辅相成，关注老年人在社区中面临的所有问题，比如居家环境的适老化、公共空间无障碍建设、老年人社会参与、智慧技术适老化等内容，探索适老化社区营造的实施路径。

（一）完善适老化社区的制度环境，形成有机制度合力

完善的制度体系是推进社区适老化营造的重要支撑。我国目前关于适老化社区营造的制度体系尚不够完善，关于改造资金来源、组织管理、主体责任、监管机制等内容缺少详细规定，导致我国目前社区的适老化改造情况不尽如人意。适老化制度环境不完善，是社区养老环境难以适老化的核心所在。因此，加大力度完善适老化社区营造相关政策制度的任务迫在眉睫。

首先，明确各部门的责任和工作重心，保障适老化社区营造的顺利进行。适老化社区建设的任务需要不同部门的协同合作，形成整合性的政策体系和制度安排。各级住房和城乡建设部门应该制定好适老化社区改造和新建的行业标准；各级财政部门做好对于适老化社区改造和新建的资金支持，对于适老化社区中的民间力量兴建的养老服务机构和设施给予房产、土地、水电、税收等方面的政策优惠，提供税收减免；各级卫健委和老龄办积极出台政策，鼓励各地社区进行试点建设，进一步明确适老化改造的具体类别、具体流程等内容；各级民政部门要做好对于社区适老化改造的

补贴安排，同时鼓励更多的专业人士服务老人。①

其次，鼓励政府、市场和社会共同参与，提升社区适老化水平。适老化社区营造不是单一主体的任务，而是需要不同主体参与，发挥各自优势。政府负责管理和投入，市场承担专业服务产业和设施，社会组织提供公益服务。政府部门可以鼓励适老化社区引进专业机构，加强社区与专业的养老服务机构、餐饮单位、老年大学、社会组织等的互动合作，提高适老化社区建设水平。通过对适老化的服务需求评估、服务供给、监管和反馈，形成制度化的适老化社区营造过程。社区适老化服务体系的建设，需要专业性的社会组织的广泛参与和市场组织的积极投入。因此，政府可以通过补贴、免税、购买服务等方式，激发社区适老化营造主体的活力，丰富社区适老化营造主体的发育。

最后，健全科学的监管机制，做好适老化社区营造的监管工作。构建和细化适老化社区建设的评估指标体系，引入较为客观公正的第三方机构对适老化社区建设的硬件环境和软件环境进行专业评估，这样不仅有利于全社会意识到适老化社区建设的重要性，还有助于掌握社区适老化建设的成果和方向。同时，适老化社区建设的各个部门和各个主体也需要进行联动监管，保证各个环节的工作落实，为适老化社区营造提供全方位的制度保障。

（二）改善适老化社区的物质环境，规划设计人性化的老年社区

近年来，政府高度重视养老居住环境适老化工作，并取得了一定的成效，但我国仍然面临着适老化基础薄弱、无障碍建设普及不足、社区服务设施布局不合理、数量有限等问题。例如，适老化改

① 马贵侠、于竞宇：《满意度与需求交互视角下城市社区适老化实证研究——以合肥市为例》，《老龄科学研究》2021 年第 7 期。

造工作城乡差异明显、适老化改造重社区轻家庭、社区养老服务供给不足等。总之,目前老年人的社区物质环境条件不利于实现积极老龄化和健康老龄化。

老年人社区物质环境的优化改善需要多方面的共同努力。一是继续加强老年人居住环境的适老化建设和改造。将适老化建设要求纳入房地产开发规划设计之中,以有效地减少将来的改造花销;通过政府补贴,帮助老年人主动参与家庭生活环境的适老化改造;居住空间的具体设计要根据老年人的年龄、行动能力、生活方式和个人喜好来灵活安排,以满足老年人居家养老的生活环境适老化和个性化。

二是促进公共空间的适老化完善,打造老年人的生活圈。合理规划社区动态空间和静态空间的数量和分布情况,完善社区内的活动设施和运动场所,增加老年人放松闲聊、锻炼身体的便利性,增强老年人独立户外活动的能力;尊重老年人的想法,通过调查访谈等方式,了解他们需要哪些娱乐空间或者活动设施,保证老年人实际需求的满足;梳理社区存量空间低效利用的情况,考虑通过合并、重建、扩建、集约混合等方式对低效或者闲置空间进行盘活利用。

三是搭建与完善涵盖生活支援、医疗照护、社会生活在内的社区服务设施网络。适老化社区的服务设施应该根据社区内老年人的数量分布和实际需求,以老年人住宅为核心,对不同功能种类的服务设施进行布局。尤其要增加社区养老服务的有效供给,完善各种养老服务设施,优化社区养老支持条件,如日间照料中心、卫生服务中心、养老驿站、老年食堂等,为空巢、丧偶、失能和半失能老年人提供生活照料、精神慰藉、医疗保健等服务,增强老年人的生活便利性。此外,改善社区老年人的学习环境,鼓励社区自设或者合作设置老年教育学习点,开展各种与思想道德、健康知识、法律法规、艺术审美等方面相关的教育。

四是完善社区交通环境,帮助老年人实现便利出行。社区出行规划应该提倡人车分流,构建社区无障碍交通网络,加强对路边设施、坡道、扶手、通道出入口的无障碍改造,为老年人发展便捷舒适的出行环境。同时,增加社区周边交通工具的可选择性和可及性,方便老年人外出。

(三)营造适老化社区的社会环境,积极构建社区人文观念

我国适老化社区营造正从物质环境适老化向全方位适老化改造努力转型,其中,社区的社会环境适老化是适老化社区营造的核心内容,应该积极构建尊老敬老的文化价值体系,将构建和谐互助的社区交往环境、营造尊老爱老的社区文化环境和构建多元共治的社区参与环境一同纳入社区人文建设发展战略中。

一是构建和谐互助的社区交往环境。开展丰富多彩的社区活动,调动不同年龄阶层的居民参与社区活动的积极性,加强邻里沟通与了解,进一步扩大老年人的社区交往圈子;定期开展邻里互助专题活动,慰问社区孤寡老人,帮扶弱势老人,与他们聊聊天、讲讲故事或者是简单地做个倾听者,帮助他们排除孤独感,增强社区归属感;鼓励社区青年群体组建志愿服务队伍,为老年人提供聊天、购物、读书、散步、电子产品教学等各种服务,增强老年人社区居家养老生活的幸福感。

二是营造尊老爱老的社区文化环境。从家庭做起,培养良好家风,教育子女尊重长辈,尊老敬老,延续家庭孝道文化,重塑孝道意识;健全法治保障,结合道德教育和法律教育,保障老年人的合法权益,反对对老年人任何形式的歧视、侮辱等不公平对待;开展尊老敬老的文化教育活动,树立模范榜样,利用社区媒体平台大力宣传敬老文化,倡导整个社会深怀敬老尊老之心,自觉参与爱老为老之事。

三是构建多元共治的社区参与环境。老年人不仅是社区的被服务者，也是社区的建设者和管理者①，积极引导老年人贡献个人智慧和经验，为社区管理献计献策，主动参与社区建设，实现老有所用；组织老年协会②，扩大老年人参与社区事务的渠道，积极开展老年人需求调研，充分了解老年人的需求和想法，实现老年人的充分参与；组建老年志愿服务队伍，引导老年人通过参与志愿服务实现自身价值，深入开展"银龄行动"。

（四）创造适老化社区的技术环境，推动数字适老化渐进融合

目前，我国面临着老龄化社会和数智化时代的叠加，老年社区结合数字技术是未来重要的发展趋势。技术将会驱动老年人居住空间的品质提升，提升生活质量，保证生命安全，极大地改善老年人社区居家养老的环境。不可否认的是，老年人对于数字技术的接受度较低，对于智慧养老的认知度也相对较低，智慧技术如何进入社区，实现社区智慧养老以人为本，推动适老化社区营造任重道远。

智慧化养老是当下实现我国社区适老化的必要手段。③ 一是开展智慧助老行动，适应数字社会下的新要求。引导老年人使用互联网技术，依托家庭和社区加大对老年人应用数字技术的培训，组织定期开展针对某个移动应用或是某项常用服务的实践教学，保障老年人掌握基本的智慧应用功能；开展互助帮扶、经验交流等活动，更好地引导老年人体验新科技，掌握新本领；大力宣传智慧助老公益，组织智慧助老志愿服务队伍，为老年人开展数字技术应

---

① 崔莹莹、卓想：《台湾老年社区营造模式的经验与启示》，《国际城市规划》2017年第5期。

② 张佳安：《社区能力建设视角下老年友好社区建设的路径》，《西北师大学报》（社会科学版）2021年第6期。

③ 张宇、方佳曦：《居家养老视角下住区空间智慧化趋势》，《科技导报》2021年第8期。

用提供相应的志愿培训。

二是将智慧技术应用于社区适老化改造。数字技术赋能老年人养老服务,利用社区综合服务平台,有效对接老年人的服务供给和需求信息;依托智慧网络平台,帮助老年人实现智慧家居、出行、就医、买菜和健康管理等智慧服务,这能帮助活动能力下降的老年人获取必要的支持,也在一定程度上节约了土地空间、异地居住成本和时间成本。开展智慧家庭健康养老示范应用,鼓励应用大数据、云计算等技术搭建社区养老服务平台①,为老年人提供实时监测、健康指导等各种健康管理服务。在数字技术赋能社区治理方面,依托信息化平台,老年人可以及时关注到社区治理的情况,提升老年人参与社区治理的积极性,实现整体智治;依托互联网信息平台,老年人也可以积极反映民意,表达自己的意见和诉求,引导社区治理多元交互和协调共治。

三是构建适老化的信息交流环境。加强对于移动应用和互联网网站等通信设施的适老化改造,注重功能和操作的适老化,比如合适的字体大小、简洁的操作页面、引导式的操作步骤、内容朗读、语音辅助等,开发“长辈模式”“关怀模式”等,提升它们服务老年人的水平,促进信息无障碍改造,缩小老年人面临的数字鸿沟。同时,还要对医疗、社保、生活缴费、民政等高频服务事项保留一定的传统服务方式,保证信息素养较低的老年人可以通过人机交互的方式及时处理待办理的事务。

六、结语

在积极老龄化、老年友好社区建设的倡导下,人口老龄化、社

① 刘奕:《从资源网络到数字图谱:社区养老服务平台的驱动模式研究》,《电子政务》2021 年第 8 期。

区设施老旧化、社区环境不适老的社会现象,迫使适老化社区建设成为城市更新治理的重要实践,同时也是中国式现代化背景下解决老龄化问题的应有之义。仅靠社区物质环境的改善难以实现适老化社区建设的可持续、全面性的要求,因此,应该从制度环境、物质环境、社会环境和技术环境多个维度探索适老化社区建设的各种要求,应对老龄化带来复杂多变的社区治理难题。

未来,适老化社区营造还可以结合社区实践开展深入研究。一方面,进一步完善适老化社区营造的支持体系;另一方面,具体分析适老化社区营造的现状和现实困境,理清适老化社区营造思路,不断探索本土化的适老化社区营造方案。目前,适老化社区营造并未形成统一的标准化建设路径,基层单位可以因地制宜,不断开展创新探索,打造具有可推广性的适老化社区营造模式。适老化社区建设本就不只是基层单位的任务,它也需要社会组织、企业组织和社区居民的共同努力,不断汲取经验,为顶层制度设计贡献基层智慧。

[本文系国家社会科学基金项目“数字治理视域下社区智慧养老实践模式比较与政策优化研究”(项目编号:21BZZ061)、教育部哲学社会科学重大课题攻关项目“新时代特大城市管理创新机制研究”(项目编号:20JZD030)和上海市教育科学研究项目“上海市社区基本公共体育服务体系建设研究”(项目编号:C2021144)的阶段性成果]

治理型城市更新:城市环境综合治理的空间资本逻辑

——基于大都市郊区A镇的经验

王　阳*　韩璐瑶**

[内容摘要]　城市环境综合治理是近年来社会治理领域的重要政策实践,是新时代中国城市街区更新的一种普遍经验。基于马克思资本批判逻辑和A镇的城镇化经验发现,空间资本化引发空间交换价值的凸显以及资本空间化的无序扩张是一系列城市问题产生的根源。城市环境综合治理作为中国特色的城市更新范式,通过空间资本的跨域调整、空间价值的均衡提升、空间矛盾的柔性化解等综合治理手段,扬弃了以资本为主导的城市更新所内含的固有矛盾,以整体性的治理方式推动了A镇城市空间的有机更新,是马克思主义城市理论中国化的生动实践,为"十四五"时期全国的新型城镇化实践提供了有益借鉴。

[关键词]　城市环境综合治理;资本空间化;空间资本化;城市更新

* 王阳,复旦大学马克思主义学院博士后、华东理工大学马克思主义学院副教授。

** 韩璐瑶,华东理工大学马克思主义学院硕士研究生。

一、问题提出：城市环境综合治理与城市更新

城市环境综合治理是近年来普遍发生在全国各地的重要社会现象，被认为是当前城市经济、社会可持续发展以及提升城市竞争力的重要方式。贯彻创新、协调、绿色、开放、共享的新发展理念，坚持以人为本、科学发展、改革创新、依法治市，转变城市发展方式，完善城市治理体系，提高城市治理能力，着力解决城市病等突出问题，提高新型城镇化水平，走出一条中国特色的城市发展道路，彰显了新时代中国城市发展的方向。① 配合全国范围内广泛开展的“全国文明城市”创建活动，地方政府掀起了轰轰烈烈且影响面极其广泛的城市治理运动。如何认识和解释这一现象是本文研究的源起。

目前，对于城市环境综合治理的研究大多集中在城市治理理念、治理模式、治理过程等治理行动，在社会治理的理论脉络中讨论城市公共管理的应用问题，在治理的框架下解释城市环境综合治理问题。社会学的视角重点关注治理中的社会立场，对政府主导的城市环境治理多持批判态度，例如，北京市的拆违行动曾一度引发全国性的舆论批判，这些研究在一定程度上遮蔽了城市环境综合治理的积极意义。如何在城镇化的脉络中来认识城市环境综合治理现象，构成本文的理论问题。笔者认为，城市环境综合治理的表面是治理问题，实质上体现了城镇化进程的新阶段，代表了在新时代中国城市街区更新的一种普遍经验。这种经验既不同于以往大拆大建式的大规模结构改造，也不同于西方城市更新过程中的“绅士化”②行动，而是以政府为主导，针对城市内部关系与形态

① 《中央城市工作会议在北京举行》，《人民日报》，2015 年 12 月 23 日，第 001 版。

② “绅士化”指由于中产阶级进入城市工人阶级的居住区而带动社区周边商业环境、文化景观、社区服务等的改变过程。

的城市治理行动，其目的是解决城市化进程中日益严重的治理问题，推进城镇化的深度发展。

如果将城市环境综合治理视作城镇化的一种新阶段，城市治理问题在本质上就体现了城市政治经济学原理。20 世纪 60 年代，新马克思主义研究者开始将城市空间放置在资本主义生产方式下加以考察，把城市空间的分析和对资本主义生产方式、资本循环、资本积累、资本危机等社会过程结合起来，产生了著名的新马克思主义城市空间学派，其标志性概念就是亨利·列斐伏尔(Henri Lefebvre)的空间生产理论。他认为，“空间不是通常的几何学与传统地理学的概念，而是一个社会关系重组与社会秩序实践性建构过程”。[①] 这些理论在分析城市空间形态发展、空间生态失衡、资本地理扩张等方面都具有极强的解释力，产生了诸如空间修复、空间正义、空间循环等诸多解释概念。基于新马克思主义的视角来理解中国的城市更新已经成为当前城市研究的热点，并在城市空间生产研究的本土化进程中走向与治理理论的融合。一些学者结合空间生产理论以及治理理论提出空间治理概念，以相对整体性的治理理论和观念来解释中国城市更新中的矛盾。空间治理理论认为，空间治理不仅关注资本生产及其分配的问题，更关注空间的秩序问题，强调城市空间中的公平正义，包括主体关系、文化环境等。空间治理理论关注的领域集中在城市规划方面，体现了对传统理性主义城市规划的反思，主张在城市规划研究中“集合新制度主义理论、哈贝马斯交往理性理论、政体理论、公共事务治理理论、企业管理理论、公众参与等相关领域的成果”。[②] 还有一些学者延续马克思主义的冲突视角，将城市环境综合治理理解为

① 刘怀玉：《现代性的平庸与神奇——列斐伏尔日常生活批判哲学的文本学解读》，中央编译出版社 2006 年版，第 408 页。

② Healey P., “Building Institutional Capacity through Collaborative Approaches to Urban Planning”, *Environment and Planning A*, 1998(3), pp. 1531-1546.

城市资本的逐利性流动对原住民特别是城市边缘群体生活空间的挤压。例如,叶敏等认为,城市郊区环境综合治理的本质目的是"驱赶小生产者"①以及对外来人口的"选择性吸纳"等。

这些研究对马克思主义的城市发展理论进行了拓展和创新,结合中国的城市治理实践对空间生产理论进行了发展。然而,空间治理概念虽然发端于新马克思主义的城市空间理论,但重点关注的是治理议题,已经与新马克思主义的分析范式不同。此外,新马克思主义的城市空间理论是在马克思社会批判理论基础上结合西方国家城市化实践提出的,其产生的一系列重要理论洞见为我们认识城市发展的资本逻辑提供了线索和启示,但西方理论家演绎的城市空间生产理论在解释中国城镇化发展经验时始终存在理论鸿沟。与资本主义通过全球地理扩张实现资本的空间修复不同,我国的空间治理体现了强烈的国家意志,是结合高质量发展和人民美好生活期待实施的生产、生活与生态相统一的内生型空间修复过程,从而超越了资本主义的不平等扩张。城乡空间治理本质上体现了如何通过有效的规划和环境治理实现更高质量的空间生产。因而,我们有必要回归到马克思原本的资本、空间概念建构符合中国城市发展实际的解释框架,才能准确地把握当前城市空间现象的内在实质,为我国的城市化实践提供理论支撑。

当前,以人为核心的新型城镇化被中央确立为"十四五"期间的重要发展课题,以整体的、历史的、辩证的视野认识和梳理中国特色的城镇化之路对于进一步推动新时代的城镇化建设具有重要意义。笔者通过在A镇的持续跟踪调研发现,当地政府在"十四五"之前开展的城市环境治理所形成的发展红利正在逐步显现出来,但学术界对这一过程的认识和解释显然是不够的。深刻地认

① 叶敏、马流辉、罗煊:《驱逐小生产者:农业组织化经营的治理动力》,《开放时代》2012年第6期。

识城市环境综合治理,系统地分析中国城镇化进程中的空间资本关系,对于优化以人为核心的新型城镇化路径等具有参照作用。本文将回归马克思的资本批判理论,结合大城市郊区 A 镇的城镇化历程与环境综合治理行动,运用空间和资本两个关键概念,在中国特色社会主义城镇化的脉络中总结城市环境综合治理的经验以及新型城镇化的可能方向。

二、空间-资本关系与城市环境综合治理

城市环境综合治理可以理解为城镇化发展在特定阶段的重要政策实践。城市环境综合治理虽然具体表现为对"脏、乱、差"等城市外观的翻新与治理,但实质上是对城市运行机理的全面重建,既包含了对城市空间的重塑,也包括了对空间社会关系的改造。因为城市不单单是建筑物堆积而成的空间单元,而是由一个个活生生的"人"组成,是人们共同生产、生活、消费的场所,其背后是人的社会行动与利益关系。从本质上讲,城市环境综合治理代表了具有中国特色的治理型城市更新模式,是城镇化进程中资本逻辑与空间扩展内在张力的体现。

(一)资本空间化与城镇化的资本逻辑

"资本的空间化是指资本的逻辑通过借助空间从而使自身转变为现实的社会存在的过程,人类社会的空间现象是资本逻辑运行的结果。"①尽管资本具有追求剩余价值的本性,但资本逻辑只有通过一定的载体才能够实现。亨利 · 列斐伏尔指出的"由空间中的生产转变为空间的生产",强调了空间本身是由资本的逻辑被

① 张梧:《资本空间化与空间资本化》,《中国人民大学学报》2017 年第 1 期。

塑造出来的。在城市化发展的进程中,最直接地表现为城镇空间的变化,这本身可以理解为资本的聚集。城镇化的发展首先表现为城市与乡村之间的分工,“现代的大工业城市——它们的出现如雨后春笋——来替代自然形成的城市”①,城镇化体现了资本主义生产方式下的空间结构。在大卫·哈维(David Harvey)的资本循环理论中,城镇化被认为是资本的循环过程②,资本的循环与积累成了城市空间生产的动力机制,并且由于难以消除的资本积累危机和固定资产的流动性障碍,城市需要以破坏性的更新来不断地推动空间的再生产。这些理论说明了城市空间与资本的关系,可以作为认识城镇化进程的一个基本视角。

资本的空间化鲜明地体现在我国的城镇化进程中。在计划经济时期,土地作为重要的生产资料由政府按照生产需要统一划拨,无偿使用,城市土地的管理非常粗放,这导致城市空间更多地体现为使用价值,空间被作为企业生产或人们居住的物理空间。改革开放后,尤其是90年代的土地批租制度改革以后,城市空间被纳入资本扩大再生产的体系之中,空间的价值被唤醒,土地成为地方政府主持城市开发、参与区域竞争最为重要的资本。随着工业化的发展,大量农村劳动力通过各种渠道的社会流动进入城市就业,由此托起一个巨大的住房市场。通过土地商业批租所获得的巨额利润,又会反过来推动城市空间的工业化发展,形成一种正向循环的工业化发展模式。“土地财政”是这一模式的关键与核心,也正因为如此,城市开发承载着极其丰富的政治经济学内涵。如果从这一视角来看,空间生产已经成为建构中国社会生活及治理结构的根本生产方式。一方面,以房地产为基础的空间生产由于产业关联度高、带动经济发展能力强、改造城市形象快,一时间成为促

① 《马克思恩格斯选集》第一卷,人民出版社2012年版,第194页。

② 刘鹏飞、赵海月:《空间政治经济学视角下的城市更新》,《学术交流》2016年第12期。

进消费、扩大内需、拉动投资、提高GDP(国内生产总值)、推进城市建设的最重要产业之一,房地产业已成为经济发展的关键力量;另一方面,住房等空间产品与城市居民的生产关系、生活方式以及城市文化等都有密切关系,人们既生产空间,同时也被空间所塑造,城市空间的结构与形象塑造了生活于其中的人们的心理体验和行为方式。在微观领域,工业化、城市化所带来的人口聚集也为每一个个体创造了无限的机会。大量农村人口向城镇聚集和流动,伴随产生的是对生产、生活、交往等空间的需求,这些需求又构成了空间生产的动力。大大小小的商业、居住等空间也因此被快速创造并复制出来,呈现各种各样的形态。我国的城镇化道路虽然有自己的特色,但城市空间生产的过程和运行方式充分体现了资本在空间形态中发挥的重要作用,构成了早期城镇化的主要模式。

(二)空间资本化与空间交易价值的凸显

"资本的空间化所带来的结果必然是空间的资本化,空间不仅是资本生产的产物,也是资本生产的手段。"①马克思主义所关注的空间并不是外在于人的实践活动的自然空间或原始空间,而是人类实践活动的产物,是作为产品的空间。这决定了在特定的制度环境下,空间可能成为商品。空间具有商品的二重性,使用价值体现了作为商品的功效,交换价值则体现了商品所承载的社会关系。当"空间商品"进入市场流通时,空间的交换价值就充分体现出来,并呈现出空间的资本化过程。一旦空间实现了资本化,空间的价值就不再是固定不变的,"空间作为一个整体进入了现在资本主义的生产模式:它被利用来生产剩余价值"。② 而且,随着城市

---

① 张梧:《资本空间化与空间资本化》,《中国人民大学学报》2017年第1期。

② [法]亨利·列斐伏尔:《空间与政治》,李春译,上海人民出版社2008年版,第75页。

持续不断地追加资本投入,空间的交换价值也呈不断上升的趋势。

土地制度和商品房制度的改革为空间的资本化创造了条件。城市土地功能与价值的释放,是改革开放后城镇空间生产的基本主线。有学者对此持积极态度,认为中国的城市化模式建立了一个有利于国家、有利于企业、有利于土地经营者以及进城购房者的地利共享体系①,正是得益于这样的良性循环,才促成了中国式现代化的顺利推进。也有学者对此持否定态度,认为国家对土地资源的垄断管理,破坏了土地流动的市场机制,造成了国家土地资源的浪费以及对土地经营者权利的侵害,并且形成了地方政府对土地财政的依赖,推动了房地产泡沫的形成,形成了巨大的经济风险等。无论利弊,空间的资本化以及空间交易价值的凸显成为推动我国城镇化快速发展的重要催化剂。在社会治理领域,空间资本化在催生城市的同时,也生产了与之相应的空间困境。人们涌入城市,从不断上升的城市空间交易价值中获利,进而可能导致空间资源开发与空间价值分配的混乱。城市原住民不断拓展居住和生产空间,以获得地租收益;摊贩和商户沿街设摊以截留因人流量增加而带来的空间利润;购房者参与炒作房价以获得空间升值的高额利润等,空间资本化带来的问题进一步凸显,成为城镇化的伴生难题。对城镇化过程中公平正义问题的关注,也将空间研究引入城市社会治理的领域。

(三)空间-资本冲突与城市环境综合治理

资本空间化和空间资本化可以说是一个硬币的两面,既同时存在又相互转化,在现代城市中,空间与资本本身就是紧密联系的整体。按照马克思的界定:“资本不是物,而是一定的、社会的、属

① 贺雪峰、魏继华:《地利共享是中国土地制度的核心》,《学习与实践》2012年第6期。

于一定历史社会形态的生产关系，后者体现在一个物上，并赋予这个物以独特的性质"①，作为社会关系具象化存在的城市空间，成为资本的直接表现形态，也推动了现代城市的快速发展。虽然在中国的城镇化进程中，我们明显感受到资本与权力以各自的方式渗透并主导空间生产的过程，形成了类似西方城市化发展中的"增长机器与增长联盟"②，甚至很多时候政府的影响是主导性的，但资本仍是推动城市空间扩张的关键力量。空间的资本化引起了空间交换价值的凸显，并进一步引发了城市空间占用和权利矛盾的激化。"当空间作为生产资料而被资本化的同时，由于资本本身所无法克服的内在矛盾，资本所带来的阶级对立也必然会在特定空间中发生，这就意味着，空间的资本化使得空间本身成为社会矛盾的焦点场域之一。"③

空间-资本产生的冲突可视作一系列城市问题产生的根源，也是引发城市更新的重要原因。随着城市化发展的深入，空间正义问题成为新马克思主义批判城市资本化的核心概念，强调空间规划与分配的公平正义问题，并由此主导了城市空间研究对城市更新的关注。关于城市更新已经在学术界引发了广泛的研究，也产生了许多重要成果，城市更新被认为是改善城市环境、治理城市病灶、推动城市化新发展的重要方式。④ 城市更新意指将原来老旧、破败的房子推倒重建为高楼大厦，以实现城市的翻新。城市更新之所以成为新马克思主义者研究的关注点，是因为西方国家的城市更新更多地体现了资本的力量，并且异化为"空间谋利"的代名词。这些理论对于认识当前的城市环境综合治理有重要启示，因

---

① 《马克思恩格斯文集》第七卷，人民出版社 2009 年版，第 922 页。

② 约翰·R.洛根、哈维·L.莫洛奇：《都市财富：空间的政治经济学》，陈那波等译，上海人民出版社 2016 年版，第 73 页。

③ 张梧：《资本空间化与空间资本化》，《中国人民大学学报》2017 年第 1 期。

④ 李明超：《大城小镇：城市化进程中城市病治理与小城镇发展》，经济管理出版社 2018 年版，第 19 页。

为城市环境综合治理也是改造城市的一种方式。

与新马克思主义学者主张的城市更新理论不同,城市环境综合治理行动虽然也关注推动城市变化的资本力量,关注空间的价值问题,但更强调空间的使用价值而非交换价值,以及空间资本化所带来的各类城市问题,如城市空间的无序及过度开发、城市人口大规模聚集带来的环境问题等。因而,城市环境综合治理并不简单地等同于城市更新,而是统筹兼顾空间价值与空间正义的多元化、综合性城市发展实践,其本质是通过政府主导的治理行动协调空间与资本的关系,以推动城市的可持续发展。自党的十八大以来,我国形成了创新、协调、绿色、开放、共享的新发展理念,全国城市面貌有了极大的改变,城市环境综合治理不仅是城市治理精细化的展现,更体现了兼顾价值与正义、统筹发展与稳定的新时代城镇化发展新路径。本文选取城市郊区 A 镇的城镇化历程为研究对象,其城镇化过程具有一定的典型性。A 镇地处大都市郊区,既有悠久的历史,也有庞大的工业聚集。目前,A 镇经济园区注册企业 6 000 余家。[①] 域内常住人口 22 万人,外来人口数量庞大。A 镇既经历了内生的城镇化发展和城市中心外溢资本的洗礼,又在城市环境综合治理过程中成为典型。

三、资本空间化与 A 镇的城镇化历史

尽管 A 镇作为镇区存在具有悠久的历史,但 A 镇作为现代意义上的城镇化发端于改革开放后。基于 20 世纪末的“万家富”工

① 园区企业是指在各个经济园区注册、缴纳税金的企业。这里要对这一数字进行说明,由于上海郊区城镇存在招商引资的优惠政策,一些企业选择在此注册,但并未实际在当地生产。另外,这 6 000 余家企业是当地纳入国民经济统计的,但仍然有大量非正规企业虽然在当地生产却未被纳入统计,如大量的家具生产作坊。

程以及特色小镇建设,A 镇的镇区空间迅速扩张,展现了 A 镇资本空间化的历史。

(一)“万家富”工程与资本积累中的空间生产

改革开放后,市场经济带来的影响是全方位的。在经历了物质财富极端匮乏的革命建设时期,人们对财富的追求有着共同的渴望。基层政府与人民群众的主体性,在新的市场环境中被充分激发,正是在这一背景下,当地政府主导开展了全民投资“万家富”工程,拉开了 A 镇城镇化和资本空间化的帷幕。

“万家富”是 A 镇所在县府于 2000—2002 年实施的经济发展三年行动计划。其目的是“推进农业结构调整,增加农民收入”①,鼓励农民开展“小果园、小鱼塘、小畜禽场、小菜园、小苗圃、小经作、小庭园、小流通、小加工”等经营活动,实现全民致富。② 郊区政府对地方财政收入、发展 GDP 的政绩目标,以及老百姓迫切需要致富的愿望,共同推动了这场“万家富”工程。用地方政府的话讲,“‘万家富’工程得民心、顺民意、深受广大人民群众欢迎”,运动得以快速落实。然而,刚刚“洗脚上岸”的郊区农民显然是缺乏技术和资本的。因而,这种全民投资创业的内容只能建立在对空间价值的开发上。

由于靠近城市大市场,A 镇良好的区位优势决定了镇域土地较高的使用价值,一旦将居住用地、农业用地转化为工商业用地,将产生巨大的资本增值空间。在现实实践中,空间用途的转变主要体现在两个方面:一是通过改造居住等生活空间用作商业出租,包括出租给外地人居住以及出租给他人改造成店面经营,以获取房租收益;二是将生活空间转变为工业生产空间,以获得工业投资

① 上海市 FX 区,《FX 统计年鉴(2002)》中的数据。

② 丁惠义:《实践“三个代表”思想 开展“万家富工程”活动》,《上海农村经济》2001 年第 3 期。

回报。在A镇《关于“万家富”工程扶持发展“小加工”“小流通”项目的若干政策意见》中,地方政府明确提出,“凡属‘万家富’工程扶持的‘小加工’‘小流通’项目用地,按相关文件要求办理临时用地手续。‘小加工’‘小流通’项目占地超过1亩的、须向私营园区集中。‘小畜禽’用地交纳的拆除还耕保证金由土地管理部门委托镇财政以发放借款的方式,将所收保证金的50%出借给土地使用者”。① 这些规定使土地特别是农业用地转化使用方式有了具体依据,而来自政府的资金资助也为农民提供了支持。基层工作人员为了完成上级政府下达的“万家富”指标,从各方面给予政策便利。对于A镇而言,由于当地木器加工业起步较早,为执行上级政府提出的“万家富”工程,A镇政府结合当地产业基础大力发展木器生产,通过奖励招商引资的方式出租土地,农民在自己的宅前屋后以及承包地中纷纷扩建厂房,扩大生产规模。政府通过做示范、树典型、干部带头、支持等一系列做法,鼓励农民在庭院办起小作坊。在这一阶段,木器企业的数量也急剧增加,A镇地区登记在册的木器工厂近4 000家,其中的大部分都是在2000—2003年增加的。这一过程促使小生产在A镇蓬勃发展,大量资本投入推动了城镇空间的生产,也塑造了当地城镇化的特殊景观。

(二)特色小镇建设与城市外溢资本主导的空间生产

在A镇通过全民投资行动推动城镇空间生产的同时,中心城区的外溢资本也参与当地的城镇化开发。城市资本所带来的空间生产比全民投资的规模更为宏大。由于城市化向郊区扩张要比城市密集开发模式更加方便,成本更低,对于追求空间利润的资本而言,向郊区的扩张显然更加划算。A镇的西班牙特色小镇开发,可

---

① 上海市FX区,《FX统计年鉴(2002)》中的数据。

以说是外来资本空间化的一个典型样本。

城市资本外溢与郊区土地商品化推动了A镇的快速城镇化以及资本的空间化。随着城市中心资本的汇集,城市中心地区的资本投入逐渐饱和,土地开发成本日渐增高,更多的中小规模资本开始关注城市郊区的空间交易价值。当时的上海市郊区尚处于未开发或者类似“万家富”工程所代表的内生发展阶段,城市化成本相对较低。从长远预期看,上海市郊区土地有着相对较好的区位优势和较高的交易价值,郊区土地开发除了改变郊区“落后”的生态面貌,还可以获得较高的投资回报率。2000年后,大量资本开始向郊区乡镇外溢,配合政府出台的“一城九镇”①发展规划,开启了A镇的大规模城镇化。在“一城九镇”的规划中,A镇被规划为建设西班牙特色小镇,即以西班牙风格建设新镇区,既区别于老城区,也区别于其他郊区城镇的开发。当地政府通过征收农业用地,开发公共设施以及招商引资,吸引了诸多房地产商的落户,在短短5年的时间里,一排排以西班牙风格为特点的街道和小区在老城边上崛起,并且房地产商还投资建设了若干大型的商贸园区。至2005年,当地的西班牙小镇建设已经初具规模,特色小镇的开发使当地土地的市场价格被资本重新定义,郊区土地步入商品化的阶段。然而,正如大卫·哈维所描述的,资本主义的城市化会导致独特且极不均衡的城市景观,这是解决资本主义内在矛盾的“空间转移”。② 超前城市化带来了资本空间化的非均衡发展。西班牙小镇的开发改变了A镇的城镇面貌,然而,这场不断向城市周边地区扩张的超前城市化运动,也产生了诸多问题。城市外溢资本

① “一城九镇”是上海为努力构筑特大型国际经济中心城市的城镇体系在“十五”期间提出的发展思路。根据“中心城区体现繁荣繁华,郊区体现实力水平”的要求,上海将力争加快郊区城市化步伐,因地制宜地塑造“一城九镇”的特色风貌,规划设计采取国际招投标的方式,引入国际的先进设计理念,提高城镇规划的起点与水准。

② [英]戴维·哈维:《马克思的空间转移理论——〈共产党宣言〉的地理学》,郇建立译,《马克思主义与现实》2005年第4期。

主导的超前城镇化，使当地的西班牙小镇成为一个以房地产项目为主导的城市空间生产运动。

四、空间资本化与A镇城镇化的失序

资本的空间化势必伴随着空间的资本化，城市空间作为资本的载体直接参与资本积累和流通。然而，作为资本积累的城市空间始终无法摆脱资本主义的内在矛盾，资本主导的城市更新本质上是资本主义内在矛盾的“空间转移”①，并不能从根本上解决资本积累中非均衡发展的空间样态。在A镇的城镇化进程中，空间的资本化使城市空间的交易价值更加清晰地凸显，并不断激发人们通过占有空间、开发空间来获取剥夺性积累，进而造成了A镇城镇化进程中的诸多现实问题。

（一）空间价值挖掘与剥夺性资本积累的产生

空间的商品化转变，使其具有了极高的交易价值，并成为资本追逐的目标。从表面看，“万家富”工程通过农村经济结构的调整，鼓励农民改变生产经营方式，实现了农民致富。当地农民通过改造宅基地、农业用地等扩大了家庭经营规模，确实提高了家庭收入。但随着城镇化的进一步发展，当地农民的收入结构发生了重大变化。本地农民的实际收入主要来源于两个部分：一是在当地工厂的务工收入；二是各类资产出租获得的收益。在“万家富”工程后期，很多本地人发现，如果将自己投资的家庭产业转租给外地人，外地人“能吃苦、肯干活、更节约、有技术”，

① 张凤超：《资本逻辑与空间化秩序——新马克思主义空间理论解析》，《马克思主义研究》2010年第7期。

他们比自己经营的效益更高，而自己通过收取厂房和设备租金，就可以获得相似甚至更高的收入，生活也更加悠闲。通过“万家富”工程的厂房扩建，许多本地村民只需要将厂房出租就可以获取高额的回报，本地村民转型做起了“房东”，并搬迁至中心城区居住。

当地农民通过空间的资本化可以有效地攫取空间的剩余价值，很多居民通过扩建加工厂房和设备，出租租金高达每年几十万元，甚至上百万元，这极大地激发了当地居民参与空间再造的热情，催生了A镇的家具产业链，极大地提升了空间交易价值。在A镇环境综合整治前，仅A镇的某一个村，就有“违法”企业177家，店面177户，木器小作坊475家，村民违章1 311户（全村1 548户），总的违法用地约76.5万平方米（全村154.8万平方米），违法建筑面积77.9万平米，村民违章建筑厂房年租金收入接近一亿元。村委会以及地方政府干部大多都是本地人，也是空间价值升值的受益者，因而对空间的扩张采取了默许态度，在某种程度上激励了对公共空间的侵占。

（二）空间资本的非均衡扩张与空间开发失序

“万家富”工程的实施使当地居民走上了致富道路，很多本地居民从原来的劳动者一跃成为依靠巨额租金收入的食利阶层，这种全民投资虽然改变了居民的收入结构，提升了当地居民的收入水平，却也造成了空间使用的失序。一方面，外来人口大量聚集，带来了诸多治理难题，如社会治安、生产安全、环境污染等，并且倒挂的人口结构对当地的公共服务产生了巨大的压力；另一方面，空间的资本化不断地刺激空间的扩张，各种违章搭建层出不穷，造成了空间的极度拥挤。由于A镇外来人口不断增加，大量流动人口的法治意识、文化素质并不高，A镇的空间被过度开发，形成了脏、乱、差、挤等典型特点。

“十三五”期间，A 镇的许多“明星村”摇身转变成“问题村”和“麻烦村”。村民们在自己的宅基地和农田建起大量厂房，用以出租或开展家庭生产，吸引外来务工人员，一个个村域逐渐演变为一个个混乱的集镇。厂房越建越大，楼房越盖越高，马路越来越窄，环境越来越差，村庄成为低端制造业的聚居地。本地居民也逐步搬到中心镇区，出现了外来人口与本地人口的倒挂现象，进一步加剧了村域公共服务与公共环境的破坏，成为名副其实的“问题村”。

（三）超前城市化泡沫与空间资本的溃缩

除了 A 镇镇域内由于资本无序扩张带来的空间失序问题外，基于外来资本主导的“造城运动”也在一定程度上遭遇了困境。超前的城市化想象和资本导向的城镇化建设由于脱离了空间的实际使用价值，使当地的城镇化开发陷入巨大的泡沫之中。这也是 20 世纪晚期全国普遍发生的城镇化问题，“摊大饼”式的城镇开发造成了巨大的空间资源浪费。尽管特色小镇建设的规划起点高，但因为地处偏远，政府投入也难以满足现实发展需求，导致城市发展形态不均衡，这些新镇实际上还难以做到宜居、宜业。新镇区的土地利用效益矛盾突出，基础设施建设相对落后，如学校、医院等公共设施缺乏等，种种原因导致当地的土地开发并没有呈现出预期的价值，却产生了难以预料的沉没成本。在此背景下，空间交换价值并没有呈现出预期的发展趋势，反而造成了空间资本的溃缩。巨额投资也让企业的流动性陷入困境，依赖于土地财政的地方政府也难有财力提升新镇区的公共配套，A 镇的新镇区建设难以避免地陷入困境。虽然城市外溢资本主导了 A 镇的特色小镇建设，并且实现了资本的空间化，但固定资产投资导致的流动性迟滞，使作为商品的空间很难转化为流动性资本，直接导致了参与资本的损失与地方政府的高额负债。

五、城市环境综合治理与A镇的空间重塑

随着城市化的不断推进，A镇城镇化过程中的问题已经构成都市郊区发展的普遍难题。针对城市发展的突出问题，上海市明确提出："转变城市发展方式，强化底线约束，加强对空间、人口、资源、环境、产业的统筹，推动城市发展从规模扩张向精细增长转变，城市空间格局从行政圈层式向'网络化、多中心、组团式、集约型'转变，更加注重补齐短板，促进城乡发展一体化，提高超大城市建设管理水平，整体提升城市发展软实力"。上海市相继出台了《上海市城市更新规划实施办法(试行)》《关于进一步加强本市部分区域生态环境综合治理工作的实施意见》等系列文件，由此掀开了上海城市发展史上规模最大、投入成本最高、力度最强的以"五违四必"①为主要内容的环境综合治理行动。上海市以城市环境综合治理为政策抓手，开展了全新的城市更新模式探索。

（一）"减量化"②与空间资本的跨域调整

与资本主导的城市更新模式不同，城市环境综合治理是从城市全域的视角来推动空间资本的整体合理布局，并形成城市空间资本的跨域调整。伴随着城市环境综合治理，上海市在全市范围内开展了大规模的"减量化"治理行动，并下达各区的"减量化"任务。由于"减量化"不仅可以获得上级政府的财政支持，更重要的是可以通过空间置换得到更多的建设用地指标，"减量化"行动在

① "五违四必"，意即在整治违法用地、违法建筑、违法经营、违法排污和违法居住这"五违"现象中，要做到安全隐患必须消除、违法无证建筑必须拆除、脏乱现象必须整治、违法经营必须取缔。

② 指上海市人民政府提出的城市建设用地减量化指标。

全市迅速展开。A 镇作为郊区空间开发的大镇,首当其冲地成为城市环境综合治理的重点区域,曾经作为“万家富”工程期间先进典型的家庭型企业成为环境治理的重点。2017 年,上级部门下达 A 镇的“减量化”任务量为 35 公顷(35 万平方米),实际已拆除 104 公顷(104 万平方米)。基层干部将城市环境综合治理概括为“减人”“减猪”“减地皮”的“新三座大山”。“减人”的目的是压缩外来人口,以减轻特大城市的治理压力;“减猪”则是减少容易引发群众不满以及环境污染严重的郊区养猪场;“减地皮”的目的是通过边缘郊区的综合拆违,换取中心城区的空间开发指标。其落脚点是通过环境综合整治,拆除郊区的违法用地,避免空间资源的过度无序开发。以 A 镇某村为例,该村作为违章搭建的典型村,整治前共有违章用地 1 148 亩(约 76.5 万平方米),违法建筑 77.9 万平方米,其中,用作企业经营 177 家,街面门面 177 户共 268 间,村民用于小作坊经营的建房数为 475 家,村民违章建房 1 311 户(总户数为 1 359 户)。经过环境综合整治,该村的违章搭建全部拆除。通过“减量化”实现建设用地开发指标的置换,以实现空间价值在市域范围内的重新分配,进一步提升了城市空间的整体价值。此外,通过“减量化”得以有效地控制城市低端产业,从而减少因为人口聚集所产生的城市病,可以在宏观的层次上提升城市的竞争力。A 镇通过“减量化”形成了大量的空间开发指标,这些指标一方面可用于 A 镇的产业升级,提升当地的空间价值和集约经营,另一方面则置换到空间价值更高、资本更密集的中心城区进行建设。指标置换所得的补贴则用于 A 镇偿还城镇化“大跃进”时期的历史债务,甩掉包袱重新出发。

(二)产业升级与空间价值的均衡提升

城市环境综合治理作为一种城市更新模式,通过治理方式替代了空间生产式的城市更新,在改善城市外观的同时,也推动了空间的集约化利用,提升了空间的整体价值。A 镇优越的区位优势使当地的农民很早就走上了致富之路,并且很快就实现了向中心城镇或中心城区的迁移,农村的土地资产则成为他们获利的重要来源。农村地区更多地承载了生产功能,并且成为外地人生活的区域,严重的“土客替代”导致上海市郊区农村一片乱象。空间租金收入为当地人在城市生活提供了重要的资金支持,但也使其成为名副其实的“问题村”。无序的空间扩张带来一系列发展难题,如对环境带来的危害以及“脏、乱、差”的乡村面貌不利于城市服务业的发展。此外,A 镇的木器生产企业多为手工作坊,存在大量的非正规交易,不利于地方政府的税收增长。逼仄的地方财政又难以提供高质量的公共服务,因而环境问题日益严峻,与公共服务供给能力捉襟见肘之间的矛盾越来越突出。同时,高额的空间收益造成了城市环境综合治理“拆违难”问题。在环境综合治理过程中,当地政府重点围绕水系水域沟通、道路桥梁基础设施提升、为民便民项目完善、绿化生态增补等方面的修复和重建,提升 A 镇的整体空间价值。A 镇的传统工业村也转换为服务迪士尼的乡村振兴示范村,从追求经济效益转变到追求经济效益与环境效益的共进。通过空间资本分配的治理调整,可以有效地遏制城市发展中的不均衡现象以及城市更新过程中的空间正义问题,推进城市面貌与发展质量的整体提升。

(三)文明城市建设与空间矛盾的柔性化解

城市环境综合治理不仅要更新城市的空间形态,更重要的是改善城市空间的社会关系与文明形态,这是衡量城市化水平的关键指标,也是影响城市空间价值的柔性标准。在发达国家的城市更新中,也产生了类似文明建设的“绅士化”变迁,但其主要是由于中产阶级取代工人阶级后产生的一系列景观和社会文化的变迁。城市文明建设作为城市环境综合治理的重要内容之一,则是由政府主动推动的城市更新行动。城市环境综合治理不仅仅是对空间形象的刚性治理,还包括对城镇空间中人们生活方式以及公共行为的教化,如公共场所气氛祥和、无乱扔杂物、随地吐痰、损坏花草树木、吵架、斗殴等不文明行为,自觉保持交通畅通,遵守交通秩序等。通过营造良好的城市文明环境,不仅可以有效地提升城市空间的形象和综合竞争力,也可以缓解因为空间资本过分扩张带来的各类矛盾以及城市治理过程中的利益冲突。在 A 镇的环境综合治理过程中,基层政府通过城市文明建设的高密度执法,严管流动人口的公共行为,以营造良好的城市秩序,并作为正面宣传来缓解本地居民拆除个人违章搭建的抵触心理。镇区环境的明显改善以及公共秩序的重建,也在一定程度上化解了城市空间更新中的社会矛盾和利益冲突。

六、结论与讨论

改革开放以来,伴随着全球化、市场化和中国社会大转型的时代背景,中国的城镇化经历了飞速发展。空间资本理论的发展已经成为马克思主义在全球化时代的出场路径,一定程度上为马克思主义在城市化高度发展的当代社会注入新的生命力。城市环境综合治理过程中的空间更新对于中国特色社会主义城市前景具有长远的影响。资本的空间化、空间的资本化、空间资本的内在矛盾,三者的辩证关系构成理解我国城镇化进程的重要线索。资本的空间化说明了城镇发展的起源,空间的资本化阐释了城镇发展失序的资本逻辑,空间资本化引发的社会矛盾是引发城市问题的根源。对于资本主义城市化过程中的空间正义缺失问题,西方的理论家已经有深刻的洞见,但对于如何解决这些问题的描述始终是悲观的、模糊的。比如,亨利·列斐伏尔提出的文化革命的方案具有超现实主义的倾向,且充满了浪漫主义的色彩①;大卫·哈维(David Harvey)提出的“空间修复”最终指向的是资本主义危机全球化背景下不可避免的地缘冲突。② 城市环境综合治理实践为解决这些危机提供了新的方案,虽然城市环境综合治理具体表现为社会治理问题,但实质上是对城市运行机理的全面重建,既包含了对城市空间环境的重塑,也涵盖基于空间正义的社会冲突调整,体现了城市内部空间利益的再分配、空间社会的再整合、空间资源的再激活。城市环境综合治理在我国城市发展中的积极影响正伴随时间的推移而逐步显现出来。A 镇的城镇化历程、城市环境综合治理实践以及近年来的发展经验为以上理论提供了现实支撑。遗憾的是,大多数研究者仍然将这一问题放置在治理的研究脉络中来认识,这显然是不够的。城市环境综合治理虽然更多地体现在为了改善城市环境与面貌而采取的治理行动,但在一定程度上代表了中国特色的城市更新模式,这种城市更新模式强调城市发展的整体逻辑,不仅关注城市空间价值的增值问题,而且更加关注空间正义和人民群众对城市美好生活的多元需求。本文试图将城市环境综合治理放置在空间资本的框架中来认识,是理论层面的尝试,但也只是开始。党的十九届五中全会提出,“推进以人为核心的新型城镇化。实施城市更新行动,推进城市生态修复、功能完善工程,统筹城市规划、建设、管理,合理确定城市规模、人口密度、空间结构,促进大中小城市和小城镇协调发展”,将成为城乡高质量发展的重要战略举措。在当前的城市治理创新中,除了要更加关注治理技术、治理机制的“缝缝补补”,也要更加重视城市环境综合治理的意义。通过城市环境综合治理提升城市空间的使用效益,

---

① Henri Lefebvre, *Everyday Life in the Modern World*, London: The Penguin Press, 1971, pp. 200-204.

② [英]德雷克·格利高里、约翰·厄里:《社会关系与空间结构》,谢礼圣、吕增奎等译,北京师范大学出版社 2011 年版,第 155—156 页。

实现城市空间景观更新,促进空间价值更加合理地分配,稳定有序地推进我国城市更新发展是更加彻底也更为根本的城市治理创新。

[本文系2020年度教育部人文社会科学研究青年基金项目“城镇化进程中的街面治理与公共空间秩序问题研究”(项目编号:20YJC840028)的阶段性成果]

城市健康治理视角下社区空间的营造逻辑与优化路径

——以上海市为例

尹　文*

[内容摘要]　我国城镇化程度和老龄化程度的不断加深，带来了社区健康服务的强烈现实需求。从健康治理的视角关注城市社区空间营造，可以为解决当前社会发展所遭遇的人力资本危机提供新的视角，又可为建设健康城市目标奠定基础。依据“健康中国战略”要求和“健康上海行动”方案等，在空间治理理论的指导下，本文构建了“社区空间—健康治理”的分析框架，旨在以社区空间为载体，以健康治理为目标，从空间塑造、空间修复、空间重构与空间正义四个层次寻求调动周边资源，实现有效的健康服务和健康保障等功用。在对上海市健康社区已有实践进行深度案例考察的基础上，本文提炼了空间正义导向下我国健康社区营造所内含的物质空间构建、社会空间修复和文化空间重塑三重逻辑理路，进而从空间资源配置、空间协同机制以及空间质量水平三个方面，探讨了当前我国健康社区营造的优化升级路径。

[关键词]　健康社区；空间治理；逻辑理路；优化路径

* 尹文，复旦大学国际关系与公共事务学院博士后。

一、文献综述与问题提出

近两个世纪以来，社会发展的两大显著趋势是城市化和人口老龄化，相伴产生的人口大规模且高密度聚集给城市的人居环境和人民健康带来巨大挑战。[①] 在世界卫生组织（WHO）的倡导下，健康城市理念被当代中国政府吸纳，成为“健康中国战略”的重要组成部分。[②] 社区作为城市社会的基本构成单元，健康社区也就成为打造健康城市的“细胞工程”。我国健康社区与健康城市同时起步，20 世纪 90 年代，北京、上海和苏州成为第一批健康城市建设试点城市，随后长春、成都和攀枝花等城市相继加入。在最初试点的上海和苏州健康城市建设中，建设健康社区被列为主要任务之一。[③]

（一）文献综述

健康社区是指一个以健康的生态环境、健康的个人身体、健康的个人心理、健康的邻里关系和健康的社区经济等要素为特点，并且社区居民充分参与社区治理与运营的社区。[④] 1989 年，美国卫生部正式启用了健康社区这个概念，并形成了全国性的健康社区、健康城市和健康州的系统性建设计划。经过 30 多年的推广，健康

---

① 胡晓婧、黄建中：《老年友好的健康社区营造：国际经验与启示》，《上海城市规划》2021 年第 1 期。

② 1994 年，世界卫生组织（WHO）将健康城市定义为一个不断开发、发展自然和社会环境，并不断扩大社会资源，使人们在享受生命和充分发挥潜能方面能够互相支持的城市。

③ 《上海市建设健康城市三年行动计划（2003—2005 年）》，《上海预防医学》2003 年第 12 期。

④ 吴一洲、杨佳成、陈前虎：《健康社区建设的研究进展与关键维度探索——基于国际知识图谱分析》，《国际城市规划》2020 年第 5 期。

社区运动至今已经覆盖全球50多个国家的3 000多个社区。[①] 此后随着实践发展,健康社区概念的内涵也不断丰富。目前,围绕我国城市健康社区营造的相关研究,主要从历史发展、功能定位以及措施机制三个维度展开。

一是健康社区营造的历史性反思。有学者对第三次鼠疫大流行期间孟买和香港这两座人口密集的城市社区防疫与净化行动进行了回溯。从1896年秋到20世纪20年代,经济繁荣使得大量贫困人口涌入孟买和香港这两座城市,他们发展为搬运工、纺织工、码头工和建筑工等职业工种,但由于缺乏合理的城市空间规划,造成了排水和通风不畅、四处污秽、营养不良、害虫肆虐以及严重的交通拥挤等问题。这些因素导致鼠疫在孟买的棚户区[②]和香港太平山的贫民窟反复暴发。在此背景下,印度卫生官员提出,要"努力消灭适合病菌生长的环境,找到降低病菌活力的方法",随后于1909年在孟买发起了消灭老鼠的社区行动。[③] 香港也是如此,每年鼠疫的中心疫区都在太平山附近的贫民窟。1898年,香港总督威廉·罗便臣(Sir William Robinson)采取了火烧、摧毁整个社区的方式来进行防疫,导致香港非疫区的租金上涨50%—75%,20世纪的太平山街区则在"灭菌大火"中化为废墟。[④] 早期健康社区营造往往忽略居民的日常健康需求和实际生活体验,相关历史研究为后续实践提供了宝贵的经验教训。

二是健康社区营造的功能性分析。起初关于健康社区的功能研究多着眼于社区整体,展现出普遍性的特点,集中在城市规划设计、社区适老化改造、儿童友好型营造以及居民健康影响因素等方

---

① Norris T., Pittman M., "The Healthy Communities Movement and the Coalition for Healthier Cities and Communities", *Public Health Reports*, 2000, 115(2-3), pp.118-124.

② 棚户区是印度政府为外来移民匆忙建造的廉价住所。

③ [美]弗兰克·M.斯诺登:《流行病与社会》,季珊珊、程璇译,中央编译出版社2022年版,第331—341页。

④ 同上书,第321—329页。

面。① 随着城市发展，功能研究开始转向个体、群体以及社会环境等多重维度，并立足于社区居民日常健康生活需求，从与健康相关的基础设施建设、土地综合利用效率、社区空间规划设计、基层医疗健康服务、居民生活环境和周边自然生态等方面展开探讨，原因在于我国健康社区与健康城市相伴而生，健康社区是健康城市在社区层面上实现的“细胞工程”，健康城市的多项工作在社区中进行，二者呈现局部与整体的关系，以健康为导向拓展周边区域的公共服务功能，同时连接着城市的各层级设施系统，形成服务网络，最终实现服务整个社区甚至更广泛的城市区域的目的。② 功能研究伴随实践发展表现出多元化、个性化和常态化的倾向，并结合城市更新的契机不断丰富其内容。

三是健康社区营造的措施性分析。相关研究多从具体机制方法及其效能展开，比如有学者认为，“健康上海 2030”行动方案最大的短板及最艰巨的任务是为社区居民提供整合型的卫生保健服务(integrated health care)，即从社区居民的实际健康需求出发，提供有针对性、灵活多样和高质量的整合健康卫生服务，强调以人为中心和鼓励当地居民主动参与。③ 还有学者通过对公共卫生数据的图像化表达与可视化分析，对健康社区的合理尺度规划提出建议。④ 有学者建议，引导社区医院积极参与基层生育空间的建构过程，缓减孕妇的生产焦虑，以形成更和谐的医患关系⑤，并认为

---

① 何灏宇、谭俊杰、廖绮晶等:《基于儿童友好的健康社区营造策略研究》,《上海城市规划》2021 年第 1 期。

② 孙文尧、王兰、赵钢等:《健康社区规划理念与实践初探——以成都市中和旧城更新规划为例》,《上海城市规划》2017 年第 3 期。

③ 吴韬主编:《大“医”思政——“健康中国”课程实录》,上海交通大学出版社 2021 年版,第 13 页。

④ 马琪芮、郑祺、宋祎琳:《公共卫生视角下的健康社区规划思考》,《建筑创作》2020 年第 4 期。

⑤ 曹慧中、杨渝东:《“生”的再造:医疗空间与生育焦虑》,《福建论坛》(人文社会科学版)2021 年第 5 期。

超大城市社区居民参与公共卫生治理的群防群控意识提高和机制,有利于引导形成有序的全民抗疫局面。[①] 措施性研究为当前和未来的健康社区营造提供了经验借鉴和优化思路,并逐渐展现出关注社会人文和多学科融合的趋势。此外,受突发公共卫生事件的影响,研究逐渐拓展到智慧建设、应急机制等方面。

(二)核心问题:为什么健康社区成为城市更新与空间营造的新趋势?

2015 年 10 月,党的十八届五中全会第一次提出“健康中国”的概念。2016 年 8 月,在全国卫生与健康大会上,习近平总书记率先提出要把人民健康放在优先发展的战略地位,这是党和政府第一次提出把人民健康放在战略地位,并且还是优先发展的战略地位。自“健康中国”上升为国家战略以来,健康城市和健康村镇就成为推进“健康中国”建设的两大载体。社区作为城市系统的有机组成部分和宏观社会的缩影,是开展健康城市建设的“细胞工程”。宏观上来说,健康城市理念的贯彻和规划实施依赖于社区,健康社区是微观尺度上对健康城市建设的支撑与补充,也是对健康城市规划内容的刚性承接,二者是“健康中国战略”在不同层面的具体落实。从治理视角来看,从健康城市到健康社区,是城市精细化治理进程不断推进的结果,反映了健康城市建设从示范引领到全面推进,从试点探索到不断成熟的过程。

与此同时,突发公共卫生事件对城市和乡村的差异化影响更凸显了城市本身的脆弱性。比如,1918 年大流感期间,发生疫情对于居住在大都市社区中的人来说颇为不利,数据显示,伦敦的死亡率远高于英国的平均水平,这进一步支持了城市逐级链条效应

---

① 胡新雨、高秀、李云伟等:《超大城市公共卫生社会治理体系之群防群控调查分析》,《中国卫生资源》2023 年第 1 期。

在大流感传播中的作用，而乡村地区不仅死亡率略低，每一波疫情发生的时间也稍有滞后。① 时隔百年的 2020 年，新冠肺炎疫情期间的数据也是如此。城市社区间流行病的传播更是在已有感染风险的人群中引发规模颇大且耐人寻味的反应，包括污名化、寻找替罪羊、集体歇斯底里、暴乱和逃离。② 再加之我国城镇化程度和老龄化程度的不断提升，也带来健康社区营造的强烈现实需求。习近平总书记强调，要“让广大人民群众就近享有公平可及、系统连续的预防、治疗、康复、健康促进等健康服务”③，这就要从关注 20%人群的疾病诊治扩展到 100%人群的健康关爱。为此，要实现三个战略转移：目标上移，从以疾病为主导上移到以健康为主导；重心下移，从以医院为主要基地下移到社区和家庭的基层健康卫生服务；关口前移，从聚焦疾病诊断治疗前移到疾病预防预测和健康促进。

综上，历史与现实、宏观与微观、规划与治理等多重因素，使得健康社区成为城市更新与空间营造的新趋势。

二、城市健康社区营造：基于空间治理理论的分析框架

空间社会学理论主要包括空间生产论和空间正义论，前者回答空间实践问题，后者诠释空间价值论问题。④ 19 世纪社会理论的历史被认为是“空间观念奇怪缺失的历史”，直到 20 世纪 70 年

---

① [澳]尼尔·约翰逊：《帝国黯然谢幕：1918—1919 年大流感与英国》，朱莹译，上海财经大学出版社 2021 年版，第 91—93 页。

② [美]弗兰克·M. 斯诺登：《流行病与社会》，季珊珊、程璇译，中央编译出版社 2022 年版，第 5 页。

③ 习近平：《在教育文化卫生体育领域专家代表座谈会上的讲话》，人民出版社 2020 年版，第 10 页。

④ 管其平：《空间治理：过渡型社区治理的“空间转向”》，《内蒙古社会科学》2021 年第 6 期。

代,社会科学领域才开始了一场“空间转向”,空间的重要性被不断提及,并迅速扩展到建筑、艺术、文学等各个领域,以列斐伏尔(Henri Lefebvre)、福柯(Michel Foucault)、苏贾(Edward W. Soja)等人的思想为代表。空间不再只是地理学、物理学的概念,也是政治学和社会学的概念。由于没有一个城市的规划能仅用二度空间(通过平面)来说明,只有在三度空间(通过立体)和四度空间(通过时间),它的功能关系才能被充分显示。① 于是,空间与时间也就成为理解治理的两个重要变量,“国家发展不仅在时间中延伸,也在空间中展开,空间如何被规划、被塑造,不是一个自然过程,而是一个治理过程”。② 在空间治理理论的指导下,本文构建起“社区空间—健康治理”的分析框架,探索以社区空间为载体,以健康治理为主要目标,调动周边资源实现有效健康服务和健康保障等功用。

从国家整体空间布局层面来看,中国大致沿袭了 1994 年 WHO 对健康城市的定义,并赋予了其中国特色。2015 年的《国务院关于进一步加强新时期爱国卫生工作的意见》提出,健康城市是卫生城市的“升级版”,同时,由于健康这一主题涉及多个领域,我国创新发展出“融健康于万策”这一政策思路。健康城市作为一个空间载体,承载各个可持续发展的目标,比如,通过城市中食品安全、水污染治理、医疗服务、健康社区、社会治理、气候适应、3R 社会建设、健康不平等问题的解决,来实现可持续发展的相关目标。全国爱国卫生运动委员会发布了“健康中国战略”的重点内容,包括健康城市和健康村镇两大块,其中,健康城市建设的重点是健康“细胞工程”——健康社区(图 1)。社区是城市最重要的构成单元

---

① [美]刘易斯·芒福德:《城市发展史——起源、演变和前景》,宋俊岭、倪文彦译,中国建筑工业出版社 2005 年版,第 325 页。

② 周光辉、隋丹宁:《当代中国功能区:破解发展难题的空间治理创新》,《国家现代化建设研究》2022 年第 3 期。

和细胞体,也是应对疫病群防群控的第一线和桥头堡,是阻击输入性传染的"最后一公里",是预防内源式传染的最坚强力量。从健康治理的视角关注城市社区空间规划,是未来实现健康城市建设的目标之需。

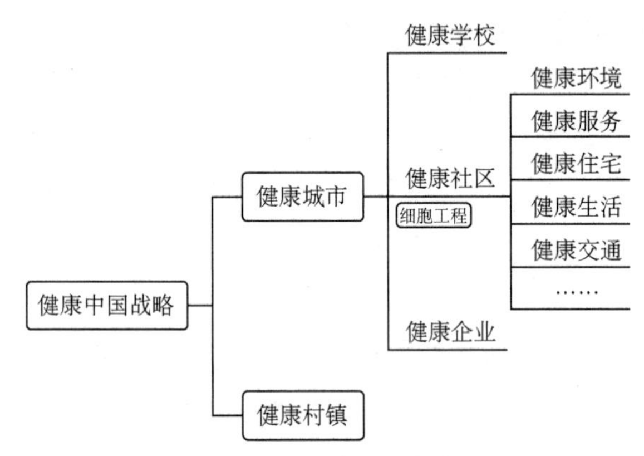

图 1 "健康中国战略"的空间布局

资料来源:根据"健康中国战略"的相关政策文本自制。

空间治理不是一个新名词,其脱胎于公共治理,可以说是从空间的视角补充和拓展了传统公共治理理论。在公共治理理论中,治理主体除了政府之外,还包括社会组织、团体、企事业单位、社区及个人等。空间治理同样强调多元治理主体的广泛参与,对象是社会空间,包含一切社会关系,主要包括空间塑造、空间修复与空间重构等方式。基于此,可以从空间塑造、空间修复、空间重构与空间正义四个层面,建构一个关于健康社区空间营造的"社区空间—健康治理"分析框架(图 2)。

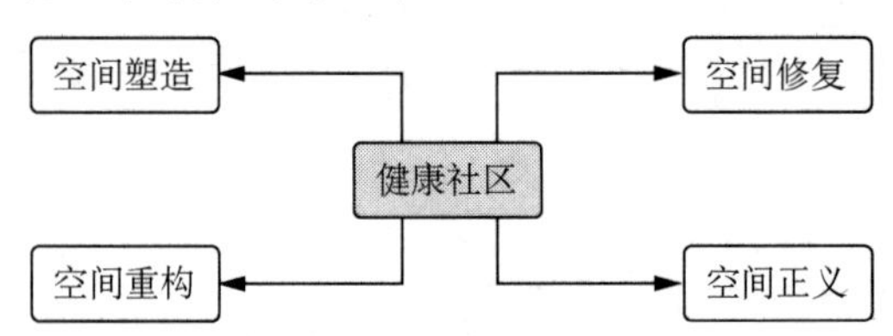

图 2 健康社区空间营造的分析框架

（一）健康治理的社区空间塑造

空间实质上能够表达社会关系、隐喻社会分层、呈现社会秩序，其可以通过自身的空间构造重新整合进入其中的社会关系与社会力量，进而形成新的社会关系与社会秩序。① 基于空间的可塑造性，空间塑造便成为空间治理的基本范式。空间塑造凝练着社会意识和社会行为，比如中国特色社会主义理论体系和中国式现代化道路，推动我国城市的基础设施和公共服务水平提高等。城市是大尺度的建设空间，社区是小尺度的生活场所。传统意义上，社区就是在一定的地理环境范围中，居住的一定量具有共同意识的人类群体，他们之间存在社会往来关系。现实意义上，社区是人们在城市生活的具象化空间载体，是人与他人、人与城市、人与社会发生关联的生活空间与公共空间。② 社区空间并非静止不变的，而是随着社区居民的活动而产生变化，呈现为可塑造、可建构的人为空间。与此同时，社区空间最重要的内核是治理，作为政党、国家与社会关联的社会治理的窗口，社区治理涉及党政、社会和市场的多元力量，呈现出互动性、开放性等特征。当社会广泛关注健康，党和国家层面也号召并引导健康生活理念和生活方式时，在这样的价值理念指导下，健康社区空间塑造就成为多方主体共同参与构建健康城市和健康中国、开展健康治理的基础工程。

（二）健康治理的社区空间修复

空间修复的概念源于大卫·哈维，其认为时间的加速和空间的缩减是资本主义空间生产在时空上体现的基本法则，因此，时

① 管其平：《空间治理：过渡型社区治理的“空间转向”》，《内蒙古社会科学》2021 年第 6 期。

② 何艳玲：《人民城市之路》，人民出版社 2022 年版，第 86 页。

间—空间修复是指通过延长资本周转的时间和地理扩张、空间重组和不平衡地理发展等手段来应对和解决城市空间生产中的过度积累问题。① 有学者认为，当前“城市病”的根源在于资本化空间对于日常生活空间的侵占，而如马克思所希望的实现人的“健康全面的发展”才应当是城市发展的第一需要。② 在健康治理的社区空间塑造之后，随着时间推移和城市发展，由于空间内的资源、资金、技术等存在非均质性，不稳定因素逐渐凸显，这就需要进行空间修复。本文主要通过援引哈维空间修复理念的部分内容，探讨如何减少甚至消弭法律法规、制度体系、资金支持、医疗水平、信息技术等空间层面的障碍，来修复在健康资源、公共健康服务、公民健康素养等方面存在的空间不均衡问题，从而实现对空间正义与社会公平的维护。比如，参考 21 世纪“5P 医学”的要求，即预测性(Predictive)、预防性(Preventive)、早干预(Pre-symptomatic)、个性化(Personalized)、参与性(Participatory)③，借助“科技 + 健康”等新技术手段，将其融入城市治理的数字化转型，来对健康社区既有的功能空间进行补充和完善。

（三）健康治理的社区空间重构

空间治理过程中的空间重构是一个破与立的必然阶段。从内部因素来看，当空间不再适应政治、经济、文化、社会等需要时，就会应运而生地进行自我调整甚至是重建；从外部因素来看，当受到人为不可抗拒的冲击，比如自然灾害、突发公共事件等，空间可能瞬间消失或转化。列斐伏尔认为，空间包含一系列国家和城市居

① 唐旭昌：《大卫・哈维城市空间思想研究》，人民出版社 2014 年版，第 81 页。

② 车玉玲：《空间修复与“城市病”：当代马克思主义的视野》，《苏州大学学报》(哲学社会科学版)2017 年第 5 期。

③ 何权瀛：《21 世纪医疗服务模式必须转变》，《医学与哲学》2017 年第 10 期。

民之间的互动、改变、冲突和斗争。[①] 英国学者约翰·伦尼·肖特(John Rennie Short)认为,在城市最基本的结构中,已展现着权力的分布,城市地形通常会刻上精英阶层权力的烙印,但是随着国家和城市政府的仁爱之心的失落,城市公共空间的创建和维持也越来越不利。[②] 从中国的实际情况来看,市场经济与单位解体同时而来,社会管理也逐渐走向了社会治理,不再以外在力量去维护社会秩序,更多地强调社会多元主体的共同参与。在这样的背景下,健康治理的空间分布、构成与运行,特别是传统的以场地为基础的治理单位,也会由于社会整体的重新配置与要素流动而发生巨大改变。此外,健康权利是人的自然权利,人类社会很早就认识并承认了人的健康权利,结合时代发展以健康社区实现空间重构,把优质的健康服务资源匹配到社区,融入社区居民的日常,助推人民健康事业。

(四)健康治理的社区空间正义

空间治理的根本目标和价值导向是空间正义。在资本主义城市中,居住空间的分化甚至成为阶级地位与身份的象征,但好处在于这使得资产阶级意图瓦解的工人阶级能够紧密联系与团结。有研究指出,马克思和恩格斯关于城市思想的现实指向在于通过揭櫫空间生产和空间资源分配的正义性来消解非正义,从而寻求空间内各个过程实现正义的可能。[③] 比如恩格斯认为,城市中的居住空间作为资本主义工业革命的产物,是一个具有阶级性、政治性和意识形态的空间,通过批判资本主义城市以居住空间的隔离来

---

① 参见[法]亨利·列斐伏尔:《空间与政治》(第二版),李春译,上海人民出版社2015年版。

② 参见[英]约翰·伦尼·肖特:《城市秩序》,郑娟、梁捷译,上海人民出版社2015年版。

③ 妥建清、高居家:《马克思的空间生产理论探绎》,《社会科学战线》2021年第1期。

划分社会身份地位的行为，表达了城市空间正义思想。① 在“共建共享，全民健康”的“健康中国战略”主题指导下，核心要义是以人民为中心，本质是要改善人民的健康状态，实现人口健康全覆盖，健康社区就成为全方位推动机制中的重要环节和基石工程。针对人民群众最关心的健康问题和影响健康的危险因素，采取有效的干预措施和卫生策略，不论是分级诊疗制度还是社区家庭医生机制，都是想要将优质的健康资源在社区空间内实现合理、公正的分配，让社会贫困阶层或弱势群体也能够平等地享有健康资源，避免空间剥夺或被边缘化，努力提高全民健康水平，构建全民健康社会。

三、上海市健康社区空间营造的现状考察

上海的城市发展愿景是“到2035年成为卓越的全球城市”，即创新之城、人文之城、生态之城。② 健康是城市的软实力，卓越的全球城市首先是一个健康城市，推进健康上海建设是上海迈向卓越全球城市的重要基石。上海的健康社区在全国也是先行先试，在空间营造与健康治理方面取得了不少实践经验。在此，以上海市为案例，尝试应用“社区空间—健康治理”的分析框架，具象化地呈现健康治理进程中社区空间的营造与运行机制。

（一）以社区为重要抓手的健康城市空间规划

从社会保障的角度来看，健康保障是维护公共健康的主要方式，需要相应的机制措施来保证实施。从社会稳定的层面来看，健

---

① 王志刚：《社会主义空间正义论》，人民出版社2015年版，第94页。

② 黄尖尖：《微更新，一种有温度的城市改造新模式》，《解放日报》，2017年5月9日，第007版。

康社区对实现“人人享有健康”的可及性和普及性具有重要意义，是实现健康公平的重要途径，也是城市居民获得健康这一基本权利的有效方式，发挥着“固本强基”的重要作用。上海作为一个具有代表性的超大型城市，在贯彻落实《健康中国行动(2019—2030年)》和《健康中国行动监测评估实施方案》的同时，根据实际情况推进实施《健康上海行动(2019—2030年)》，其行动部署主要分为四个层次，如同其他领域的社会治理，城市健康治理实践在个人与社会之间，依旧由社区这个重要的空间单元承载着重要的桥梁与纽带作用(图3)，社区作为人群集聚的空间，是解决城市发展相伴而来的健康问题的重要场域，健康社区的营造与发展也就愈发受到广泛关注。因此，上海市的健康治理从生产、生活、生态不同层面的空间规划布局上就将社区变为城市健康治理的重要实践空间。

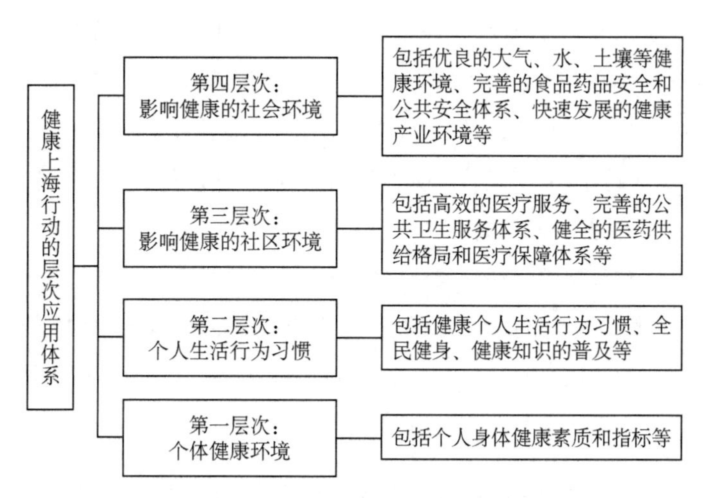

图3　健康上海行动的四个层次应用体系

注：参考健康上海行动监测评估文本自制。王玉梅、杨雄主编：《健康上海绿皮书》(2022)，上海人民出版社2022年版，第11页。

（二）以标准化建设为模板的健康社区空间再造

如前文所提，20世纪90年代，我国就开始推进健康社区建设。在30余年的实践中，上海作为健康城市样本，建设健康社区是工作中的重中之重。为此，上海持续推出了具体工作规范和行动指导意见，以标准化、规范化、公平可及的要求展开健康社区的空间再造。

一是做到健康社区空间硬件设施标准化配置。2018年，上海市发布了《社区健康咨询服务点工作规范》的地方标准，并于同年年底在全市建立4 518个社区健康咨询服务点，其中，162家已经开展标准化咨询点建设，基本上覆盖各区的社区。① 2021年，上海建成首批41家示范性社区康复中心，涵盖神经系统、骨-关节系统、慢性疼痛、儿童、老年肿瘤、中医康复治疗等，并根据各自特点拓展辖区的康复特色服务，如儿童脑瘫康复、盆底康复、心理康复等。

二是做到健康社区空间服务标准化。2011年，上海在全国率先开展家庭医生签约服务社区工作；2015年，还开展了"1+1+1"医疗机构组合签约，即家庭(社区)医生+二级医院+三级医院，形成"大手拉小手"模式。同时，研制心脑血管疾病相关检测标准化技术，为社区居民开展多轮肿瘤、慢性病早期筛查以及精准化生活方式干预等项目。在3家社区完成市级健康管理支持中心建设，在48家社区开展血压、血糖、体质指数(BMI)、肺功能、症状及生活方式等监测与随访管理服务的标准化服务技术应用，全市累计标准化服务120余万人次。②

(三) 以智慧健康服务为加持的社区空间赋能

数字技术推动远程医疗、线上健康社区等逐渐出现。恰逢上

---

① 王玉梅、杨雄主编:《健康上海绿皮书》(2019)，上海人民出版社2020年版，第4页。

② 王玉梅、杨雄主编:《健康上海绿皮书》(2022)，上海人民出版社2022年版，第12—14页。

海数字城市建设的契机，社区也逐渐成为数字技术赋能的智慧健康空间。社区居民不仅可以通过手机 App、微信公众号等多种渠道享受到远程医疗服务带来的“专家号”，还可通过居民健康信息的大数据分析，享受全方位、个性化的健康管理服务。比如上海的“智慧健康驿站”项目①，就在数字技术加持下实现了整合型的社区健康服务，其核心在于“智慧”，目的在于“健康”。社区居民可前往就近的智慧健康驿站，凭身份证、社保卡进行智能身份识别，自动新建或调用居民健康账户，自主选择获得 11 项自助健康检测、11 项自助体质检测和 15 项健康量表自评服务，产生的健康数据通过上海“健康云”汇集到居民的健康账户，专业人士根据检测结果，帮助居民对接适宜的健康服务资源。目前，上海已建成 195 家智慧健康驿站，基本上覆盖了各街镇。此外，还有实现生活饮用水的可视化监管“扫码知卫生”，基于上海市卫生健康监督综合应用平台“一户一档”信息系统，以居民住宅小区为单位，基本上实现了二维码全覆盖，以模块化、可视化、智能化的方式实现全市层面的生活饮用水卫生监督的组织、协调、研判和处置。②

（四）以基层健康共同体为导向的社区空间修复

随着城市的发展，不同社会群体享有健康的平等权力关系逐渐出现了空间隔离以及个体分化的情况，特别是中心与边缘的空间不平等情况的出现，在推进医疗资源布局均衡化、医疗服务能力标准化、基本公共卫生服务均等化等空间建构的基础上，打造基层健康共同体成为上海社区空间修复的重要实践。

---

① 智慧健康驿站是指通过智能化设备，运用互联网等信息化技术，为社区居民提供自助健康检测、健康自我评估与健康指导干预的场所。

② 《饮水卫生“码”上知，操作指南请收好》(2022 年 5 月 26 日)，上海市卫生健康委员会网站，https://wsjkw.sh.gov.cn/wszz-2022/20220629/8548a21cc7ec42a396419099739eeb80.html，最后浏览日期：2023 年 7 月 24 日。

一方面，激活社区空间，落实全民健康促进计划。上海在全市范围开展社区环境整治行动；实施健康教育工程；协同卫生部门，开展弱势群体健康监测；建立“学校-社区-家庭”联动机制，促进青少年健康成长；并以社区为核心、家庭为单位，以老人、妇女、儿童和慢性病人为重点服务对象，开展数字化健康管理等举措，为社区居民营造健康环境、追求健康生活提供必要的空间条件。另一方面，推动优秀传统中医药文化进社区，塑造全民健康共识。上海健康社区的亮点之一是鼓励海派中医在传承中创新发展。2023年，上海市已经建设了112家中医药特色示范社区卫生服务站，不仅为居民提供中医把脉问诊、刮痧、艾灸、贴耳穴等中医诊疗服务，还有教授五禽戏、八段锦、太极拳等实操锻炼、发放中医养生包、养生茶等健康福利。此外，还成立中医药文化科普巡讲团，由龙华、岳阳、曙光、市中医四家医院发挥中医医联体的牵头辐射带动作用，推出20个社区中医特色诊疗服务。这些举措既普及了中医保健知识，又推动了中医药健康养生文化融入社区，进一步提高了社区居民的健康素养。①

四、健康社区空间营造的逻辑理路

党的二十大报告在进一步部署增进民生福祉、提高人民生活品质的同时，着重强调推进健康中国建设，把保障人民健康放在优先发展的战略位置。② 从促进人的全面发展的角度来看，健康是必然需求；从经济社会发展的角度看，健康是基础条件；从民族昌盛和国家富强的角度看，健康是重要标志。社区是人民生活的载

① 具体数据参见“健康上海12320”公开发布的信息。

② 习近平：《高举中国特色社会主义伟大旗帜 为全面建设社会主义现代化国家而团结奋斗》，《人民日报》，2022年10月26日，第001版。

体，也是影响人民健康的重要空间。基于对上海先行先试健康治理实践现状的全面考察，结合国家健康战略布局以及各地的开展情况来看，健康社区营造存在着空间正义导向下的物质空间构建、社会空间修复和文化空间重塑这三个层面的共性逻辑。

（一）健康资源均等化的物质空间构建逻辑

物质空间即显性空间或硬性空间，这里指的是健康社区的公共建筑和社区配套设施等物质实体所组成的物理空间形态，该空间有着明确的界限和范围。越来越多的证据表明，身心健康与物质空间密切相关，包括人类改造的地方，如住宅、学校、工作场所、公园、工业区、农场、道路和高速公路。[①] 与此同时，健康中国建设作为重要国策，2016 年颁布的《"健康中国 2030"规划纲要》和 2019 年制定的《健康中国行动计划(2019—2030)》都将"基本实现健康公平"作为战略目标之一。[②] 因此，推进健康资源均等化的物质空间构建就成为我国健康社区营造的基础考量，也成为上海健康社区的空间布局和标准化建设的出发点。"健康公平"一方面包含了健康资源在社区范围内实现均等的覆盖和可达，例如，区域医疗中心制度在上海等城市均有实施。此外，还有在人口流入多、房价高的城市(如上海、深圳、重庆等)推广保障性住房制度，并配套相应的医疗卫生保障，让新市民或较低收入的市民也可以享受宜居的城市生活环境。另一方面包含了针对弱势群体的政策倾斜，使得每个人都有相同的机会达到自身的健康状态。特别是社会经济地位较低的居民自身获取资源的能力不足，对健康资源的获取更加

① Srinivasan Shobha, Liam R. O'fallon, and Allen Dearry, "Creating Healthy Communities, Healthy Homes, Healthy People: Initiating a Research Agenda on the Built Environment and Public health", *American Journal of Public Health*, 2003(9), pp. 1446-1450.

② 《"健康中国 2030"规划纲要》，人民出版社 2016 年版，第 3—4 页。

依赖于社区环境。例如,上海市松江区首创腹透技术下社区、慢阻肺分级诊疗信息平台、高血压远程监控平台、三级康复体系建设①,从而实现疾病的早期预防与主动干预,减少医疗资源浪费,改善社区健康状况。健康社区通过下沉健康服务资源,围绕社区不断提升与健康相关的基础设施建设,构建良好的物质空间,来为基本公共服务和社会公平正义提供“兜底”保障。

(二)健康生活普及化的社会空间修复逻辑

列斐伏尔曾经从社会关系的视角诠释了社会空间,认为空间不是社会活动的“容器”,而是社会关系和社会活动的产物,同时空间又生产着社会关系。② 因此,从社会空间层面看,相较于过去以医院、医生为中心的局面,推进健康生活的社区普及,一方面,响应了现代医疗社会史的呼吁,采取了一个更加以普通人、病人为中心的取向,有利于形成基层医患良性互动,缓解紧张的医患关系。③ 上海从医疗服务水平、健康管理理念、爱岗敬业精神、居民信赖程度、开拓钻研精神、良好沟通能力、疫情防控等方面,对家庭医生进行全面考量,遴选出具有扎根基层、乐于奉献的高尚品质的家庭医生,授予“上海市十佳家庭医生”的表彰,以激励更多的医务工作者投身社区健康服务。④ 另一方面,当社区交往中以健康生活为导向,以健康行动为媒介,这实际上给社区居民提供了重要的交流机会,亲朋好友可以联络感情,陌生人之间可以彼此认识,修复社区

---

① 《在更多人的“家门口”筑起慢性病第一道防线! 五个新城之一松江晒出健康样板数据》(2023 年 5 月 4 日),腾讯网,https://new.qq.com/rain/a/20230504A0511300,最后浏览日期:2023 年 7 月 24 日。

② 曾文、张小林:《社会空间的内涵与特征》,《城市问题》2015 年第 7 期。

③ [英]基尔·沃丁顿:《欧洲医疗五百年——1500 年以来的欧洲医疗社会史》,李尚仁译,上海社会科学院出版社 2021 年版,第 14 页。

④ 《2023 年“上海市十佳家庭医生”和“上海市优秀社区卫生管理者”推选结果出炉》(2023 年 5 月 18 日),上海市政府网,http://wsjkw.sh.gov.cn/gzdt1/20230518/bd15034718aa4425bcd88f843b79e099.html,最后浏览日期:2023 年 7 月 24 日。

的人际关系。正如学界有研究建议引入家庭医生为社区提供健康管理，以及关注社区的物质环境和社会环境对居民健康的邻里效应等。[①] 上海正是把焦点从“治病为中心”逐渐转移到“人民健康为中心”，主要通过建立健全健康教育体系，潜移默化地提升全民的健康素养，推广普及健康的生活方式来实现。比如，开展社区体育服务配送，实现街镇全覆盖，让市民体质达标率稳居全国前列等，这些都悄然地影响着人们的行为、生活以及社会关系的发展。

（三）健康价值共识化的文化空间重塑逻辑

文化空间是健康社区营造过程中重要的精神文化场域，体现着个体的价值观和群体的共识度。同时，社会空间能够通过培育主体实践能力反向推进物质空间和文化空间的构建。[②] 我国健康社区营造首先是自下而上地形成对健康价值的广泛重视，树立起人民幸福生活最重要的指标就是健康的观念。[③] 习近平总书记曾对科技创新作出坚持“四个面向”的战略部署，其中之一就是“面向人民生命健康”。[④] 对个人来说，没有健康，幸福无从谈起；对整个国家来说，没有国民整体健康，就难以实现高质量发展，也难以达成真正的共同富裕。因此，包括上海在内的大部分城市都把生物医药产业作为未来经济发展的支柱性产业。其次是从文化概念中培育群体健康认知，以及重塑传统中医药的文化自信。芭芭拉·里科尔-鲍尔（Barbara Rylko-Bauer）和保罗·法默（Paul Farmer）提出：“将生物、文化和社会因素结合起来将有助于对疾病的本质建

---

① 唐妍：《健康中国视角下社区景观营造研究》，《中阿科技论坛》2021年第1期。

② 张琦、杨铭宇：《空间治理：乡村振兴发展的实践路向——基于Q市“美丽乡村建设”的案例分析》，《南京农业大学学报》（社会科学版）2021年第6期。

③ 习近平：《在教育文化卫生体育领域专家代表座谈会上的讲话》，人民出版社2020年版，第9页。

④ 王志刚：《坚持“四个面向”的战略方向 开启建设世界科技强国新征程》，《旗帜》2020年第10期。

立独特的理解，从而有助于构建有效且公平的国家卫生保健系统。”①比如，关注社会文化对于健康感受与疾病症状的理解方式，从社区层面做好系统性健康教育，促进健康行为与技能养成；以及在社区发挥中医药在治未病、慢性病、康复养生中的重要作用，上海社区构建中医药特色卫生服务站和实施中医进社区等做法，使中医药成为群众促进健康的文化自觉与自信。最后是重视社会对健康价值观念或评价标准的反馈以形成共识。比如，面对过分追求以瘦为美的风气，通过丰富多彩的社区健康活动来引领重塑社会健康审美观发展。

五、完善健康社区空间营造的优化路径

有句西方谚语叫做“You are what you eat”（人如其食），相应地，我们生活的社区空间也塑造着我们的健康，可以说“You are what you live”（人如其居）。社区作为城市居民进行日常活动的主要空间，是体现城市人群物质文明和精神文明的窗口。相对而言，上海具备优越的健康资源条件和较高的人口健康素养，是较早开展由政府主导健康社区空间营造行动的城市，目前主要健康指标已连续多年达到世界发达国家和地区的水平。但要有效地治理社区空间在发展中面临的多重健康问题，仍旧需要跳出“公式化”“流程化”甚至“形式化”的困境。应立足中国式现代化发展和人民美好生活的需求，将社区空间看作健康治理的场域与单元，从健康平等和空间正义的立场出发，构建起回应“健康中国战略”的资源配置格局、治理协同机制和高质量服务体系的社区空间样态，以提升城市社区健康治理的效能。

---

① 左伋主编：《医学人类学》，复旦大学出版社2020年版，第8页。

（一）优化社区空间健康资源配置格局

从社区空间健康资源配置结构上来看，当前仍然存在不均衡的现象：基层资源配置相对薄弱，尤其是优质人才资源尚未到位，导致社区卫生服务中心提供的常见病治疗服务达不到居民预期；优质医疗资源主要集中在中心城区及其周边地区，郊区资源配置相对不足；市场化健康服务机构体量小、实力弱；公共卫生、康复护理等较之医疗资源配置相对滞后。比如，上海家庭医生签约工作在社区不断推进，但全科医生、儿科医生以及护士等仍旧有很大的缺口；此外，上海中心城区只有600多平方千米，大部分是郊区，虽然有建设五大新城、开展远程医疗服务、建立三甲医院分院区等举措，但健康社区的营造较之市区还是差距较大。

一是完善以市级医学中心为支撑、区域医疗中心和区域专科医院为骨干、社区卫生服务中心为基础的三级医疗服务体系框架；并让三级医疗服务体系更加均衡，推进诊疗人次能够让三级、二级和社区各占约三分之一。① 鼓励从三级医院到社区卫生服务中心都能够参加医联体建设，以有效地推动健康工作重心下移和资源下沉。二是既往健康社区在资源寻求和沟通协调过程中，多关注公立医疗资源，应注重支持社会参与。健康产业发展中一个重要支撑就是社会办医，比如特需就医、外籍就医等，都需要社会办医来作为补充覆盖，需要积极引导社会健康组织以及健康促进机构参与社区健康服务。三是分散城市卫生健康的公共服务功能，防止机构上的臃肿重叠和不必要的长时间交通往返，使社区能够均等、便捷地获得健康资源等，推动健康资源配置在社区空间的优化升级。

---

① 王玉梅、杨雄主编：《健康上海绿皮书》(2019)，上海人民出版社2020年版，第12—13页。

（二）调适社区空间健康治理协同机制

伴随社会发展而来的人口老龄化和疾病普遍化，使得多元化健康服务需求开始在社区不断出现。改革开放前生活水平普遍较低，广大人民群众对健康的需求一般是求医问药、防病治病；随着生活水平、人均寿命以及健康意识的提高，除了既有的基本医疗卫生需求，也有减肥美容、慢性病康复、强身健体、突发应急等更高层次的健康需求，这就需要以高质量的协同机制实现社区空间的健康合力。目前，“健康上海行动”仍以卫生部门的力量为主，除了政府增加投入，提供更多的政策支持和保障外，还要大力倡导基层社会协同共治。

一是优化多元主体协同治理机制。当前的健康资源整合系统主要以医院为基础，在健康社区空间营造中，应逐步转向以社区及家庭为基础，通过多学科、跨部门、跨系统的协同联动机制，尽可能地在社区和家庭提供健康服务，跨越初级卫生保健、医院诊治、家庭与生殖健康服务、慢性病防治、社区照护、老年关怀与社会服务的界限，推动与健康相关的多元主体在社区空间实现有效衔接和有机融合。二是推进数字技术与医疗健康协同发展机制。在多元主体协同机制的基础上，借助数字技术发展的东风，推进基层智慧健康治理联动协同机制的进一步发展，打破部门存在的制度障碍，将不同应用系统之间、不同数据资源之间、不同终端设备之间、不同应用情景之间、人与机器之间、科技与健康之间等在社区空间层面实现全方位的协同。三是提升中西医结合协同机制。党的二十大报告提出“促进中医药传承创新发展”①的重要论述，而中西医结合正是中医药传承精华、守正创新的生动实践，根据人民健康需

---

① 习近平：《高举中国特色社会主义伟大旗帜 为全面建设社会主义现代化国家而团结奋斗——在中国共产党第二十次全国大会上的报告》，人民出版社 2022 年版，第 49 页。

求，推动综合医院与基层社区门诊中西医协同诊疗机制，可以让传统中医药文化配合现代医疗技术、仪器设备等发挥重要作用。四是完善常态与应急协同机制。党和政府多次强调要建设“平战结合”的公共卫生治理体系，完善常态与应急相配合的机制体系。在社区层面要以整体性和动态性理念，于日常健康管理工作外，借助跨部门的联防联控机制开展高效应急处置，持续地推进信息化建设和数字化手段，提高社区健康监测数据的录入效率和利用率。

（三）提升社区空间健康服务质量水平

社区是健康产业链和医疗卫生服务体系的终端落实空间。但社区健康服务领域目前仍面临诸多问题，除了资源有待继续下沉，还有人才队伍建设存在短板，比如人员力量不足、流动频繁、专业水平和上升渠道等都需要进一步优化，以及社区健康参与内生动力还需进一步激活等，比如上海社区康复医师和康复治疗师、社区口腔医师、社区心理健康促进人员的流动性较高、缺口较大，应从多渠道采取相应的措施进一步提升社区空间健康服务的质量水平。

一方面，加强基层医疗健康服务的人才队伍建设。通过建立健全适应新时代基层医疗卫生人才队伍发展的保障体制、激励机制和管理制度，比如为社区医生群体构建单独的规培制度，晋升政策和薪酬体系等，逐步提升基层医疗卫生机构特别是社区卫生服务中心（站）引才留才的吸引力，提高基层医务人员的待遇保障水平和人才培养力度，夯实社区健康服务的人才队伍基础。另一方面，提升社区健康共同体意识，激活社区健康服务的内生驱动力。居民的主动参与（active participation）和自主意识（independence）是社区健康治理能够真正取得成效的关键因素之一。社会生产发展是依靠人来推动的，建立健全医疗健康服务，可以保证每一个具有生命的生产个人有健康的体魄参与社会改造活动，要注重健康社区社会资本建设。上海杨浦区殷行街道成立了健康睦邻共同体，尝试汇聚辖区与健康主题相关的各部门、所办院队、驻区单位、居民区、志愿团队、居民等力量，同时打造全市首家市民健康党群服务站，首次发布由20个健康实事项目构成的健康社区地图，创设“五彩”功能分区，满足不同人群的健身健康需求。① 通过组织体育活动、建立健康小屋、促进各种居民健康自组织，共建共治提升抵御健康风险的能力，使社区空间形成一个有机的健康资源互动和健康服务自助系统。

六、结语

城市作为人类现代化健康生活的承载空间，越来越多的健康问题伴随着城市化与老龄化进程开始显露。基于当前城市健康治理的实践与问题，空间理论视角能更充分地诠释治理机制的影响因素，也能为健康治理机制创新提供新视角。本文通过对上海市健康社区的考察，结合空间治理相关理论，分析思考了三个重要问题：第一是从多重视角分析国家在健康治理领域的空间规划布局，明晰健康社区成为城市更新与空间营造新趋势的缘由；第二是设计“社区空间—健康治理”的分析框架，结合上海实践解读健康社区如何按照物质空间、社会空间和文化空间的营造逻辑展开有序运作；第三是社区空间作为健康治理的基本单元，只有把健康资源的物质空间、健康治理主体的关系空间以及人民的健康文化空间共同纳入空间治理实践，才能更好地实现健康美好的现代

① 黄尖尖：《上海首家市民健康服务站开在这个“人口大居”，家门口享受健康师面对面指导》（2022年2月28日），上观新闻，https://export.shobserver.com/baijiahao/html/456247.html，最后浏览日期：2023年7月24日。

化生活。此外,日益增高的人口密度改变了社会生活模式,进而也使城市的社会结构发生变化,包括更加细化的劳动分工与社会分层,这使得城市人群的健康状况更加复杂多元。未来,应该进一步探索激活健康社区空间的主体性建构以及各层级社会关系的联结机制。

研究论文

党建引领如何助力基层政策执行？

——基于“模糊-冲突”模型的案例分析

徐国冲[*]　苏雅朋[**]

[内容摘要]　党建引领是打通基层政策执行“最后一公里”的强劲抓手。党建引领是如何推动基层政策执行的？本文以修正后的“模糊-冲突”模型为框架，通过对X市老旧小区改造政策在B社区落实前后的历时性比较发现，早期政策执行秉持行政主导逻辑，政策目标与工具的高模糊性，以及主体间改造需求与利益偏好导致的高冲突性致使出现象征性执行模式。而在后期的改造过程中，B社区政策执行以党建引领的政治逻辑为主导，达到明确目标体系构建、清晰政策工具选择、缓和执行主体冲突等执行成效，逐渐向行政性执行模式过渡。案例研究表明，政治引领机制、信任建构机制以及责任共担机制是党建引领老旧小区改造项目执行的具体机制。这三种机制相互配合，为理解基层政策执行提供透视中国特色的“中国之治”的钥匙。

[关键词]　党建引领；政策执行；老旧小区改造；“模糊-冲突”模型

---

* 徐国冲，厦门大学公共事务学院（厦门大学政府绩效管理研究中心）教授、博士生导师。

** 苏雅朋，南开大学马克思主义学院硕士研究生。

一、问题的提出

基层治理是国家治理的基石，而基层政策执行长期存在着“最后一公里”的困境。① 如何破解这一难题？随着“加强城市基层党建”时代性命题的提出，基层党建引领成为破解基层治理难题、引领社会治理创新的强劲抓手。那么，党建引领是如何推动基层政策执行的呢？这一理论命题需要得到实践情境的检验。

诚然，老旧小区改造是我国保障民生、改善环境的重要举措，也是城市治理中的“老大难”问题。2020 年下半年，为响应中央政策，地方政府纷纷出台老旧小区改造相关政策，其中，X 市 B 社区作为最早一批 X 市老旧小区改造的试点区域，成为改造当中的典型代表。笔者深入调查 B 社区小区改造的实践发现，在老旧小区改造政策下达社区初期，该社区前期面临物业服务缺位、社区管理失序、利益矛盾凸显、治理效能低下等困境，改造项目迟迟无法落地，各项工作推进十分缓慢。但是，自 2021 年来，街道通过向党组织借力，发挥党建引领的核心作用，实现社区治理蜕变和成功转型，不仅高效地执行老旧小区改造的各项任务，实现社区面貌的整体提升，而且得到居民的积极响应与认可，社区内主体矛盾缓和，社会资本增强。基于此，本文提出以下问题：在过去几年的社区更新管理实践中，B 社区是如何实现老旧小区改造项目从前期政策模糊到后期的成功落地，其背后党建引领基层政策执行发挥着怎样的作用？换言之，在基层政策执行面临多重困境的背

① 连宏萍、贾平、刘志鹏：《如何走好“最后一公里”？——基层政府创新的“制度适应”机制》，《中国行政管理》2021 年第 10 期。

景下,党建引领是如何发挥制度优势,推动老旧小区改造项目顺利落地的?本文将以X市老旧小区改造典型案例B社区的成功实践为例,以修正后的"模糊-冲突"模型为基础,通过比较小区改造前后的情境,尝试对党建引领如何助力基层政策执行作出学理性分析。

二、文献综述、分析框架与案例引入

政策执行作为政策过程的重要组成部分,基层政策执行的相关研究备受关注。现有研究逐步引入执政党这一关键变量,来破解基层政策执行难题。本文在考察既有研究的基础上,提出修正的"模糊-冲突"模型,结合X市B社区的案例展开实证研究,尝试超越"就党建谈党建"的已有做法。

(一)文献回顾

1. 党建引领与基层政策执行

政策执行是公共政策的重要一环。在政策执行场域中,政策执行模式因势而变,公共政策执行模式演化的动态现象一直是理论界经久不衰的话题,基层政策执行困境与突破的相关研究依然具备极大的研究潜力。

作为发端于西方学说史的"国家-社会"分析范式,西方国家强调公民社会的概念,认为公民是推动基层社会治理的主要力量,这一理论观点曾对我国基层治理的研究产生深远影响。但随着基层治理问题讨论的微观化、实践化,越来越多的学者意识到,将国家与社会的二元对立或二元互动视作城市治理与基层治理的切入点,很难深入社会行动的微观实际,一定程度上导致了中国共产党作为执政党在中国权力体系和治理实践中发挥的重要作用被忽视。[①] 党的领导作为中国特色社会主义最本质的特征，公共政策在基层执行的过程不是一个脱离政治、纯粹的行政执行过程，而是一个以党领政，政党参与政治意志的传达的过程。事实上，从中国的政策过程来看，政党既是决策制定中的关键主体，也是推动公共政策落地、促进政策稳定有效执行的重要主体。就中国的制度环境而言，无论是以科层制的自上而下的层级压力还是以自下而上的社会动员的角度考察基层政策执行的管理进程，都不可避免地要关注政策执行中政治因素发挥的影响。

党建引领作为破解基层政策执行问题的重要抓手，现有研究试图通过对具体政策的执行逻辑分析，来窥探党建引领的作用机制。

作为政策执行的前提性思考，地方官员在面对多元化政策议题时，容易遇到政策注意力配置“失灵”的困境，因而出现决策执行偏好、资源错配搁置等问题。[②] 针对这一困境，阮海波提出党的领导的注意力分配影响政策执行速度，可以以党委的政治权威有效地强化工作重点，以结构性政治势能催生集体行动的开展。[③]

（1）基于组织学的视角。

组织学视角强调基层党组织作为基层社会场域的“组织领头羊”，通过强化党建引领的政治功能，激活社会内生动力，推动相关社会组织参与治理进程。学者从“组织-嵌入”的视角解释党建引领的结构逻辑。嵌入理论将党组织视为嵌入国家行政体系和基层社会关系网络的行动主体，推动基层党组织以结构、功能、关系、认

---

① 刘伟、刘远雯：《基于经验校准的理论重构——近年来城乡基层“治理重心下沉”话语再审视》，《贵州大学学报》（社会科学版）2023 年第 5 期。

② 燕阳、杨竺松：《地方领导干部政策注意力配置“失灵”现象及其治理》，《学海》2022 年第 5 期。

③ 阮海波：《政治势能的阶梯：走出多重制度逻辑之困——以 G 县 P 村脱贫攻坚政策执行为例》，《天津行政学院学报》2023 年第 5 期。

知嵌入等多种方式嵌入社会治理中。① 然而，“嵌入式”党建模式本身将党组织视为外部变量，仍旧以“国家-社会”为思考维度，并非真正将政党纳入分析维度。因此，有学者提出，党建引领能够通过调动各部门中党组成员的积极性，打破部门界限，吸引党政部门之外的人大、政协和人民团体等参与政治过程，以履行沟通、参与、援助等功能②，同时，通过调动社会组织内党员干部的积极性，引导激励社会力量发挥专业服务参与基层治理③，更好地推动基层社会对于政策的理解认识与执行落实。

(2) 基于制度设计的视角。

在制度设计层面上，党建引领在减少信息传递偏差和整合服务资源中发挥着重要作用。

基层党组织能够通过构建有序的信息沟通渠道，减少信息传递偏差，提高信息的真实度和可信度。传统的基层治理体系奉行“管理驱动”的行政规则，基层治理呈现出平面、封闭的运行特点④，层级间缺少互动沟通，政策思想传递偏差，信息上报渠道堵塞的现象时有发生。如今，随着信息化的高速发展，基层党建正借助技术革命，从纵向维度上突破传统基层党组织单向传递的线性结构，通过电子化工作平台，将党员管理、学习教育、信息发布等功能融合在一起，让信息直观、原始、照本传递出去，基层党员可以随时了解党委工作动态，扩大普通党员对党内事务的参与度与介入

---

① 孔娜娜、张大维：《嵌入式党建：社区党建的经验模式与路径选择》，《理论与改革》2008 年第 2 期；许爱梅、崇维祥：《结构性嵌入：党建引领社会治理的实现机制》，《党政研究》2019 年第 4 期；王东杰、谢川豫：《多重嵌入：党建引领城市社区治理的实践机制——以 A 省 T 社区为例》，《天津行政学院学报》2020 年第 6 期。

② 束赟：《政治结构、行动者与组织力——基于上海市街道党建引领基层治理体制的分析》，《新视野》2021 年第 4 期。

③ 郭明：《基层党建引领韧性社区治理的新挑战与新路径研究——以石家庄市裕华区为例》，《中共石家庄市委党校学报》2023 年第 5 期。

④ 潘鸿雁、潘立争、刘欣雨：《基层智慧党建运行的内在逻辑——以上海市 H 党群服务站为例》，《中共云南省委党校学报》2023 年第 4 期。

感[1],建立立体、开放的新型治理体系。[2] 此外,中国共产党在长期的革命与建设实践中,逐步构建科学有效的沟通机制,积累丰富的党群沟通经验。[3] 相较于传统的“指令-服从-执行”的党群管理,党群沟通充分展现民主、协商、平等的精神和价值,坚持党的群众路线,了解政策在基层执行过程中遇到的梗阻,真正为民众排忧解难。[4]

基层党组织在整合服务资源上具有更为优越的体制特征与制度优势。[5] 基于“权力-资源”的视角,党建引领借助党组织的输入媒介,以权威、人力、制度等治理资源的投入实现授权赋能[6],并拥有融合基层城市与基层文化、信息、服务、情感、宣传等多种资源的能力。[7]

(3) 基于个体行动者的视角。

党员干部作为构成党的整体的核心要素,加强对党员干部的组织动员,能够进一步提升干部素质,不仅可以带动基层行政干部提升政治素养与工作能力,还能够在群众中充分发挥示范引领作用,提高政策任务的执行效率。[8] 基层干部作为公共政策落实在

---

① 柯红波:《重建公众与政府间的信任关系:西方的经验》,《中共浙江省委党校学报》2010 年第 4 期。

② 潘鸿雁、潘立争、刘欣雨:《基层智慧党建运行的内在逻辑——以上海市 H 党群服务站为例》,《中共云南省委党校学报》2023 年第 4 期。

③ 王宝治、何晓岳:《功能视角下中国共产党党群沟通百年回顾及路径展望》,《河北师范大学学报》(哲学社会科学版)2022 年第 2 期。

④ 杨新红:《党群沟通:目标取向、运行机理及优化策略》,《理论导刊》2015 年第 12 期。

⑤ 何得桂、夏美鑫:《回应性治理视野下创新基层社会治理的路径和机制》,《西北农林科技大学学报》(社会科学版)2023 年第 4 期。

⑥ 魏来、徐锦杰、涂一荣:《党建引领基层治理:实践机制与组织逻辑》,《社会主义研究》2023 年第 1 期;吴磊、施敏:《生成性治理:党建引领基层治理的实现逻辑及其展开》,《上海大学学报》(社会科学版)2023 年第 5 期。

⑦ 潘博:《打造枢纽空间:破解城市社区党建引领“悬浮化”困境的有效路径——基于 W 市 J 区的实践考察》,《学习与实践》2023 年第 8 期;王智强、陈晓莉:《党建引领城市社区治理:实践经验、现实困境与提升路径》,《理论导刊》2022 年第 9 期。

⑧ 王欢明、刘梦凡:《基层党建何以引领公共服务合作生产以促进城市社区更新?——以老旧小区电梯加装为例》,《广西师范大学学报》(哲学社会科学版)2022 年第 6 期。

基层的办事人，是基层民众心中的政策代言人。基层干部特别是面对政策实践难题的一线干部，其思维方式与工作能力直接影响着他们执行策略的态度和选择①，丁知平提出下沉干部能够培养锻炼基层干部，巩固基层政权。② 连宏萍发现X县通过设立脱贫工作委员会动员党员干部，使其在群众中发挥示范带头作用，动员群众充分参与农村治理过程。③

2. 文献述评

综上所述，与既往政策执行研究聚焦府际组织和上下级互动相比，学界正逐步将政党带入基层政策执行过程，关注政党在基层政策执行中发挥的重要作用。但是当前有关党建引领助力政策执行的研究，多侧重于党建引领模式本身的机理与影响，一定程度上忽视了党建引领对于政策过程特别是政策执行的作用。此外，在学界对基层政策执行困境及突破路径的考察中，多视基层党组织建设为破解路径之一，较少关注党建引领在微观机制维度拥有引领政治思想建设、建立稳定信任关系、激活内生治理结构等全方位的制度形态优势。因此，聚焦党建引领如何助力政策在基层的执行和落实，不仅能够从理论层面丰富政策执行的相关理论，更可以深化总结中国之治的地方实践经验。

（二）分析框架："模糊-冲突"模型及其适应性修正

从政策执行途径的发展脉络来看，西方国家先后经历第一代"自上而下"、第二代"自下而上"和二者整合三个研究阶段。马特

① 樊红敏、王怡楚、许冰：《县域精准扶贫政策执行中的干部主动性：一个创造性执行的解释框架》，《中国行政管理》2023年第5期；周雪光：《基层政府间的"共谋现象"——一个政府行为的制度逻辑》，《社会学研究》2008年第6期。

② 丁知平：《干部下沉：中国共产党破解基层治理难题的有效机制》，《公共治理研究》2022年第1期。

③ 连宏萍、贾平、刘志鹏：《如何走好"最后一公里"？——基层政府创新的"制度适应"机制》，《中国行政管理》2021年第10期。

兰德(Matland)根据组织理论,以政策的模糊性和冲突性为维度,创造一个基于政策模糊与冲突维度的 2×2 的矩阵,形成四种不同的“政策脸谱”。[①] 马特兰德认为,政策执行的模糊性主要表现为政策目标和政策手段的模糊性。新政策往往为政策合法化而采取目标模糊的便利手段。手段模糊是指在不具备实现政策目标所需技术,或复杂环境使得各主体在执行过程中不确定使用某种政策工具时,政策手段产生模糊。[②] 政策执行的冲突性则主要体现为政策执行主体间的价值冲突和利益冲突,具体体现在目标上的互不兼容和政策手段上的争执。

基于此,马特兰德将政策执行划分为四种执行类型,即行政性执行、试验性执行、政治性执行、象征性执行,并阐述每种执行类型的特点及影响每种执行过程的支配性因素,如图 1 所示。

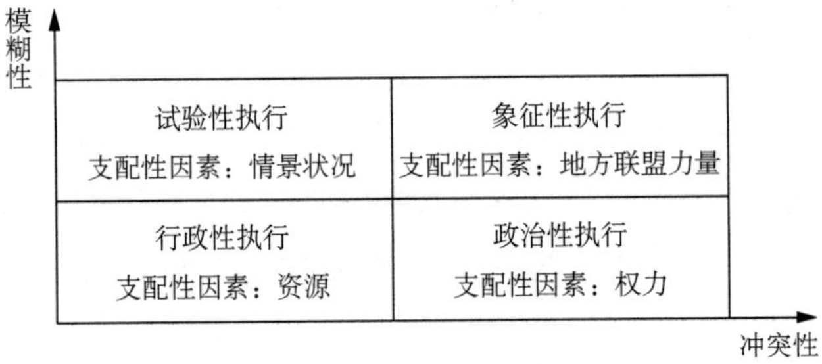

模糊性

试验性执行 支配性因素:情景状况	象征性执行 支配性因素:地方联盟力量
行政性执行 支配性因素:资源	政治性执行 支配性因素:权力

冲突性

图 1 马特兰德的“模糊-冲突”模型

资料来源:Matland R. “Synthesizing the Implementation Literature: The Ambiguity-Conflict Model of Policy Implementation”, *Journal of Public Administration and Research*, 1995, 5(2), pp. 145-174.

模糊-冲突框架受到国内学者的广泛使用和进一步修正。袁方成指出,在同一政策执行周期内,执行模式也可能发生动态转

① 孙玉栋、庞伟:《财政分权视角下市民化政策执行的类型研究——基于“模糊-冲突”模型》,《中国人民大学学报》2020 年第 2 期。

② 苏琴:《政府购买服务过程中的政社互动策略研究》,重庆大学公共管理专业硕士学位论文,2021 年,第 14 页。

换。① 王洛忠根据“限塑令”执行环境，提出政策模糊性与冲突性的指标，认为政策经由中央政府逐步传递至省市级部门和基层政府时，政策执行模式先趋向试验性执行，后逐步趋向政治性执行。②

由此可见，马特兰德并没有提出模糊性与冲突性的测量标准，首先，为提高分析的科学性，本文在借鉴文献研究的基础上，结合实证案例制定测量维度，以此发掘政策执行中“模糊性”与“冲突性”的变化。

其次，动态框架的修正。有学者指出，“模糊-冲突”模型只适用于静态分析，当政策执行环境发生变化时，框架就失去了解释力。为了增添框架分析的实用性，本文认为，政策执行在四个象限的“落地点”并非一成不变，随着政策环境的调整，执行模式可以发生转变，能够实现一种执行模式向另一种模式的转变。

最后，支配性因素的调整。马特兰德认为，当政策执行模式倾向于象征性执行时，执行情境的支配因素为联盟力量。但是，地方联盟力量作为西方语境下的概念，并不适用于我国基层社会的治理情境。本文认为，老旧小区改造政策在基层执行时，当政策执行面临高模糊与高冲突时，决定执行要素为基层社会资本。

总的来说，模糊-冲突框架作为政策执行研究第三代的代表，突破了与第一代、二代执行理论研究视角的局限，为政策执行提供更合理的解释，但是该模型存在的局限也显而易见：第一，模糊性与冲突性的衡量缺乏客观标准，研究将根据政策执行的具体环境进一步界定标准；第二，模糊-冲突框架是对多类执行模式展开静态分析，本文为解释政策执行模式转换的路径，将通过党建引领老

---

① 袁方成、范静惠：《政策执行模式的转换及其逻辑——一个拓展的“模糊-冲突”框架》，《中国行政管理》2022年第3期。

② 王洛忠、都梦蝶：《“限塑令”执行因何遭遇阻滞？——基于修正后“模糊-冲突”框架的分析》，《行政论坛》2020年第5期。

旧小区改造前后的实践对比,观察执行环境的变化及其背后原因。

不可否认的是,“模糊-冲突”模型通过分类的方式,比较和分析组成不同政策执行模式的内在动力和外在因素。它认为政策的执行成效,不仅受到政策系统本身制度的约束和支配,外界环境也会频频与政策执行系统展开互动。老旧小区改造不仅涉及建设局、财政局、街道等行政单位,还会与业委会、参建方、社区居民等展开互动。老旧小区改造政策在基层执行既要关注行政中的政治考量,也不能忽视街头官僚与普通民众的利益博弈。“模糊-冲突”模型能够充分考量政策执行中正式制度与非正式制度因素,为政策执行分析判断提供充足的弹性空间,是本文理论基础的不二之选。

(三)案例引入:B社区概况及改造背景

X市老旧小区改造工作起步较早,2015年开始试点,2016年在全市推开。B社区位于中心城区,紧邻商圈和学校。小区内共有居民楼49栋,约1 732户居民,其中,约1/3的居民为流动人口,是所在街道中较大的居民聚集区。B社区的房屋多为20世纪80年代初期建造而成,房屋陈旧,设施老化,楼道内不仅堆积大量物品并造成环境杂乱,还严重影响住房质量,甚至引发邻里纠纷。长期以来,B社区公共事务治理呈现细碎化、失序化以及强情感化等特征。此外,B社区的居民中老年人占比较高,居民多存在传统的思维模式,社区服务资源匮乏,改造需求日益迫切。

面对居民强烈的改造诉求,虽然政府有意投入精力进行改造,但是由于社区管理失效、资金约束、居民参与不足等因素,社区改造进程并未得到实质性推进。随着2020年X市出台老旧小区改造工作实施方案,B社区在总结经验的基础上,充分尊重民意,突出党建引领,打造全面升级的小区治理。

在案例选择方面,本文充分考虑案例的典型性与调研资料。

X市B社区作为该市最早一批老旧小区改造试点区域，改造实绩已经得到充分肯定，被列入省定老旧小区改造示范项目（第一批），并荣获2021年省城乡建设品质提升老城更新样板工程第三名，成为老旧小区改造的榜样。在资料可获取性和可持续性方面，笔者对B社区进行长期实地调查，深入改造基层实践，并向X市人民政府、B社区居民、Y街道办事处工作人员以及B社区自治小组等多个主体开展半结构访谈，为研究的科学性提供保障。

三、党建引领缺位下老旧小区改造政策执行的困境

（一）党建引领缺位下老旧小区改造的模糊与冲突问题

1. 老旧小区改造过程的模糊性问题

党建引领缺位下老旧小区改造过程的高模糊性主要体现为政策目标和政策工具的模糊。

政策目标的模糊主要体现在政策规范的模糊表述以及执行过程的模糊应答。中央在对改造政策作出顶层设计时，以纲领性的文件对改造原则、任务、范围、机制等进行规范，对改造的具体目标则描述得较少，文件内容多提出指导思想或基本原则，诸如“以人为本”“各方参与”等说法也很难转化为具体指标①，基层政府若想提高政策执行的有效性，需要地方政府细化政策目标，提高目标的可量性。

X市政府响应中央政策，结合X市的实际情况，出台《X市老

① 韩志明：《政策过程的模糊性及其策略模式——理解国家治理的复杂性》，《学海》2017年第6期。

旧小区改造工作实施方案》。该方案在改造范围与内容方面较为清晰，但在改造项目与绩效评估方面缺乏刚性的任务指标与时限要求，且改造项目“重硬轻软”。首先，政策目标较为宏观，除明确要求改造数量外，方案中指出的满足居民基本生活和安全需要的目标均没有明确的标准，政策并未对“需求”给予标准答案。其次，由于供水、雨污分流、消防等基础类改造项目易于量化质量考核和监管结果，既能有效地规避改造风险，提升项目可控性，又有利于提升居民的改造意愿，短期内最大程度地体现改造成果，塑造地方政绩。因此，B社区改造初期考核向基础类项目倾斜，严重忽视软性项目的提升，完善类、提升类项目并未得到穷尽和列举，未得到明确规定的附着“兜底条款”为政策模糊执行提供了可操作的空间，社区软治理效果并未得到明显改善。最后，B社区改造忽略居民的真实需求，改造无法体现社区特色，同质化现象严重。总的来说，B社区改造初期目标单一，细节模糊，项目执行过程缺乏考核标准，难以适应多样化的发展诉求和小区特色复杂的治理情境，改造项目繁多且落地困难。

政策工具类型有多种划分方式，笔者借鉴张婷的观点，将老旧小区改造项目执行过程中运用的政策工具分为劝诱型工具、强制型工具、社会型工具和市场型工具（表1）。[①] 劝诱型工具以改变政策对象为目标，多以鼓励、呼吁、劝导等引导手段为主；强制型工具能够限制、明确、规范项目落地行为，多以国家强制手段规划、监督、约束行政行为，同时无条件地调用资金、信息、技术，从而保障项目的正常运转与合法开展；社会型工具以动员社会组织为目标，强调通过引入社会资本与社会力量，推动多元主体的参与合作；市场型工具指以政府购买、合同外包等方式改造创造需求，运用市场

---

① 张婷：《党建引领基层治理政策工具的选择与优化——基于S区“近邻”党建模式的分析》，《集美大学学报》（哲学社会科学版）2023年第1期。

资源完成对社会力量的调用。

表 1　政策工具分类

工具类型	工具名称
劝诱型工具	劝说、激励、动员
强制型工具	供给型工具(资金投入、技术指导)、环境型工具(目标规划、绩效评估)
社会型工具	社会监督、宣传引导
市场型工具	政府购买、经济杠杆、考核保障

党建缺位下，老旧小区改造政策中同时运用四种政策工具，其中，劝诱型工具和强制型工具运用占比较高，体现政策以约束规范和激励引导为主，但是由于改造资金缺口大、改造技术复杂，加之居民和社会资本参与程度均较低，政府缺乏对社会型工具和市场型工具的运用，执行成效显著降低。

具体而言，在劝诱型工具使用方面，遵循“谁受益、谁出资”的原则，以信息规劝、宣传激励等方式呼吁发动居民力量。劝诱型工具是破解基层治理“原子化”难题的重要工具，但是劝诱型工具发挥效能很大程度上取决于宣传力度与动员强度，无法深入居民网格的引导激励，作用只能浮于表面。强制型工具可以细分为供给型工具和环境型工具。资金投入作为改造基础，政策提出多元主体资金共担机制，但是改造资金筹措办法并未得到专门论述，笼统的“资金保障”的表述给执行者带来极大的不确定性。在技术指导方面，X 市出台了改造技术导则，但是技术指导内容单一，多以要素设计为主，内容设计仍由外包公司负责解释，基层干部与居民沟通时，常常由于缺少对设计的理解而以“由外包公司的工作人员”的话术搪塞，面对疑问含糊其辞、推诿责任。环境型工具在文件中被提及的频率最高，展现政府保障与约束改造项目顺利落地的态度和意愿。在考核保障方面，市政策文件中不同程度地指出从改造小区数量、户数、内容、标准、长效管理机制建立情况等方面进行综合考评，以及以群众满意和受益程度、改造质量和财政资金使用效率为衡量标准。但是在改造初期，市效能办考核评估时仍以改造体量和居民满意度评估为先，对考核的具体标准、民众的受益程度及改造的长效机制并未有明确规定。在社会型工具和市场型工具的使用上，X 市政府反复提及引入社会资本作为改造项目投资运营的主体，以及通过购买服务或以奖代补等方式聘请组织实施主体参与等，但是政策既未明确社会组织的范围，也没有涉及购买方式与标准，政策执行主体面对社会资本与市场购买仍然是“有心无力”。

2. 老旧小区改造过程的冲突性问题

党建引领缺位下老旧小区改造政策基层执行过程的高冲突性主要体现为政策主体目标需求和利益偏好的冲突。B 社区改造初期涉及基层政府、社区、居民、社会组织、企业等多个主体。政府作为老旧小区改造过程的主要行政力量，统筹各方力量，牵头项目执行。在基层政策执行中，政府主体包括市政府、区政府的多个部门单位，以及作为建设主体负责联系上级政府和社区居民的街道。企业受住建局委托，提供专业技术服务，是参与老旧小区改造的实施者，包括专业经营单位、物业管理单位等。居民是老旧小区改造的直接受益人，有权利了解改造方案、表达改造意愿并评估改造成果。居民主体包含业主、租户、居民自治小组以及业主委员会。各主体的职责如表 2 所示。

表 2　B 社区改造涉及的主体及其职责

多元主体	职责目标
X 市、区政府	政策制定与执行，负责宏观把控，做好老旧小区改造工作的资金支持、技术指导与信息服务等一切保驾护航工作

(续表)

多元主体	职责目标
X市人民政府Y街道办事处	建设单位,负责项目前期协商、推进、审批、实施、验收和后期监督管理等工作,是联系上级政府与社区居民的桥梁
B社区居委会	动员各方力量,前期摸排了解居民的改造意愿,出台业主公约,引导社区成立居民自治小组,协调各方矛盾,推动改造项目的落地进程
居民自治小组	代表居民利益、征集改造意愿,表决改造方案,发动和组织居民出资、出力,协调居民内部矛盾,监督工程施工质量
业主委员会	代表居民利益,收集居民的改造意愿,表决改造方案,推动项目落地执行
居民	表达改造意愿,监督业主委员会与物业公司,并反馈改造质量
物业公司	提供安保、卫生等物业服务
X市东区开发有限公司	代建单位,负责工程的具体实施
某建筑工程设计有限公司	设计单位,负责改造项目的管线、环境的设计工作
某建设有限公司	监理单位,提供施工阶段、缺陷责任期及保修阶段的监理服务
F省某建设工程有限公司	施工单位,完成小区改造的施工工作

职责定位决定执行主体的目标需求。作为项目主导者,政府以确保推进改造项目为首要目标,旨在推动社区更新,实现经济、社会、环境的综合效益的最大化。同时,政府自身仍具有“经济人”特性,倾向利用当地资源,通过将部分支出转嫁市场来减少财政预算,从而满足其经济利益诉求。

以管线、代建、设计单位为代表的市场改造方,通过市场行为或部分市场行为与政府或社区建立合作关系,为小区改造提供服务。考虑到B社区物业公司与社区关系的密切性和特殊性，本文重点以物业公司为改造企业方代表展开分析。物业管理属于服务业的一种，经竞聘等程序为业主委员会和居民选择，受业主委员会监督，以对小区物业进行专业化管理服务为首要目标，与小区达成合作。然而，由于产权问题，B社区的物业管理公司背景挂靠国企，居委会无法通过招标的方式更换物业公司，此外，由于改造工作收益点少，物业对于投入资金总是避之不及，加之B社区老年居民占比较高，不利于物业管理，物业公司更渴望坐享其成。因此，如何激励物业公司参与老旧小区改造的民生项目，主动让渡部分利益，打造品牌效应，从而展现企业的社会责任感，妥善处理自身发展与居民利益之间的关系，就成为项目落地过程中亟待思考的问题。

居民作为政策服务对象，小区改造效果直接影响居民的切身利益，因此，居民既是改造方向与项目的参与者，也是改造进程和效果的监督者。作为小区的实际居住者，居民的核心诉求在于改造后的收益能否大于其前期资金投入，即在不伤害私人利益的基础上最大限度地改善居住环境，完成改造工作。因此，居民在一定程度上可以在装修时间、改造内容方面作出妥协，但在拆除违建与出资改装方面则很难达成共识，需要政府建立长远的管理补偿机制。此外，居民包括由业主选举的业主委员会和居民自治小组等，二者均能够代表居民利益，成为改造项目落地中政府与居民的沟通桥梁。业主委员会以上传下达为首要任务，既代表基层政府开展工作，也收集居民意愿，并向相关部门进行反馈。居民自治小组倾向于通过组内外的专业知识和社会关系，联合小区内外力量，反映居民诉求，结成与老旧小区改造项目中不合理的方案与措施相抗衡的力量。

可以看出，参与老旧小区改造的主体需求存在较大差异，进而，多方主体由于频繁的工作交集而易发生利益冲突。

首先是基层政府与市场改造方的博弈。基层政府与市场改造方之间存在委托-代理关系，企业掌握资金、技术、人力，为老旧小区改造提供服务，同时也受到政府的审查与监管。市场改造方提供服务边界的不明确，其与政府的利益诉求不同，特别是物业管理公司，它们往往倾向投入成本低、实施工期短、投资回报高的内容，加之B社区物业管理公司背靠国企，一旦其利用信息优势，道德风险便会显著提高。

其次是基层政府与居民及居民代表间的博弈。政府与居民的矛盾集中体现为公共利益与私人利益的冲突。居民委托政府行使公共权力，基层政府尽可能地回应居民的诉求。社区居民普遍展示出较为强烈的改造意愿，但是针对居民出资等改造规划，居民往往处于观望、逃避的状态，希望能由政府出资解决老旧小区改造的全部问题。而对诸如拆除违建等要求，社区居民普遍认为自身权益受到侵犯，因此会与政府产生较大的冲突。此外，社区居民存在"等、靠、要"的思想，不主动参与意愿征集，政府很难了解居民的真实诉求。当改造项目和结果与预期产生出入时，居民就会表达强烈的不满。

再次是居民与市场改造方之间的冲突。由于社区居民与企业之间不存在契约关系，市场改造方在施工过程中往往发生扰民情况。当企业为降低改造成本、创造更高利润而降低施工质量时，改造效果无法满足居民的要求，双方便产生冲突。

最后是执行主体内部也可能存在利益冲突。B社区改造前期，由于居民的改造诉求各异，居民往往只关心与自己相关的利益诉求，居民内部的自治组织发挥作用有限。例如，就加装电梯一事，居民间协调困难。

> 一楼和二楼的人是不需要电梯的。一楼和二楼的人也不愿意加装电梯，因为电梯是由老百姓出资的，由国家

> 出资的可能各占一半，反正投资基本上要 30 万元到 40 万元，基本上每户要 4 万元到 8 万元，很多家庭肯定是不愿意的。要把这些意见结合起来太难了，所以，加装电梯这个意见最初没有被采纳。（20211210B 社区居委会工作人员 B 访谈记录）①

（二）高模糊-高冲突：老旧小区改造过程的象征性执行

老旧小区改造政策在高模糊与高冲突的双重作用下，基层政府倾向于象征性执行，执行结果取决于基层社会力量。首先，高模糊性使政策执行策略与结果之间缺乏明确的逻辑关系，政策执行趋于表面。其次，高模糊性使得不同执行主体对政策产生不同的理解，基层社会各主体之间的利益冲突加深，政策执行形式化。②

B 社区改造初期，频繁出现以政策宣传、召开会议、检查考核、局部包装等手段代替实质性执行的情况，具体有以下表现。第一，以政策口号代替实际执行。政策宣传是推动政策动员的重要手段，B 社区大力张贴政策口号、宣传标语，以作秀"喊口号""贴条幅"代替入户调研，反而引起部分居民的不满。第二，以召开会议代替基层行动。改造初期，政府内部沿着科层命令的链条传递政策议题，执行主体间召开联评联审会、居民意见征求会等系列会议。会议时间长、数量多、规模大，会议无法根据本地的实际执行计划展开，会议内容虚多实少。第三，以检查考核代替执行评估。

---

① 整理自 X 市 S 区 B 社区居委会工作人员 B 访谈转录，2021 年 12 月 10 日，线下访谈。

② 王从虎、侯宝柱、祁凡骅：《"高模糊-高冲突"政策实质性执行：一个创新性的中国方案——以重庆市公共资源交易服务组织"事转企"改革为例》，《公共管理学报》2023 年第 1 期。

检查考核是识别政策执行偏差、激励执行主体行动的重要推动力。但是由于政策目标模糊,检查考核从目的变为手段,改造初期“为考核而考核”。特别是由于缺乏统一的协调和沟通,什么时候检查、谁来检查、检查什么的问题并未得到明确答案,多个职能部门往往重复布置检查工作,甚至造成一批工作反复检查的结果。长此以往,基层干部在有限的时间内不是做好群众工作,而是忙于应付,耽误落实改造工作。第四,以局部包装代替基础改造。追求征集亮点是基层政府的不懈追求。因此,面对老旧小区改造工作,适当建设邻里交流空间,打造绿地草坪、豪华厕所,以看得见的社区工程代替基础雨水管线改造是改造初期的红色警戒线。“局部亮点”脱离实际需求,违背居民意愿,是政策实质执行的又一阻碍。从表面上看,象征性执行具备合法程序与合规形式,但是这一行为在根本上具有极强的迷惑性,严重者甚至掩饰执行实效,浪费公共资源。

四、党建引领如何赋能老旧小区改造政策执行

通过对B社区改造前后的历时性分析可以发现,要想实现改造项目的实质性执行,不能仅仅依靠政府的行政力量,必须充分发挥基层党组织的力量,通过党建引领机制,真正发挥政策的惠民功效。为了充分展现党建引领基层治理的机制效能,本节将在归纳总结党建引领老旧小区改造项目落地成效的基础上,对党建引领在政策执行中所发挥的资源整合、信任建构以及责任共担机制进行深入分析。

(一)党建引领老旧小区改造政策执行的路径分析

1. 构建政策目标体系

建立科学明确的目标指标是充分发挥治理成效的重要前提。

在复杂而模糊的改造项目中，B社区充分发挥党建引领的优势，有效地将党的政治、组织和群众工作优势转化为社区治理的优势，深入挖掘民众需求，率先构建一整套目标体系，为政策实施提供有效的指导。X市出台的2020—2022年行动方案指出，老旧小区改造以基础类、完善类、提升类划分所有改造项目，以“先民生后提升”为基本原则，项目组需充分摸排改造小区的实际情况，明确满足居民生活和安全需要的具体标准，提出“先硬后软”的改造目标，因地制宜地确定改造的具体方案。

第一，提出“先民生后提升”的改造目标，确立绿色、安全、健康的目标价值。B社区认为，老旧小区改造应打造绿色宜居环境、建设信息化、智能化的“绿色小区”。因此，B社区在小区中庭打造花园式垃圾分类点，将垃圾桶布置在小区中心花园处，并且在垃圾分类点的周围，利用贝壳、旧轮胎等可回收材料，创建环保装饰区，以鼓励居民养成良好的环保和回收习惯。另外，支部牵头引入全市首个无物业小区人脸识别系统，统一登记录入本小区居民的人脸头像，实现更为安全的无障碍、无接触进出。①

> 这个人脸识别系统拥有登记出入时间的功能，如果居民长期未刷脸进入，系统就会将相关信息发给紧急联系人，告诉他这个老人已经几天没出过门了，家人就可以赶紧联系老人，如果联系不上，就找关系好的邻里过去看看。现在新闻上不是总说独居老人晕倒了或者怎样都没有人知道吗，这个实时监测，也能保障独居老人的生命安全。(20230223B社区居民B访谈记录)②

① 王敏霞、叶子申：《多元聚力改造 精准补齐短板》，《中国建设报》2022年第3期。

② 整理自X市S区B社区居民B访谈转录，2023年2月23日，线下访谈。

第二，实现老旧小区改造目标与居民需求的有效衔接。优化小区党支部治理模式，坚持党建牵头引领。其一，引入居民自治共管理念，以居民自治小组活动填补居民诉求与施工现场的信息差。

> 这个小区有居民自治小组，在街道、居委会的引导下，大家推选老骆（骆秋文）做组长。组长选举时我没有去，但是后面小组选完后确实来收集过我们的意见。他们还会定期前往施工现场。反正大家也都退休了，没有什么事情，就过去看看，也是希望施工队不要拖延改造工程，早日完工。（20230222B社区居民A访谈记录）①

其二，以“沉下去、提上来”的方式开展群众工作，“沉下去”是指基层政府及社区居委会等深入居民生活的内部，倾听居民的心声；“提上来”是指由小区成立的临时党支部或居民自治小组等单位，征集居民需求，逐级向上汇报。②

第三，在提高硬件设施改造的基础上，强化软性项目建设，关心居民生活动态与情感需求。

> 我们这个小区除了来租房的，剩下的老年人比年轻人多得多，之前退休老人无事可干，现在我们就在这个小区的养老服务站下下棋，上上课。之前没这个服务的时候，夏天热、冬天凉，只能固定时间来，但是现在在室内，就自由很多。（20230223B社区居民C访谈记录）③

---

① 整理自X市S区B社区居民A访谈转录，2023年2月22日，线下访谈。
② 王敏霞、叶子申：《多元聚力改造 精准补齐短板》，《中国建设报》2022年第3期。
③ 整理自X市S区B社区居民C访谈转录，2023年2月23日，线下访谈。

鉴于小区老龄化程度高，养老需求大，B社区依托社区居委会办公场所设立养老服务站，关注老年健康，推出“老年宫”文化课程。此外，提倡书屋共享，开辟读书角，进一步拉动邻里的互动交流。

在党建引领老旧小区改造的过程中，一方面，通过项目信息、资源和权力的向下传导，基层社区拥有更多的行政资源和更大的自主权；另一方面，B社区充分发挥党建优势，并以其为枢纽，为居民的向上反馈改造提供通道。特别是党组织深入基层、调查走访，捕捉实际诉求，带动居民真正参与改造政策的决策和设计，从而使B社区能够充分关切群众需求，优化改造顺序，将资源供应模式与问题解决模式有机地结合起来，达到资源和信息的双向流动。

2. 明晰政策工具选择

优化政策工具的选择，是充分发挥政党优势、有效回应政策问题、提升执行效能的重要一环。B社区清晰政策工具选择，以重视应用强制型工具、着力使用社会型工具和劝诱型工具、适当运用市场型工具为手段，以“工具组合拳”的方式，盘活治理资源，实现党对基层的引领。

B社区广泛运用强制型工具，发挥党政科层组织的优势，依托网格化管理基础，既提高党对基层社会的支配效力，也为解决基层治理问题提供政治势能。一方面，创新网格化管理机制，通过楼道党建的模式，推出群众工作办法，根据改造困境灵活采取入户调查的方法，集中处理居民诉求与改造问题；另一方面，为夯实基层“战斗堡垒”出台一系列规范文件，由市区组织开展针对党支部书记队伍的各类培训，坚持党对基层社会治理领域的全覆盖。

B社区在改造过程中大量运用以组织为导向的社会型工具和劝诱型工具，借助体制外治理资源，调动社会活力，削减政府直接投入。在社会型工具方面，以街道、社区党建联席会为载体，将社区的“条条”部门纳入街道党工委兼职委员。同时，采取联评联审制度，由S区建设局牵头，围绕改造方案，以业务相关为主要原则，邀请相关单位就具体指标展开讨论和考核。最终实现机关体制、事业单位、国企、非公企业、社会组织等多主体共联共建。在劝诱型工具运用方面，以居民自治小组的形式，提升服务精准度，实现居民自我服务、自我管理。B社区组建居民自治小组，以“近邻”文化为底蕴，以“一齐来治家”为路径，在党组织的领导下，小区还制定“近邻”公约，用以协调沟通，解决改造过程中的大小问题。此外，B社区以实现居民自主点单为目标，通过宣传栏公告、征求意见座谈会等形式向群众公示改造项目，积极引导居民参与改造，居民改造满意率超过90%。

市场型工具在改造过程中使用较少。与其他政策工具不同，市场型工具既需要一定数量的市场主体为基础，又需要有清晰的权责划分与明确的监管体制，因此，这类工具应用受限较多。B社区尝试运用市场型工具，如通过街道和居民共同出资的方式，引入人脸识别系统。同时，引入市场化的绩效评估技术，将改造进程与提升基层党建工作作为基层党组织干部党建述职考核的重要内容。但总体而言，面对发育不成熟的市场，B社区针对市场型工具的使用仍旧小心谨慎。

3. 缓和执行主体冲突

党建引领老旧小区改造的政策执行，可以协调主体间冲突矛盾，进一步延伸基层治理的触角，激活老旧小区的内生治理结构，实现政党对基层社会治理的主体赋权和资源整合。

首先，党建引领以更加弹性和精简的扁平组织结构代替刚性的科层体制，提高政策执行的效率。僵化的科层结构可能导致政策、信息、资源在层级传导中失真，相比之下，党政系统中长期存在上级为下级服务的优良传统，党支部书记的直接汇报也可减少逐级下达指令带来的行政损耗。长期以来，在压力型体制下，基层治理主体对上负责，社区行政化现象严重，留痕管理导致街道、社区干部忙于应付上级的各种考核，而忽视居民的真正诉求。在人民至上的价值观指导下，党建引领动员街道干部，以公众压力推动政府部门担当公共责任，主动发现人民的真正需求，实现人民当家作主。

其次，B社区发挥居民主人翁意识，涌现大量的居民自治组织，调节人际关系，增强社区治理的韧性建设。于居民而言，经过党组织牵头优化设计的改造项目符合居民需求，居民的个人利益与社区改造的公共利益相耦合，居民从“事不关己”向政治参与转变。在改造进程中，社区以历史为纽带，以文化为灵魂，通过乡愁与情怀的维系提高社区居民的集体认同感，有效地督促居民间监督自治并抑制自利投机行为。当小区的居住环境得到有效改善后，社区居民的归属感提升，居民参与社区治理的热情提高，为小区的长效治理提供了主体力量。

（二）党建引领老旧小区改造政策执行的机制分析

1. 政治引领机制

伴随着城镇化进程的加快，基层社会不仅面临着复杂的事务性问题，还面临着一定的方向性考验。方向性的政治问题，关乎社会治理路径的选择和成败，党组织需要在基层社会治理中发挥政治引领作用，才能从方向上引导基层社会治理主体在中国特色社会主义方向下行动，使基层社会治理沿着正确的方向健康发展。党建引领老旧小区改造政策执行过程中的政治引领机制指的是，基层社会各级党组织坚持以掌舵者的身份，谋划全局、统筹协调，运用思想理论和意识形态基础，开展党内教育，构建共识“公约数”，调动多个执行主体协同共治，共联共建拓展社会发展新局面。

不同层级的党组织在开展政治引领工作时发挥作用的机制不尽相同。在机关党建工作中，市级党委作为政策的发起者，围绕政策的开展原则与指导思想进行纲领性、指导性工作部署，保证政策文件充分体现政治意志，拥有正确的意识形态话语。鉴于市委管辖区域较多，无法保证将所有情形都罗列考虑在内，因此，X市建设局等单位在出台改造政策时大量使用开放性表述，适当模糊政策的适用范围，采取较为抽象而笼统的传达。因此，当政策传递到区级层面时，区级党委需要结合本地区的现实问题将具象治理目标融入党的意识形态资源，出台既贴合中央和上级党委精神，又凸显本区具体治理情况的政策指令。

在本案例中，作为市域社会治理的重要层级，区委有相对充足的权力资源来推动项目的开展，开展党建政治引领工作也会得到下级部门的高效响应。在社区治理层面，依赖于党的政治基础和社会基础，社区党组织可以充分吸纳并发展社会组织参与社会治理，并发展其中的积极分子成为社会治理的中坚力量。比如，B社区在治理进程中，选派居民区、驻区单位、区职能部门在社区派出机构及社区党工委中的成员代表，组建社区“大党委”，构建区域化党建大平台，并以平台为载体，通过吸纳驻区单位党组织负责人形成党建共同体，以党建联席会、区域党建促进会等形式发挥社会组织的资源力量。同时，在B社区改造过程中，社区充分借助政党力量主导社区治理，将党建融入社区治理。例如，针对拆除违建的工作任务，社区党支部书记采取先易后难、逐个击破的方式做好群众工作。

> 在拆违工作中，我们先做党员家庭的工作，要让党员发挥先锋模范作用，如果党员参与热情低，我们就先对党员开展教育工作。针对没有党员的家庭，我们会邀请退休老党员去沟通，我们通过邻里了解他的人际关系，由邻里出面做协调工作。（20211210B社区居委会工作人员

B 访谈记录)①

在这次工作中,B 社区发动党员下沉社区,以服务逻辑和群众话语转化为党员共识,以政治性的工作任务彰显初心使命,以具有政治学习和思想教育特征的党建活动消解“挡箭牌”的“借口”。总的来说,通过依法对政党赋权增能,B 社区在突出党的政治性的前提下,运用各种手段增强党员意识,挖掘党内骨干,吸纳党外力量,搭建基层行政共同体,以情感治理与权威手段相结合的方式完成改造任务,真正体现了一个党员可以影响一个家庭,一群党员可以影响一个小区。

2. 信任建构机制

信任是稳定合作的基础,当前社会人与人之间缺乏持久稳定的交流与互动,很难基于共同的责任与利益建立稳定的社会信任关系。加之由于政府信息不公开不透明、社会问题处置不当等现象的出现,公众社会治理的信任降低,大幅削弱了公众的政治参与热情。中国共产党作为中国的执政党,其执政的合法性源自历史,拥有鲜明的意识形态和凝聚人心的思想基础。在党组织的政治引领下,中国共产党的执政合法性是其治国理政的最大政治资源,也是社会认同、集体行动的信任基础,而这正是党员干部所具备的重要特质。党建引领老旧小区改造政策在基层的落地执行,离不开党建引领重塑基层社会信任,以政治信任与社会信任的“合纵连横”为政治运行与社会合作提供有力支持。

政治信任是基于公众对政治系统的广泛期望和系统回应而产生的双向合作关系,可以充分地反映公民对政府的期望与信赖。高水平的政治信任能够降低政策执行成本和阻碍,便于政策执行

① 整理自 X 市 S 区 B 社区居委会工作人员 B 访谈转录,2021 年 12 月 10 日,线下访谈。

主体选择更为便捷的政策工具与执行路径。中国共产党在领导全国人民进行民主革命和社会建设的过程中取得了高度的合法性，积累了丰富的执政合法性资源。在基层社会治理中，城市基层党组织的政治地位、纪律要求、组织功能乃至党的领导的合法性可以通过由上级党委延伸至基层党组织，由此其负责人可以获取更大的共识和信任。换言之，基层党组织的参与使得社会组织、社区居民更愿意相信老旧小区改造的方案设计充分考虑了居民利益，吸纳了更多公众投入改造项目，从而推动多元主体齐心协力，克服改造困境。

在社会信任方面，当前我国基层社会信任程度普遍较低，当政策执行主体间的利益诉求明显时，低水平的社会信任容易激化主体间的矛盾冲突，阻碍政策的执行落地。党建引领通过提高政治信任或指导基层具体治理活动规则的设计和实施等办法，增进多元行为体之间的协作和互动，提升社会信任水平。一方面，长期以来，基层组织在老旧小区改造过程中塑造的形象与成绩，已经有效地促进了居民对于基层组织的信任。再者，基层党组织积极开展党群众路线教育实践活动，通过社会动员等传统政治功能有效地凝聚共识，最终通过公共话语传递、劝说性沟通等方式将社区意识转化为集体认同感。另一方面，党建引领通过加强互惠规范、鼓励互利行为等措施提升社会信任水平。在正式规范方面，党建引领可以充分利用党的执法手段等党内强制型工具规范公约，以完善制度规范发挥作用的机制提升社会信任。在非正式规范方面，通过挖掘传统社区共同体中的信任资源，提升社区居民的获得感。B社区在改造后通过设计文化传承项目，从退休老人的回忆展开，通过老照片重拍等故事，讲好老街区的前世今生，从而提升居民的集体认同感，以柔性手段表达彼此善意。

3. 责任共担机制

责任共担机制是指党组织克服“避责”心态，积极承担改造责任，将正式组织内的问责与履责机制与非正式组织层面的互动与负责机制结合运作。老旧小区改造政策执行既要求利益主体合法地行使改造权力,又需要执行主体充分地考虑社区场域特征,过分强调后者会导致权力运作的不规范,过于强调前者又容易造成政策不切实际,执行结果与社区情况相背离。因此,需要充分发挥基层党组织责任机制的关键作用,需要党组织在政策下沉与效果反馈中取得平衡,既要遵守正式制度的严谨规范,又要发挥社区治理的灵活性,在项目运行中刚柔并济,否则,基层政策执行将只停留在象征性执行层面,无法真正发挥党组织的优势和作用。

构建党建引领基层治理的责任机制,体现为落实管党治党的工作机制。要规范权力运作,建立一个成熟的以权力为基础的组织网络,赋予不同的社会行为体以权力,并落实追责与考核。一方面,由于目标与责任的模糊,政策执行主体很容易在困难场合下不知所措、畏首畏尾,党组织则在这一阶段下率先垂范,主动落实,以各层级党组织"一把手"率领治理主体以项目为牵引,化被动为主动,通过制定标准化框架,搭建一个相互负责的责任网络,用以凝聚整个工作体系。B社区打造网格治理新模式,通过推进党建网络化管理工作,将党建资源嵌入基层治理,让广大党员参与网格治理,以网格治理统联各层级党组织的力量,切实解决改造中的问题。在问责方面,基层党委持续强化党建工作第一责任人的职责,从责任-利益的角度出发,明确改造的主要目标与次要责任。以此为基础,形成从地方党委或部门党委到基层党委、党总支、支部以及到党员逐级负责的党建工作责任制立体构架①,完善党建工作责任制,真正做到"有权必有责,有责要担当,用权必监督,失职要问责"。另一方面,充分关心民众的治理诉求,并以适当的方式积极回应民众反馈,是党建引领机制中推进公民参与、实现上下双重

① 蒯正明:《习近平关于全面从严治党思想研究》,《中国特色社会主义研究》2015年第2期。

监督的重要法宝。公民参与是现代社会治理的本质要求,在基层执行的具体实践中,各级党组织负责人深入群众,居民可以通过市长热线、议事机制等方式反馈项目执行情况。在市长热线电话中,居民可以积极举报脱离群众的官僚主义现象,以畅通的上下监督渠道,维护公民的参与权利,保障党建引领责任机制的落实。

> X市有一个政策叫市长热线,市长热线对于普通的居民来说是很有用的,这个电话很容易拨打,而且不需要支付任何费用,你也可以匿名拨打,只要你投诉了,社区就会处理。除了拆迁改造,其他七七八八的事情也会有人打电话,比如小区里,因为火灾或者其他的原因,砍了几棵树,他们也会打电话,社区也要对此作出反馈。(20211210B社区居委会工作人员A访谈记录)①

五、总结与讨论

老旧小区改造作为近年来改善社区生活环境、提升居民生活品质的重大民生政策,日益成为社会发展的新焦点。但是由于老旧小区改造项目杂琐、涉及主体众多、改造资金短缺、社区管理失效等系列问题的出现,改造政策在基层社会的实质落地执行正面临着不少考验。许多项目"进场"基层社区后很难按照原本设计好的路径运行,项目执行容易被"搁浅"。因此,关注党建引领老旧小区改造政策在基层执行发挥的作用就显得愈发重要,关注政策在

① 整理自X市S区B社区居委会工作人员A访谈转录,2021年12月10日,线下访谈。

结合居民生活日常以及老旧小区治理外部环境后的执行倾向，引导政策从象征性执行向行政性执行过渡，最终尽可能地达到政策的预期效果，体现以人为本的善治。

本文通过 B 社区改造项目实践前后对比分析发现，社区改造前期，政策执行秉持行政主导逻辑，政策目标与工具的高模糊性以及主体间改造需求与利益偏好的高冲突性导致小区改造梗阻停滞。在后期改造过程中，通过加强党建引领，政策执行跳出行政主导取向，以党建引领的政治逻辑为主导，吸纳组织力量，将项目执行过程中的分散主体凝结为强有力的治理整体，在保障改造项目成功推进的基础上，也产生了一系列溢出效应。当然，随着老旧小区改造政策在全国范围内的不断推广和完善，党建引领机制正面临着更加复杂的治理环境挑战，仍需正视党建引领机制发挥作用的限制，进一步探讨和定义党组织的行为边界，客观地看待社区愈发严重的行政化倾向。

不可否认的是，B 社区党建引领老旧小区改造政策在基层的执行是新时代党建引领社区治理模式的有效探索和鲜活实践。党建引领作为当代中国政治的重要议题，体现了具有中国特色的“中国之治”。学习 B 社区党建引领的治理经验，并非要求后来者全盘复制，而是通过打开党建引领基层政策执行的“黑箱”，从万变中取不变，透视改造项目的运行机制，为有中国特色的政策执行模式提出学理性思考。但是，党建引领绝不仅仅是一个口号，也不能将其单独视作方法论，而要在充分理解党建引领本质内涵的基础上，规范作用边界，加强使命型政党建设，建立党建引领基层政策执行的长效治理机制。

[本文系福建省国家治理能力建设研究中心课题“‘大一统’国家体制与国家生长理论”(项目编号：FJ2021MJDZ001)的阶段性成果]

城市群政策何以提升城市韧性

——基于我国地级市的实证分析

李智超[*]　叶艳婷[**]　张迎新[***]

[内容摘要] 近年来,城市治理研究领域对城市韧性的关注与日俱增,既有研究探讨了我国城市群政策对城市经济和生态韧性的影响,但城市群政策影响城市韧性的过程与机制尚有待深入研究。本文基于我国287个地级及以上城市样本进行实证分析,根据城市群政策设计准自然实验,构建该政策影响城市韧性的分析框架,采用综合赋权法,结合经济韧性、社会韧性、物理韧性、生态韧性和制度韧性5个指标,对城市韧性进行综合评价,采用双重差分法评估城市群政策对城市韧性的影响。结果表明,城市群政策能通过产业结构升级和贸易开放的中介效应对城市韧性产生积极影响。此外,城市群政策对城市韧性的影响在不同地区存在异质性。研究结果深化了城市群政策对城市韧性影响的理论认识,为推动城市高质量和可持续性发展提供了有益启示。

[关键词] 城市群;城市韧性;双重差分;综合赋权法

* 李智超,上海交通大学国际与公共事务学院长聘副教授。
** 叶艳婷,上海交通大学国际与公共事务学院硕士研究生。
*** 张迎新,中国人民大学公共管理学院博士研究生。

一、问题提出

随着我国区域协调发展战略的深入实施,城市群正成为我国未来城市化进程的主要推动力。近年来,我国发布了一系列政策支持城市高质量可持续发展,根据国家统计局2022年公布的《国民经济和社会发展统计公报》,1978年至2022年,我国城镇化率从17.9%提升至65.2%。2006年,《中华人民共和国国民经济和社会发展第十一个五年规划纲要》首次提出“把城市群作为推进城镇化的主体形态”;2013年12月,党中央首次召开中央城镇化工作会议,第一次将城镇化战略提高到国家发展层面的战略高度;2021年3月,《中华人民共和国国民经济和社会发展第十四个五年规划和2035年远景目标纲要》发布,提出以促进城市群发展为抓手,全面形成“两横三纵”的城镇化战略格局;2022年10月,党的二十大报告指出:“以城市群、都市圈为依托构建大中小城市协调发展格局,推进县城为重要载体的城镇化建设。”根据“十四五”规划中的城市群战略,目前我国共布局了京津冀、长三角、珠三角等19个国家级城市群,努力形成多中心、多层级、多节点的网络型城市群结构。

城市群政策的持续推进受到各领域学者的广泛关注。现有的研究已深入探讨城市群对经济韧性①和生态韧性②两种韧性机制的影响,但综合来看,现有的研究仍存在一定的拓展空间。首先,

① Feng Y., Lee C-C, Peng D., “Does Regional Integration Improve Economic Resilience? Evidence from Urban Agglomerations in China”, *Sustainable Cities and Society*, 2023, 88(5), p. 104273.

② 魏玖长、闫卓然、周磊:《中国五大城市群城市韧性水平时空演变研究》,《中国应急管》2023年第8期。

研究对象或指标的选取较为单一，绝大部分研究聚焦城市群对于单一韧性指标的影响，且往往只涉及一个或几个城市群的影响，如以京津冀、长三角或珠三角等城市群为例。其次，尽管存在较多定量研究对城市韧性进行了综合评估，探究了其影响因素，但我国城市群政策对城市韧性的影响机制研究尚显不足。

因此，本文基于城市群政策设计准自然实验，采用综合赋权法衡量城市韧性指标，使用双重差分对研究进一步进行实证分析，探讨全国范围内的城市群政策对城市韧性的影响。本文对该领域主要有三项边际贡献：第一，在考虑城市间的异质性和区域差异的情况下，对我国 11 个城市群进行综合韧性研究，使得城市群政策实施的评估结果更加具有科学性和准确性；第二，本文基于城市韧性的 5 个主要指标，使用综合赋权法对我国地级市及以上城市韧性进行综合评价，方法规范、评价科学；第三，针对城市群政策的实施情况进行准自然实验设计，运用双重差分法探讨我国城市群政策与城市韧性间的因果关系及影响机制。

本文的剩余部分安排如下，第二部分回顾相关文献，阐述了城市群政策、城市韧性及相关理论机制，提出研究假设；第三部分为研究设计，介绍研究使用的数据及方法；第四部分为实证研究；第五部分为稳健性检验；第六部分为全文的总结与讨论。

二、文献回顾与研究假设

（一）城市群政策

随着我国城市化进程的不断深化，由单个或多个核心城市通过空间集聚机制紧密联系形成城市集群，已成为我国区域发展的重要模式。我国确立一系列城市群政策并进行国家级城市群布局,其建设格局旨在缓解区域发展不协调,缩小区域发展差距,实现城市高质量发展。城市群的形成与发展是城镇化达到一定阶段的必然产物①,同时也是区域协调发展的重要载体。这要求城市不再仅限于单一的发展模式,而是需要通过合理的协调方式实现城市与城市之间的整体性发展。

与单个城市的经济体量、人口及资源承载能力和产业发展水平相比,城市群的形成所带来的区域经济增长、资源拓展和产业集聚是单一城市模式所无法比拟的。② 单个城市的发展受到空间规模、地理环境和产业结构等多方面因素的制约,而城市群通过要素的集聚形成了更大的组织形式,从而突破了组织规模和地理环境等客观限制,成为城市群发展的主要动力。城市群的形成本质上是一种空间聚集,其源于以微小企业为核心主体的产业集聚,进而驱动了区域内经济格局的演变与发展。③ 随着城市群结构的不断完善,其内生机制促使城市间的各要素聚集、协调或是扩散④,带动区域经济发展,进一步扩大城市经济规模,产业聚集和城市之间的分工协作是城市群产业发展的必然结果⑤,城市经济韧性在此过程中也得以提升。从外生机制来看,城市群政策的实施同样提升了城市间的经济开放及贸易合作,以此激发区域活力及创新力,进一步深化区域协调发展。⑥ 此外,国内外学者对于城市群的相

---

① 陈水生:《世界城市群是如何形成的——规划变迁与动力支持的视角》,《复旦城市治理评论》2017 年第 1 期。

② 锁利铭、许露萍:《基于地方政府联席会的中国城市群协作治理》,《复旦城市治理评论》2017 年第 1 期。

③ Martin P., Ottaviano G. I. P., "Growth and Agglomeration", *International Economic Review*, 2001(4), pp. 947-968.

④ 李智超、于翔:《以智为治:我国城市管理的政策变迁与范式转换》,《公共治理研究》2022 第 3 期。

⑤ 丁任重、许渤胤、张航:《城市群能带动区域经济增长吗?——基于 7 个国家级城市群的实证分析》,《经济地理》2021 年第 5 期。

⑥ Wang Y., Yin S., Fang X., "Interaction of Economic Agglomeration, Energy Conservation and Emission Reduction: Evidence from Three Major Urban Agglomerations in China", *Energy*, 2022, 241(2), P. 122519.

关研究除了聚焦在经济发展以外，在环境生态方面，城市群政策的实施有利于提高城市能源的使用效率①，以此促进区域内的绿色创新和可持续发展。② 在城市建设方面，城市群政策促使城市的土地资源利用效率显著提高③，优化土地空间利用效率的同时促进经济可持续发展等。

本文为探究城市群政策与城市韧性间的潜在联系，采用了量化方法，对城市群政策实施下城市韧性的综合指标进行评估。所选取的韧性指标需符合韧性理论的内涵，具有代表性、科学性和可比较性等原则④，当前广泛采用的评估指标主要包括经济韧性⑤、社会韧性⑥、物理（基础建设）韧性⑦、生态韧性⑧、制度韧性⑨，形成单个或多个组合。目前，涉及城市群政策与城市韧性之间潜在因果关系的相关研究，采用的研究方法主要有耦合协调法和双重差分

---

① 李智超、刘博嘉：《官员激励、府际合作与城市群环境治理绩效——基于三大城市群的实证分析》，《上海行政学院学报》2023 年第 3 期。

② Li L., Ma S., Zheng Y., "Do Regional Integration Policies Matter? Evidence from a Quasi-Natural Experiment on Heterogeneous Green Innovation", *Energy Economics*, 2022(116), p. 106426.

③ Tang Y., Wang K., Ji X., "Assessment and Spatial-Temporal Evolution Analysis of Urban Land Use Efficiency under Green Development Orientation: Case of the Yangtze River Delta Urban Agglomerations", *Land*, 2021(10), p. 715.

④ 周利敏：《韧性城市：风险治理及指标建构——兼论国际案例》，《北京行政学院学报》2016 年第 2 期。

⑤ 李连刚、张平宇、谭俊涛：《韧性概念演变与区域经济韧性研究进展》，《人文地理》2019 年第 2 期。

⑥ Lu H., Zhang C., Jiao L., "Analysis on the Spatial-Temporal Evolution of Urban Agglomeration Resilience: A Case Study in Chengdu-Chongqing Urban Agglomeration, China", *International Journal of Disaster Risk Reduction*, 2022(79), p. 103167.

⑦ 李亚、翟国方、顾福妹：《城市基础设施韧性的定量评估方法研究综述》，《城市发展研究》2016 年第 6 期。

⑧ Lin Y., Peng C., Chen P., "Conflict or Synergy? Analysis of Economic-Social-Infrastructure-Ecological Resilience and Their Coupling Coordination in the Yangtze River Economic Belt, China", *Ecological Indicators*, 2022(142), p. 109194.

⑨ 吴楠：《政府责任视域中智慧城市的制度韧性》，《河海大学学报》（哲学社会科学版）2019 年第 4 期。

法两类。双重差分作为因果推断的有力工具,更能够明确城市群政策对城市韧性影响的净效应,并进一步探究其中的相互作用机制,该方法更能凸显城市间明显的异质性和动态持续性。①

(二)城市韧性

韧性这个概念首次由学者霍林(Holling)将其引入生态学研究领域,反映系统在面对各种冲击和变化时能够快速适应、恢复和发展的能力②,成为城市韧性研究重要的概念基础。学界对于城市韧性虽没有统一定义,但其核心概念指的是城市系统在面对潜在影响或冲击时,能够减轻后果,保护城市的经济、社会、环境和技术等子系统的可持续发展能力。③ 城市韧性先后经历工程韧性、生态韧性、演进韧性的概念转变,不断修正和丰富其理论内涵及外延。④城市韧性的概念及内涵在演化过程中不断强调城市系统的多元丰富性、复杂适应性及灵活转变性,城市韧性发展需要综合考虑多重要素,其适应性基础架构由物理及环境要素组成,社会资本及技术手段支持城市韧性协调合作建设从而推动区域可持续发展。⑤

城市作为高度复杂的耦合系统,由城市承载的经济社会活动、环境生态体系、基础设施网络及制度法规架构相互交织形成整体。⑥ 城市韧性评价指标体系的搭建和变量测量的操作化存在一

---

① 陈林、伍海军:《国内双重差分法的研究现状与潜在问题》,《数量经济技术经济研究》2015 年第 7 期。

② Holling C. S., “Resilience and Stability of Ecological Systems”, *Annual Review of Ecology and Systematics*, 1973(1), pp. 1-23.

③ 邵亦文、徐江:《城市韧性:基于国际文献综述的概念解析》,《国际城市规划》2015 年第 2 期;李智超、李奕霖:《横向合作与纵向干预:府际合作如何影响环境治理?——基于三城市群的比较研究》,《公共管理与政策评论》2022 年第 6 期。

④ 邵亦文、徐江:《城市韧性:基于国际文献综述的概念解析》,《国际城市规划》2015 年第 2 期。

⑤ 李彤玥:《韧性城市研究新进展》,《国际城市规划》2017 期第 5 期。

⑥ McPhearson T., “Advancing Understanding of the Complex Nature of Urban Systems”, *Ecological Indicators*, 2016(3), pp. 566-573.

定难度,城市韧性作为区域协调发展的重要途径,需要经济、环境、技术、社会、市场等多重要素有机组合、协调优化。城市韧性与城市系统平衡社会和生态功能的能力密切相关,越复杂的城市系统面临的灾害风险和挑战也越大①,因此,城市群作为城市系统的载体,其承灾能力及应对风险能力同样备受各领域学者的关注。在集聚模式下,不同城市之间的综合承灾能力仍有显著差异②,然而,随着区域一体化格局的形成,城市间社会经济的差距不断缩小,城市韧性在抵抗自然风险方面的空间差异和发展不平衡性也将逐渐减弱。③ 随着城市韧性水平的不断提高,城市间在治理能力上的差距将进一步缩小④,从而促进区域内城市社会经济发展的紧密联系。

(三)研究假设

改革开放以来,我国的城镇化不断推进,但由于区域资源、发展基础等的影响,不同城市的城市韧性发展存在明显差异,这直接导致城市发展能力的不平衡。城市群政策作为推动区域经济持续增长的关键力量与城市韧性之间存在紧密联系。⑤ 本文将采用经济韧性、社会韧性、物理韧性、生态韧性和制度韧性这五个指标,通过综合赋权法确定权重,系统地评估不同城市群政策下的城市韧性综合差异。第一,城市群政策的实施对于塑造区域一体化格局具有

---

① Shi Y., Zhai G., Xu L., "Assessment Methods of Urban System Resilience: From the Perspective of Complex Adaptive System Theory", *Cities*, 2021(112), p. 103141.

② 王钧、宫清华、宇岩:《粤港澳大湾区城市群自然灾害综合承灾能力评价》,《地理研究》2020 年第 9 期。

③ Wang B., Han S., Ao Y., "Evaluation and Factor Analysis for Urban Resilience: A Case Study of Chengdu-Chongqing Urban Agglomeration", *Buildings*, *Multidisciplinary Digital Publishing Institute*, 2022(7), p. 962.

④ Lu H., Lu X., Jiao L., "Evaluating Urban Agglomeration Resilience to Disaster in the Yangtze Delta City Group in China", *Sustainable Cities and Society*, 2022(76), p. 103464.

⑤ Li J., Liu Q., Sang Y., "Several Issues about Urbanization and Urban Safety", *Procedia Engineering*, 2012(43), pp. 615-621.

重要的推动作用，有助于提升城市的经济韧性①，但同时经济韧性会因区域发展状况、地理位置、空间分布等因素在不同城市群之间呈现显著差异。② 第二，城市社会发展的最终目标是以人为本。城市群政策的实施导致各种要素聚集，其中一个显著现象是城市人口规模的增加。这带来的社会福利体系不断完善，使得社会发展更具韧性，从而提高城市的社会韧性水平。③ 第三，城市化进程推动经济结构升级，依托于现代化的城市基础设施建设④，从物理层面上城市基础设施具备的强度及复原能力支撑城市系统的基本运转需求，城市群政策在一定程度上推进区域一体化建设，统筹规划区域基础建设，扩大物理集聚以加强地区间互联互通⑤，因而，加强城市的物理韧性机制建设是提升城市韧性的重要途径之一。第四，城市群政策在实施过程中对城市环境生态造成不同层面的影响⑥，通过城市群的构建，城市环境生态的整体性规划提高了生态资源效率，推动了绿色循环经济⑦，环境生态系统的协调整合在一定程度上提升了生态多样性、支持了资源供应、促进了区域可持续发展⑧，因

① Feng Y., Lee C-C, Peng D., "Does Regional Integration Improve Economic Resilience? Evidence from Urban Agglomerations in China", *Sustainable Cities and Society*, 2023(88), p. 104273.

② 杨桐彬、朱英明、姚启峰:《中国城市群经济韧性的地区差异、分布动态与空间收敛》,《统计与信息论坛》2022 年第 7 期。

③ Carvalhaes T. M., Chester M. V., Reddy A. T., "An Overview & Synthesis of Disaster Resilience Indices from a Complexity Perspective", *International Journal of Disaster Risk Reduction*, 2021(57), p. 102165.

④ 锁利铭、阚艳秋、陈斌:《经济发展、合作网络与城市群地方政府数字化治理策略——基于组态分类的案例研究》,《公共管理与政策评论》2021 年第 3 期。

⑤ 赵峥:《共建长三角基础设施体系:价值、挑战与对策》,《重庆理工大学学报》(社会科学)2020 年第 1 期。

⑥ 王佃利、王玉龙、苟晓曼:《区域公共物品视角下的城市群合作治理机制研究》,《中国行政管理》2015 年第 9 期。

⑦ 蔺雪芹、方创琳:《城市群地区产业集聚的生态环境效应研究进展》,《地理科学进展》2008 年第 3 期。

⑧ 徐耀阳、李刚、崔胜辉:《韧性科学的回顾与展望:从生态理论到城市实践》,《生态学报》2018 年第 15 期。

此，城市系统在生态维度上的差异会影响城市韧性。第五，城市群政策的实施需要制度的保障支持，现代化城市的发展离不开组织制度层面的改革创新①，制度因素在促进区域的转型发展及提高城市韧性方面发挥着重要作用。② 通过以上论述，本文提出以下假设：

H1：城市群可以显著提升城市韧性。

城市群政策的可持续发展受到多种内部因素和外部因素的影响，城市群的形成发展是内生机制和外生机制相互作用的结果，体现了城市之间协调发展的复杂过程。一方面，内生机制是城市群形成和发展的内在动力，该机制源于城市群内部各因素之间的相互协调，其中，市场机制作为城市经济内生增长的动力，推动城市经济在城市群政策实施下产生聚集效应，核心城市作为市场中心聚集各项产业要素。③ 在此过程中，产业内部的经济要素相互作用并发生结构性变化，造成产业间出现多样性及高度关联性，形成规模效应并推动产业结构升级④，而要素集聚下的产业多样化促进产业结构升级，有助于提高城市抵抗外部冲击⑤，并在应对外部风险时城市具有适应性结构调整的治理空间，使得城市更具韧性，有助于城市可持续性发展。因此，本文根据城市群政策形成的内生机制提出以下假设：

H2：城市群可以通过产业结构升级提升城市韧性。

另一方面，外生机制的形成可以直接或间接推动城市群的进

---

① 崔晶、汪星熹：《制度性集体行动、府际协作与经济增长——以成渝城市群为例》，《公共管理与政策评论》2020 年第 4 期。

② 赵瑞东、方创琳、刘海猛：《城市韧性研究进展与展望》，《地理科学进展》2020 年第 10 期。

③ Berliant M., Konishi H., "The Endogenous Formation of a City: Population Agglomeration and Marketplaces in a Location-Specific Production Economy", *Regional Science and Urban Economics*, 2000(3), pp. 289-324.

④ 徐圆、张林玲：《中国城市的经济韧性及由来：产业结构多样化视角》，《财贸经济》2019 年第 7 期。

⑤ 陈奕玮、吴维库：《产业集聚、产业多样化与城市经济韧性关系研究》，《科技进步与对策》2021 年第 18 期。

一步演化发展。在城市群政策实施的背景下,各城市间的合作开放是促进城市群发展的重要外生机制之一。城市群政策的持续推进,促使形成区域整体性治理格局,促进了政府、市场和社会跨越城市边界进行多元合作的治理模式①,从而突破了传统的单一城市尺度下的区域管理模式,对一个城市的综合韧性产生影响。② 城市群政策实施所形成的整体性区域经济发展格局离不开贸易开放这一外部动力,它推动着区域经济增长。③ 作为国际贸易的关键枢纽之一,城市群通过对外的贸易开放及与国际市场的联系,在国际经济中发挥着重要作用。④ 区域的贸易开放程度很大程度上会影响城市韧性水平,其带来的经济效应夯实城市的韧性发展基础。因此,本文根据城市群政策形成的外生机制,进一步探讨城市群与城市综合韧性之间的潜在联系,提出以下假设:

H3:城市群可以通过贸易开放提升城市韧性。

三、研究设计

(一) 数据来源

截至 2020 年年底,我国国家级城市群总计 11 个:京津冀、长三角、粤港澳大湾区、成渝、长江中游、中原、哈长(哈尔滨-长春)、

① 章强、殷明:《基于府际合作的长三角港口群整体性治理研究》,《北京交通大学学报》(社会科学版)2021 年第 3 期。

② 曹海军、霍伟桦:《基于协作视角的城市群治理及其对中国的启示》,《中国行政管理》2014 年第 8 期。

③ Qin B., Zeng D., Gao A., "Convergence Effect of the Belt and Road Initiative on Income Disparity: Evidence from China", *Humanities and Social Sciences Communications*, 2022(1), pp. 1-16.

④ 徐永健、许学强、阎小培:《中国典型都市连绵区形成机制初探——以珠江三角洲和长江三角洲为例》,《人文地理》2000 年第 2 期。

北部湾、关中平原、呼包鄂榆(呼和浩特-包头-鄂尔多斯-榆林)、兰西(兰州-西宁)。本文共收集了2010—2020年中国287个地级市及以上城市的相关数据,用于本文的数据为平衡面板数据,总计3 157个观测样本。其中,156个城市隶属于上述11个城市群。从各地级市政府官网公开的政策信息收集城市群相关政策作为本文的解释变量,并从《中国城市统计年鉴》《中国区域经济统计年鉴》和《中国环境统计年鉴》收集被解释变量和控制变量。

(二)城市韧性测度

城市韧性是由经济、社会、环境生态、制度、基础建设等子系统相互组合的多元复杂结构,作为衡量城市系统面对压力、威胁和变化时的能力,目前,我国还没有公认的城市韧性评价综合指标。在围绕城市韧性进行相关定量研究的基础上,本文构建一套城市韧性的综合评价指标并采用综合赋权法对城市韧性的各项指标进行综合赋值。其中,包含经济韧性、社会韧性、物理韧性、生态韧性、制度韧性共5个一级指标,每个一级指标包括4个二级指标,如表1所示。

本文采用主观赋权法与客观赋权法相结合的综合赋权法来确定各城市韧性指标的权重,并在此基础上测度最终的城市韧性指数,该方法在面对多属性问题的测量上更加客观有效。[①] 首先,根据指标的正负方向,使用不同的算法对其进行归一化处理,以统一各指标的计量单位,把指标的绝对值转化为相对值,解决异质指标的同质化问题。其次,主观赋权使用层次分析法(AHP),客观赋权使用熵权法(EWM),分别测算出主观权重与客观权重。再次,进行等权重加权平均得出综合权重,以兼顾专家经验知识的理性判

① 陈伟、夏建华:《综合主、客观权重信息的最优组合赋权方法》,《数学的实践与认识》2007年第1期。

断与数据信息分布的价值判断，确保赋权效果。最后，将各指标的归一化数值分别与对应的综合权重相乘并进行累加求和，并放大 100 倍以优化展示效果。城市韧性指数的测度模型(1)如下所示：

$$RES_{it} = 100\sum_{j=1}^{m} W_j x_{itj} \tag{1}$$

其中，RES_{it} 为样本城市 i 第 t 期的城市韧性指数；W_j 为指标 $j(j=1, 2,\cdots, m)$的综合权重；x_{itj} 为归一化处理后的指标值。

表 1　城市韧性综合评价指标体系

一级指标	二级指标	指标解释
经济韧性(0.219 5)	经济基础	人均 GDP
	产业结构	第三产业产值占第二产业产值的比重
	发展活力	城镇居民人均可支配收入
	消费潜力	人均社会消费品零售总额
社会韧性(0.183 7)	人力资本	每万人普通高等学校在校学生数
	文化底蕴	每万人公共图书馆藏书量
	医疗设备	每万人医院床位数
	医疗队伍	每万人执业医师人数
物理韧性(0.261 9)	交通设施	人均道路面积
	水网设施	建成区平均供水、排水管道密度
	网络普及	每万人拥有互联网用户数
	资源供给	人均供水综合生产能力
生态韧性(0.120 4)	绿化水平	建成区绿化覆盖率
	保育水平	人均绿地面积
	污染治理	废物平均处理利用率*
	空气质量	$PM_{2.5}$ 平均浓度

(续表)

一级指标	二级指标	指标解释
制度韧性 (0.214 5)	财政自给	财政收入占财政支出的比重
	社会保障	失业保险参与率
	科教重视	人均教育与科技财政支出
	市政维护	人均市政公用设施建设投资额

* 注：即生活垃圾无害化处理率与污水处理厂集中处理率的均值。

（三）模型设定

为明确城市群政策实施对城市韧性的影响机制，本文将城市群政策的实施视为准自然实验，借鉴现有对于双重差分法(Staggered Difference in Differences, DID)的相关研究，本文的基准 DID 回归模型的定义如公式(2)：

$$Resilience_{i,t} = \beta_0 + \beta_1 treat_{i,t} \times policy_{i,t} + \lambda \times control_{i,t} + \gamma_i + \delta_t + \varepsilon_{i,t} \quad (2)$$

根据城市是否实施城市群政策，将其划分为处理组和控制组。式中，β_0 为常数变量；β_1 表示为反映城市群政策对城市韧性影响的关键 DID 变量；i 和 t 分别代表城市和年份；被解释变量 $Resilience_{i,t}$ 表示城市韧性值；$treat_{i,t}$ 表示城市的虚拟变量，其中，处理组的城市所代表的值为 1，控制组的城市所代表的值为 0；$policy_{i,t}$ 表示当年的虚拟变量，如果该城市当年实施了城市群政策，其值为 1，否则，为 0；$treat_{i,t} \times policy_{i,t}$ 表示城市与年份变量的交互项；$control_{i,t}$ 表示本文设置的控制变量；城市固定效应 γ_i 和年份固定效应 δ_t 解释了城市和年份对于城市韧性的影响情况，其中，$\varepsilon_{i,t}$ 为随机误差项。

根据假设 2 和假设 3，城市群政策的实施可以通过产业结构升级和贸易开放来提高城市韧性。在前文论述的相关研究的基础上,本文采用逐步回归分析法评估了产业结构升级和贸易开放的中介效应。

第一步,构建公式(3)[相关变量的含义同公式(2)],以此验证城市群政策的实施对城市韧性的总效应情况:

$$Resilience_{i,t} = \beta_0 + \beta_1 treat_{i,t} \times policy_{i,t} + \lambda * control_{i.t} + \gamma_i + \delta_t + \varepsilon_{i,t} \tag{3}$$

式中,β_1 为解释变量的系数。

第二步,根据公式(4)进行建模,以此验证本文假设的城市群政策中介变量的影响情况:

$$Medvariable_{i,t} = \theta_0 + \theta_1 treat_{i,t} \times policy_{i,t} + \lambda * control_{i.t} + \gamma_i + \delta_t + \varepsilon_{i,t} \tag{4}$$

式中,$Medvariable_{i,t}$ 表示产业结构升级和贸易开放情况的中介变量,θ_1 为中介变量系数。

第三步,根据公式(5)将城市韧性、城市群政策和中介变量共同纳入回归模型中,以检验中介变量产生的影响情况:

$$Resilience_{i,t} = \varphi_0 + \varphi_1 treat_{i,t} \times policy_{i,t} + \varphi_2 Medvariable_{i,t} + \lambda \times control_{i.t} + \gamma_i + \delta_t + \varepsilon_{i,t} \tag{5}$$

式中,φ_2 为中介变量系数。因此,本文推断,如果 β_1、θ_1 和 φ_2 都显著,本文假设的中介效应就会发生。

(四)变量选择

1. 被解释变量:城市韧性。通过构建的城市韧性综合评价指标所测度的数值进行衡量。

2. 解释变量:城市群政策。通过城市群政策的实施与否进行衡量,根据公式(2)中设定的虚拟变量交互项 $treat \times policy$(其中,

policy 指代城市群政策),如果样本城市属于城市群政策实施城市,*treat* 虚拟变量赋值为 1,否则,为 0。本文研究范围为 2010—2020 年实施的城市群政策,因此,*policy* 虚拟变量在样本城市实施该政策之前赋值为 0,在样本城市实施城市群政策后赋值为 1,最终收集样本共包含 287 个城市,其中,156 个城市在城市群政策实施范围内。

3. 中介变量:产业结构升级和贸易开放。假设 2 和假设 3 认为,城市群政策可以通过产业结构升级和贸易开放对城市韧性产生正向显著影响。衡量国家或省份贸易开放程度的指标有很多,如进出口总额占 GDP 的比重、外商直接投资占 GDP 的比重等,但是对于我国地级市及以上城市来说,收集该类数据相对困难,因此,本文采用地区实际利用外资与 GDP 的比重来衡量城市的贸易开放程度。在产业结构方面,第三产业具有现代化和高附加值的特点,第三产业在产业结构中所占比重的变化反映产业结构的演变情况,对我国高质量及可持续发展建设起到重要的影响作用。故本文采用第三产业占第二产业的比重来衡量城市的产业结构升级情况。

4. 控制变量:根据既有研究,为了尽可能地提高测量的估计精度,并降低遗漏变量的偏误,需要纳入可能对城市韧性产生影响的相关因素。本文拟纳入的相关控制变量分别为经济活力、金融发展、创新能力、对外开放、人口密度、城镇化水平和地理状况。具体来看,①本文利用地区 GDP 增长率来衡量城市的经济活力;②用金融机构存款与 GDP 的比重来衡量城市的金融发展水平;③用城市专利授权数量来衡量地区的创新能力;④用人均使用外资金额(元,取对数)来衡量城市的对外开放水平;⑤用每平方千米的常住人口数量(人,取对数)来衡量城市的人口密度;⑥利用居住在城市地区人口数量与城市总人口数量的比重来衡量城镇化水平;⑦以城市的地形起伏度来衡量城市的地理状况。表 2 列出了控制变量的描述统计分析结果。

表 2　相关变量描述性统计

变量	观测值	均值	中位数	标准差	最小值	最大值
城市韧性	3 157	35.445 3	32.144 0	17.715 4	3.432 8	94.963 4
城市群	3 157	0.249 0	0.000 0	0.432 5	0.000 0	1.000 0
经济活力	3 157	8.686 8	8.310 0	4.722 1	−20.630 0	109.000 0
金融发展	3 157	245.872 5	212.207 8	127.672 3	58.787 9	2 130.145 5
创新能力	3 157	7.190 9	7.088 4	1.678 3	1.791 8	12.312 3
对外开放	3 157	5.729 2	5.929 2	1.701 9	−1.976 2	9.462 2
人口密度	3 157	5.759 0	5.802 3	0.976 5	1.901 7	8.941 7
城镇化水平	3 157	54.589 3	52.750 0	15.260 1	18.060 0	100.000 0
地理状况	3 157	0.701 7	0.369 8	0.813 1	0.001 3	5.790 8

四、实证分析

（一）平行趋势假设检验

平行趋势假设是 DID 正确识别因果效应的关键前提，即处理组个体与控制组个体在政策实施前不存在差异，并具有相同的时间变动趋势。为检验公式(2)是否满足提出的研究假设，参考相关研究中的基于事件研究法(ESA)①，构建平行趋势检验模型公式(6)：

$$Y_{it}=\theta_0+\sum_{j=-8}^{j=-1}\theta_j treat_{it}*policy_{itj}+\sum_{j=0}^{j=5}\theta_j treat_{it}*policy_{itj}+\lambda*control_{it}+\gamma_i+\delta_t+\varepsilon_{it} \quad (6)$$

① 黄炜、张子尧、刘安然：《从双重差分法到事件研究法》，《产业经济评论》2022 年第 2 期。

其中,样本期内城市群政策实施的时间基本设定为2010—2020年,本文将政策实施的时间虚拟变量分解为政策实施前8年、政策实施当年与政策实施后5年共计14个相对时期。为避免多重共线性,将政策实施前8年作为估计结果比较的基期。若i城市在第t年实施了城市群政策,第t年就是其政策实施的之前或之后的第j年,此时,$policy_{itj}$的取值为1,否则,取值为0。那么,政策实施前的θ_j就意味着样本的处理组个体与控制组个体之间存在固有差异,若这种差异在各个时期内都没有发生结构性变化,则在一定程度上可以认为本文设定的平行趋势假设的成立。根据公式(6)的估计结果,绘制$treat_{it} \times policy_{itj}$系数的时间趋势图如图1所示。

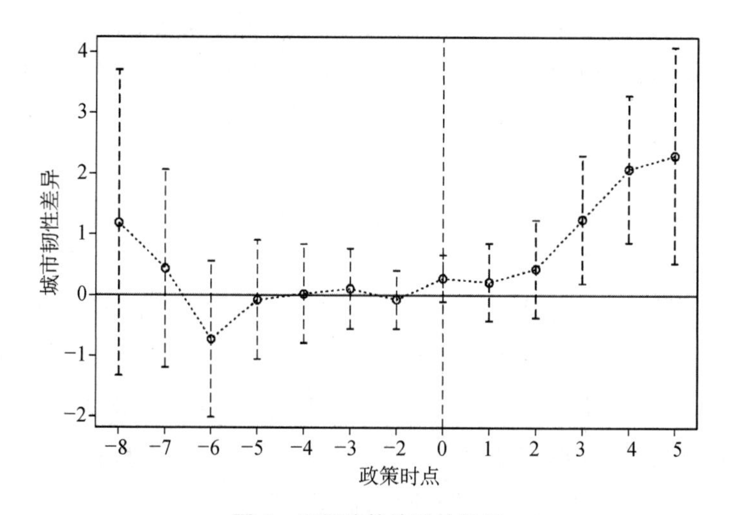

图1　平行趋势检验的结果

图1展现了系数的估计值与95%的置信区间,横轴表示了政策实施之前或之后的年份j。在城市群政策实施前,系数的波动幅度较小,趋势平稳,其95%的置信区间都包含0,表明在5%的显著性水平上,不能拒绝处理组和控制组存在一致模式的假设。然而,在城市群政策实施之后,存在部分年份的系数在95%的置信

区间不包含 0，系数在 5%的显著性水平上为正且存在短期的增长趋势，该结果意味着城市群政策对城市韧性存在积极效应的可能性，后续还需要进行更加严谨的稳健性检验。

（二）基准 DID 检验

本文采取逐步回归法的思路，根据前文建立的公式(3)至(5)的逐步回归模型对数据进行回归分析，表 3 呈现了本文基准 DID 模型的回归结果。第(1)列仅包含解释变量；从第(2)列开始加入控制变量、城市固定效应和年份固定效应，其中，第(2)列纳入经济活力、金融发展、创新能力等 6 个控制变量；第(3)列与第(4)列分别在回归模型中纳入城市固定效应和年份固定效应；在第(5)列中将所有因素都纳入回归模型中进行分析。可以发现：当控制了干扰因素后，第(2)列中城市群政策呈现的系数在 1%的水平上显著为正；同样，当单独纳入城市固定效应后，第(3)列中城市群政策的系统仍然在 1%的水平上显著。为了进一步探究影响因素，在模型(4)的基础上再次加入城市固定效应，城市群政策的系数在 10%的水平上显著为正。整体分析 5 个模型，随着干扰因素的逐步纳入，城市群系数总体上出现逐渐缩小的趋势，表明估计结果在一定程度上具有稳健性。

第(5)列是本文所采纳的最终模型，解释变量城市群的系数为 0.763，达到 10%的显著性水平。可以判断在有效控制了影响城市韧性的干扰因素后，相比于控制组，处理组的城市韧性在一定程度上有所提升，H1 成立。根据表 2 所示，城市韧性的均值为 35.45，可以进一步推断城市群政策的实施对城市韧性的年平均效应为 2.15%。尽管在韧性先前的模型中，在有效控制相关干扰因素后，年份固定效应的纳入使得城市群的系数出现不显著的情况，但最终模型呈现的系数结果在一定程度上为显著正向，对城市群政策影响城市韧性的假设提供了有力支持。

表 3　基准 DID 模型的回归结果

变量	城市韧性				
	(1)	(2)	(3)	(4)	(5)
城市群	11.53***	1.925***	4.890***	−0.557	0.763*
	(1.169)	(0.704)	(0.433)	(0.928)	(0.420)
经济活力		−0.221***	−0.322***	−0.000 357	0.046 8
		(0.051 6)	(0.078 5)	(0.079 9)	(0.029 8)
金融发展		0.019 0***	0.005 99**	0.018 4***	−0.007 27**
		(0.003 62)	(0.002 41)	(0.003 73)	(0.002 93)
创新能力		3.022***	2.444***	2.674***	0.016 2
		(0.413)	(0.375)	(0.424)	(0.175)
对外开放		1.450***	0.041 0	1.710***	0.329***
		(0.248)	(0.142)	(0.267)	(0.097 1)
人口密度		−1.321*	7.021	−0.965	−9.491**
		(0.742)	(6.040)	(0.747)	(4.658)
城镇化水平		0.627***	0.420***	0.611***	0.080 3**
		(0.044 2)	(0.045 8)	(0.044 4)	(0.037 4)
常数项	32.58***	−25.38***	−47.07	−26.52***	84.67***
	(0.919)	(3.877)	(34.91)	(3.962)	(27.24)
城市固定效应	否	否	是	否	是
年份固定效应	否	否	否	是	是
观测值	3 157	3 157	3 157	3 157	3 157
R^2	0.079	0.776	0.948	0.785	0.972

注：***、**、* 分别表示在 1%、5%、10%的水平上显著，括号内为聚类在城市层面的稳健标准误。限于篇幅，未展示地理状况与年份的交互项。下文各表中的控制变量与双向固定效应皆已控制。

五、稳健性检验

（一）安慰剂检验

本文采用安慰剂检验以确保基准 DID 回归估计结果的稳健性。根据城市群政策的实施情况，本文随机抽取 156 个城市作为处理组，而后随机指定一个年份作为这些处理组城市的政策实施时间点，以此确保处理城市和处理时间的双重随机性，最后产生的虚构核心解释变量城市群政策进行 DID 结果估计分析，该过程共计重复了 500 次，具体安慰剂检验结果如图 2 显示。

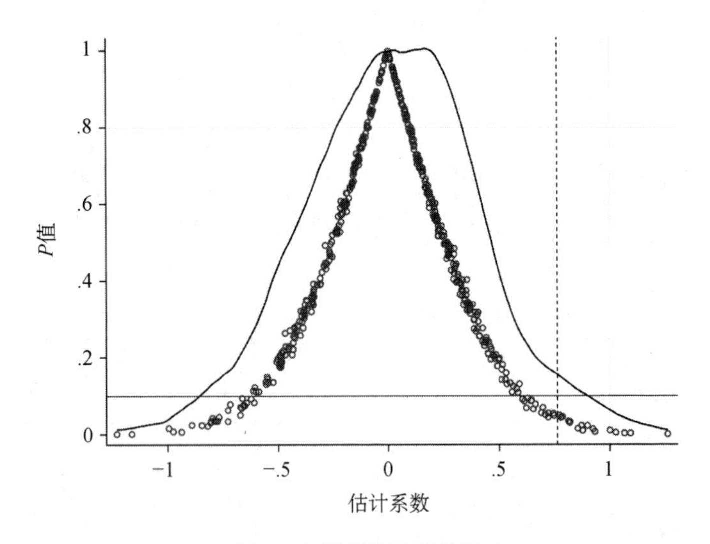

图 2　安慰剂检验的结果

在图 2 中描绘了虚构变量系数的概率密度及对应的 P 值，其中，竖线代表基准 DID 回归估计结果系数(0.763)，横线代表 10% 的显著性水平。安慰剂检验结果显示，虚构效应高度集中于 0 附近,同时,绝大部分估计值的 P 值也都大于 0.1,表明虚构变量对城市韧性的估计结果并不具有统计显著性,证明了随机因素或遗漏变量不影响回归结果,安慰剂检验的结果有效地证明了基准 DID 回归分析法的稳健性及可靠性。

(二)排除干扰政策

除城市群政策以外,城市韧性还可能受到同时期所实施的其他政策的影响,为保证基准 DID 回归分析的估计结果是一个净效应,本文剔除了同期(2010—2020 年)颁布的其他可能存在影响的相关政策。这些政策主要有:其一,智慧城市政策,该政策概念自 2008 年提出,2012 年正式启动试点,通过数字技术手段帮助城市更加互联、高效、智能,驱动城市进行整体性结构变革,带动区域协调发展①,城市系统可能会因智慧城市的构建对城市韧性产生一定的影响②;其二,海绵城市政策,根据我国存在的水情特征和水问题,于 2014 年提出相关政策并于 2015 年开展试点,以解决水生态相关危机问题,因此,海绵城市政策的实施可能从生态环境层面对城市韧性造成影响;其三,国家创新型城市政策,城市创新政策的实施可以吸引人才聚集及促进创新成果产出,以提升城市竞争力,在一定程度上促进城市韧性提升。③ 因此,本文评估了智慧城市、海绵城市和国家创新型城市三种类型的政策效果,结果如表 4 所示。

---

① 曹海军、刘少博:《京津冀城市群治理中的协调机制与服务体系构建的关系研究》,《中国行政管理》2015 年第 9 期。

② 武永超:《智慧城市建设能够提升城市韧性吗?——一项准自然实验》,《公共行政评论》2021 年第 4 期。

③ 常哲仁、韩峰、钟李隽仁:《创新试点政策能够提高城市经济韧性吗?——来自准自然实验的证据》,《经济问题》2023 年第 4 期。

表 4　排除干扰性政策的估计结果

变量	城市韧性		
	(1)智慧城市	(2)海绵城市	(3)国家创新型城市
城市群	0.698*	0.751*	0.735*
	(0.419)	(0.419)	(0.415)
干扰性政策	0.971**	1.116	2.241***
	(0.442)	(0.894)	(0.765)
常数项	85.37***	91.10***	85.33***
	(27.26)	(26.93)	(26.98)
观测值	3 157	3 157	3 157
R^2	0.972	0.972	0.972

注：***、**、* 分别表示在 1%、5%、10%的水平上显著，括号内为聚类在城市层面的稳健标准误。

表 4 展现了排除干扰性政策的估计结果，除海绵城市政策外，其余两项“干扰”政策均对城市韧性产生较为显著的积极效应。从城市群政策的系数来看，各列城市群政策对城市韧性的效应均保持一定程度的正向显著水平，与基准 DID 回归估计的结果相比差异较小，其结果具有一定的稳健性，表明这些同期政策并未对城市群政策的实施造成干扰影响，城市群政策对于城市韧性的影响保持积极效应。

（三）替换被解释变量

为进一步检验基准 DID 回归估计分析的稳健性，防止对城市韧性评价指标体系的权重判定因主观性出现误差，从而影响城市韧性测度的有效性及科学性，本文尝试替换被解释变量，分别采用熵权法、层次分析法、均权法和因子分析法对城市韧性的评价指标体系的权重进行判定，替换被解释变量的估计结果如表 5 所示。

表 5　替换被解释变量的估计结果

变量	城市韧性			
	(1)熵权法	(2)层次分析法	(3)均权法	(4)因子分析
城市群	0.627	0.900**	0.869**	3.164**
	(0.419)	(0.443)	(0.395)	(1.318)
常数项	59.41**	109.9***	104.2***	41.17
	(26.66)	(28.65)	(24.55)	(78.62)
观测值	3 157	3 157	3 157	3 157
R^2	0.973	0.969	0.971	0.974

注：***、** 分别表示在 1%、5%的水平上显著，括号内为聚类在城市层面的稳健标准误。

根据表 5 的估计结果可以发现，除熵权法产生的城市群政策的估计系数为正向不显著外，其余方法对于城市韧性指数进行测度产生的城市群政策估计系数皆为正向显著，该结果很大程度上支持本文所选择的综合赋权法的合理性。

（四）异质性分析

基于国家统计局的分类标准，本文将所有 287 个样本城市划分为东部、中部、北部、东北部四个地区，以检验区域异质性的影响，其 DID 回归分析的结果如表 6 所示。

表 6　地区水平的异质性检验结果

变量	城市韧性			
	(1)东部地区	(2)中部地区	(3)北部地区	(4)东北部地区
城市群	0.065 4**	0.015 3**	0.018 7	0.016 7
	(0.034 7)	(0.006 4)	(0.013 4)	(0.014 3)
常数项	0.097 6**	0.045 0***	0.047 6**	0.035 2**
	(0.038 7)	(0.002 72)	(0.003 77)	(0.017 6)

（续表）

变量	城市韧性			
	(1)东部地区	(2)中部地区	(3)北部地区	(4)东北部地区
观测值	866	876	1 021	365
R^2	0.070	0.103	0.087	0.065
城市固定效应	是	是	是	是
年份固定效应	是	是	是	是

注：***、** 分别表示在 1%、5%的水平上显著，括号内为聚类在城市层面的稳健标准误。

根据表 6 的检验结果，四个地区的城市群政策的估计系数均为正值。然而，只有东部地区和中部地区的结果在 5%的水平上产生显著影响，而北部地区和东北部地区的估计结果并不显著。北部地区和东北部地区的城市群分别包含哈长城市群（哈尔滨-长春）、呼包鄂榆城市群（呼和浩特-包头-鄂尔多斯-榆林）和兰西城市群（兰州-西宁）。与东部、中部地区存在差异，一方面，从城市群发展的时间维度上看，国务院关于呼包鄂榆城市群和兰西城市群的发展规划的批复时间为 2018 年，立项推进的时间较晚于其他城市群；另一方面，从地区发展维度来看，我国东北部地区出现城市收缩现象，人口流失率高，由于地区产业结构重型化，产业转型困难，使得区域资源集聚受到制约、经济发展较为迟缓。① 因而，我国区域的异质性因素在较大程度上影响了城市群政策对城市韧性的积极作用。

（五）机制分析

根据前文的实证分析发现，城市群政策对城市韧性产生积极

① 孙平军、王柯文：《中国东北三省城市收缩的识别及其类型划分》，《地理学报》2021 年第 6 期。

显著的影响,为进一步探究城市群政策对城市韧性的作用机制,本文基于逐步回归分析模型对贸易开放和产业结构升级的中介效应依次进行检验,其回归结果如表 7 所示。

表 7　城市群政策的中介效应

变量	城市韧性			
	(1)	(2)	(3)	(4)
城市群	0.026 5**	0.018 7**	0.007 6**	0.012 2**
	(0.013 5)	(0.009 3)	(0.003 4)	(0.008 7)
产业结构升级		0.032 6**		
		(0.019 8)		
贸易开放				0.065 4**
				(0.043 6)
常数项	0.026 4**	0.064 6**	0.058 3**	0.048 9**
	(0.013 4)	(0.031 8)	(0.021 5)	(0.021 4)
观测值	3 157	3 157	3 157	3 157
R^2	0.087	0.089	0.032	0.054
城市固定效应	是	是	是	是
年份固定效应	是	是	是	是

注: ** 表示在 5%的水平上显著,括号内为聚类在城市层面的稳健标准误。

从表 7 展现的估计结果来看,第(1)列和第(2)列表示产业结构升级的中介效应,第(3)列和第(4)列表示贸易开放的中介效应,被解释变量城市韧性的估计系数均在 5%的水平上显著为正。中介效应的回归估计结果表明,城市群政策的实施在一定程度上可以通过产业结构升级和贸易开放两种机制对城市韧性产生正向且积极显著的影响。同时,为进一步确保本文中介效应的有效性,对产业结构升级和贸易开放两个中介效应都进行了 Sobel 检验和 Bootstrap 检验，其检验结果显著有效，对本文的稳健性提供了有力支持。因此，以上结果证实了本文提出的假设 2 和假设 3 成立。

六、研究结论与启示

随着我国区域协调发展战略进程的深入推进，城市群政策的布局及实施对中国经济社会的发展产生重要影响，然而，城市群政策对城市韧性的影响机制的相关研究尚需深入探究。本文基于 2010—2020 年的城市数据，通过构建城市群政策对城市韧性的分析框架，采用综合赋权法对城市韧性进行综合评价，基于对我国 287 个地级市及以上城市的数据样本进行的实证分析，利用基准 DID 回归模型分析了二者之间的因果关系与作用机制，并分别采用安慰剂检验、排除干扰政策、替换被解释变量、异质性分析等检验方法验证结果的稳健性，旨在科学地评估我国城市群政策对城市韧性的影响。

研究发现：第一，城市群政策对城市韧性的影响积极显著。本文对影响城市韧性的主要相关因素进行有效控制后，城市群政策的实施对城市韧性的年平均效应为 2.15%。第二，城市群政策对城市韧性的影响存在明显的区域异质性。本文划分四个地区进行回归分析，其估计结果并不完全显著，在我国东部和中部地区，城市群对城市韧性的影响为正向显著性；在我国西部和东北部地区，这种影响并不显著。第三，城市群政策可以通过产业结构升级和贸易开放的中介效应提升城市韧性。机制分析结果表明，除直接作用于城市韧性外，城市群政策可以通过产业结构升级和贸易开放对城市韧性产生积极显著的影响。

以上研究结果为我国的城市韧性建设提供了相应的政策启

示。首先,政府应更加注重区域发展的合作与协调,积极缩小我国城市群内部和城市群之间的地区差异。基于城市群政策的实施情况,需要增加对人力、财力、物力等生产要素的投入,同时,注重提升基础设施、生态环境以及政策法规等方面的规划建设,进行城市间的整体性发展,以减少城市群内部和城市群之间的发展差异,促进区域协调建设,实现城市的可持续及高质量发展。其次,政府应根据所在城市群的产业定位,制定不断优化产业结构的相关政策,并结合城市资源禀赋提升对外开放的力度和能力。从城市群政策形成的内在机制和外在机制来看,一方面,政府应紧密衔接城市经济的发展情况,对城市的产业结构进行规划升级,提高第三产业在城市经济中的比重,构建多元化经济基础,以创造更多的资源和市场机会。另一方面,政府可以通过扩大贸易开放渠道,增加城市经济的多样性,获取更为广泛丰富的市场及资源,促进创新并提高城市的竞争力,以支持城市实现高质量发展,进一步增强城市的韧性建设,适应不断变化的内外部环境,确保城市在长期建设过程中实现可持续发展。最后,为加强城市韧性建设,政府应重视组合型政策的规划和实施。为实现城市的高质量及可持续发展,政府在同一时期应制定并实施不同的发展政策,尽管部分政策对城市韧性产生积极显著的影响,但也可能存在与其他政策相冲突的情况,从而抑制特定政策对城市发展的影响作用。因此,学界可以更多关注如何协调整合同期实施政策,最大程度地提高实施政策对城市可持续发展的影响,这将有助于更好地理解政策间的相互作用,为城市政策的制定及执行提供更加科学有效的指导和规划。

基层党建、住房产权与都市居民的社区治理参与

——基于上海社区调查的分析

吴佳忆[*]　刘　欣[**]

[内容摘要]　居民因拥有住房产权而更有可能参与社区治理，是对自己产权利益免遭威胁的反应。然而，这种"对威胁的反应"可能因社区治理模式不同而表现出差异。党组织引领社区治理，是中国都市居民社区治理模式的突出特征。在这种模式中，基层党建双重嵌入社区社会结构之中并调节着业主"对威胁的反应"，因而能够弥合业主与租客在公益型参与上的差异，提升居民的社区感和公益型参与水平。对上海社区调查数据的分析发现，业主在权益型、公益型参与中表现更加积极；基层党组织活跃，虽然对业主的权益型参与无显著影响，却会提高租客的公益型参与水平。这些发现支持了基于上述论辩的研究假设。基于研究结论，本文指出进一步发挥基层党建的双重嵌入效应，激发都市居民社区治理的参与活力、促进共建共治共享的社区共同体的政策蕴含。

[关键词]　基层党建；住房产权；社区治理；社区参与；业主效应

* 吴佳忆，复旦大学社会学系博士研究生。

** 刘欣，复旦大学社会学系教授、博士生导师。

一、问题的提出

住房阶层(housing class)理论兴起后,引发了关于住房产权对个体观念态度、社会行为等方面影响的广泛讨论。在马克思主义传统的城市社会学中,住房产权被认为是推动社区行动的重要变量,甚至在政治认同中发挥关键性作用。① 已有研究发现,业主群体拥有了住房产权,就意味着拥有了附着在住宅物业上的积累利益、居住利益。这种地域性的利益关联,使业主有动力去参与集体行动,以维护其自身利益免遭折损威胁,也被称为"对威胁的反应"命题。② 对上述经典论辩的实证检验,更多地被置于契约主义的话语逻辑下,强调利益的明晰性、排他性,忽视了对社会性背景的观照。有研究发现,业主对住房产权利益的界定具有主观性,利益感往往需要在社区场域中被形塑和激发。③ 这也启示我们,基于住房产权利益的社区参与是一个社会建构的过程,不仅关涉利益,也关涉对威胁的感知。实际上,住房产权与社会参与之间的关系,会因制度性背景不同而有所差异。相关研究表明,社区的社会结构、制度安排等都会对业主的社区参与行为产生背景性的效果。④ 因此,有必要把社区情境引入对社区参与生成机制的探讨中来。

中国社会与西方社会有着不同的治理逻辑。党组织在基层社会治理中发挥着引领性作用,具有"一核多方"的特征。基层党组

---

① Norine Verberg, "Homeownership and Politics: Testing the Political Incorporation Thesis", *Canadian Journal of Sociology*, 2000, 25(2), pp. 169-195.

② Lennart J. Lundqvist, "Property Owning and Democrary-Do the Twain Ever Meet?", *Housing Studies*, 1998, 13(2), pp. 217-231.

③ Fredrik Andersson and Tom Mayock, "How Does Home Equity Affect Mobility?", *Journal of Urban Economics*, 2014, 84, pp. 23-39.

④ 陈鹏:《城市社区治理:基本模式及其治理绩效——以四个商品房社区为例》,《社会学研究》2016 年第 3 期。

织作为社区治理的领导核心、居民生活重要的组织力量,其活跃程度是否会影响住房产权与社区治理参与之间的关系呢？本文认为,都市居民住宅小区中虽然存在着基层治理中的业主效应,即业主在权益型、公益型参与上比租客更积极,但基层党建效应对此具有调节作用,有助于弥合两者之间的落差,促进住宅小区居民整体公益型参与水平的提升。这主要是通过基层党组织双重嵌入社区社会结构之中而实现的:一方面,党组织嵌入社区权力格局之中,推动形成以组织覆盖为核心的社区权力协调体系;另一方面,党组织嵌入社区社群之中,可以动用一些资源,推动形成以柔性赋能为核心的多方联动网络、生成社区社会资本。基层党组织作用的发挥,不仅决定社区的利益格局,还会拓展社区参与空间、增强参与效能感、激发社区认同,进而显著地缩小业主与租客之间的社区参与水平差异。对上海社区调查数据的分析结果,支持了所提出的主要研究假设。在归纳研究结论的基础上,本文指出了研究发现对于激发居民的社区治理参与活力、构建社区治理共同体的政策蕴含。

二、住房产权与社区参与:对桑德斯命题的探讨

(一) 业主:一类特殊住房利益群体

住房产权是权利人对于住宅物业(domestic property)的所有权和控制权。一般而言,住房产权利益主要包括住宅物业(用于居住的土地和建筑物)的居住(或使用)利益(accommodative interest)和积累(或交换)利益(accumulative interest)。

桑德斯(Peter Saunders)等学者为代表提出的住房阶层理论认为,住房不仅是一处住所,更是一种商品、一种权利。不同社会群

体对住房的占有不同,构成了城市社区中不同的利益群体。从住房权属上看,分为拥有产权和不拥有产权两类群体;从功能使用上看,最核心的是居住利益(使用价值)、积累利益(交换价值)。基于住房权属和功能关系的不同组合,桑德斯划分出城市社区中三类不同的住房利益群体,即将财产用于累积的供应者(suppliers)、将他人财产用于居住的租客(tenants)、将财产用于累积和居住的业主(owner-occupants)。① 不同群体拥有各自的群体利益,在资源分配中享有不同的收益。

总体而言,相较于非业主,业主因为住房产权的积累属性,可以抵御物价通胀、减轻晚年的经济负担并将住房作为家族财富传承下去,拥有住房产权也因此成为社会认同的象征。同时,业主对于房子和家具可以自由选择、具有控制权,构成了安全感(ontological security)的重要来源。换言之,拥有住房产权,意味着在物质情境中拥有更多"固有"利益。② 其中,由于自住业主同时享有居住收益和积累收益,与社会、国家的利益关联更加紧密(例如,在土地使用冲突等地方性事务、住房政策等全国性事务中具有利害关系),因此构成特殊的利益共同体。

(二) 基于产权利益的社区参与

作为地域性利益群体,业主利益是附着在住房产权上的。因此,当特定的住房利益受到威胁时,业主群体会基于"对威胁的反应"(reaction-to-threat)最大限度地行动起来。③ 这也被称为桑德斯命题。就社区层面而言,相较于租客,自住业主基于对住房产权

---

① Peter Saunders and Colin Harris, "Privatization and the Consumer", *Sociology*, 1990, 24(1), pp.57-75.

② Ibid.

③ Peter Saunders, *A Nation of Home Owners*, London: Unwin Hyman, 1990, pp.255, 262.

利益的保护,对社会生活的参与(engagement)更加积极,也更有可能加入社区俱乐部和其他组织。①

这一论辩得到了经验资料支撑。既有研究从住房产权的积累利益、居住利益出发,阐明了住房产权与社区参与积极性之间的因果机制。一是财富效应。投资回报理论认为,物质利益是参与行为得以发生的首要动因。住房产权是业主的直接物质利益,因此,关注并参与推动社区问题解决,被视为业主保护对住房经济投资的一种手段,用以抵御或减少住房投资可能遭遇的贬值风险。②但对租客而言,住房增值可能导致租金上涨、利益受损,租客参与动力不足。二是锁定效应。流动障碍理论认为,住房产权直接或间接地给社会流动造成了巨大的交易费用。由于交易费用的存在,业主买卖房屋的成本与租客租房的成本相比高出很多。这笔巨大的交易费用会带来业主的流动障碍。这意味着,业主的居住稳定性比租客要高很多,因而业主与社区的利益"捆绑"更深③,也更有可能被带入(engagement)社区事务之中。三是居住效应。住房的使用价值不单单指住宅本身,还与生活区域的安全、卫生、隐私性、美观性以及周边的商店、文体娱乐等一系列配套公共设施息息相关。④ 这些公共服务的供给水平和品质,在社区之间存在较大的差异。换言之,个体能获得什么样的公共产品,很大程度上取决于他居住在什么样的社区。在社区中居住的时间越长,受到的影响也就越大。不良的居住环境对自住业主的影响将远远大于租

---

① Peter Saunders, *A Nation of Home Owners*, London: Unwin Hyman, 1990, p.311.

② Terry C. Blum and Paul William Kingston, "Homeownership and Social Attachment", *Sociological Perspectives*, 1984, 27(2), pp.159-180.

③ Donald R. Haurin and H. Leroy Gill, "The Impact of Transaction Costs and the Expected Length of Stay on Homeownership", *Journal of Urban Economics*, 2002, 51(3), pp.563-584.

④ David John O'Brien, *Neighborhood Organization and Interest-Group Processes*, Princeton: Princeton University Press, 1975, p.9.

客,因而,自住业主更有可能通过政治投票、表达诉求、提出建设性意见等各种方式来表达不满①,并对产权利益进行自我保护。

(三) 对桑德斯命题的反思

从上述文献可以看出,住房产权使个体与社区建立了利益关联,进而激发了个体参与地方性公共事务的积极性。这背后隐含的理论假设是:参与行为是利益驱动的结果。因此,住房产权差异本质上是业主、租客与社区的利益关联度差异。由于自住业主与社区的利益关联度更高,其社区参与的积极性也就更高。

但个体是嵌入社会中的,个体行为选择必然会受到社区情境的制约。正如普特南(Robert D. Putnam)所强调的,任何社会都是由一系列人际沟通和社会交换网络构成的。② 只有在具体的社区情境中,威胁才能被定义、被感知并在社区的机会结构中表征出"对威胁的反应"。例如,一项基于美国芝加哥地区的研究发现,当地居民管理组织(LAC)为公房(public housing)租客提供了更多参与机会,从而激发了其参与热情,公房租客的社区参与水平不仅显著高于私房租客,而且与业主也没有显著差异。③ 一项基于香港的研究也发现,公房社区中业主与租客的社区参与水平不具有显著差异,很大程度上与其邻里守望的社区文化有关。④

---

① William A. Fischel, "Homevoters, Municipal Corporate Governance, and the Benefit View of the Property Tax", *National Tax Journal*, 2001, 54(1), pp. 157-173.

② Robert D. Putnam, Robert Leonardi and Raffaella Y. Nanetti, *Making Democracy Work: Civic Traditions in Modern Italy*, Princeton: Princeton University Press, 1993, p. 173.

③ David A. Reingold, "Public Housing, Home Ownership, and Community Participation in Chicago's Inner City", *Housing Studies*, 1995, 10(4), pp. 445-469.

④ Adrienne La Grange and Yip Ngai Ming, "Social Belonging, Social Capital and the Promotion of Home Ownership: A Case Study of Hong Kong", *Housing Studies*, 2001, 16(3), pp. 291-310.

国内研究也发现,住房产权对政治参与的促进作用仅局限于特定社区情境①;甚至国家权力、社区建设导向也会对居民社区参与的性质、过程起到决定性作用。② 但这种基于产权利益的社区参与具体受到何种社区情境特征调节?运作机制是怎样的?相关讨论仍尚显不足。有必要在中国情境下对桑德斯命题进行再探讨,考察在中国都市社区中,是否也存在基层治理中的"业主效应"?生成的社区情境又是什么样的?这有助于找到居民参与都市社区治理的动因,为更好地构建社区共同体提供理论支撑和政策建议。

三、中国都市居民的住房产权与社区治理参与:理论思路与假设

(一)都市居民住宅小区:考察都市社区治理的重要场域

改革开放后,与市场经济体制改革相匹配,城市行政管理体系从单位制逐步向街居社区制转变。与之相适应,居民住宅小区成为城镇特别是都市基层治理的基本单元。住宅小区在地域上,以小区四至为界,通过围墙、门禁或门岗等安全措施"拱卫",形塑了社区空间的封闭性,构成公共政策和社会认知中的社区治理边界。这种地域性分隔也在一定程度上塑造了"我们"与"他们"的心理边界。从这个意义上讲,住宅小区是一个可以清晰分辨边界的邻里

① 李骏:《住房产权与政治参与:中国城市的基层社区民主》,《社会学研究》2009年第5期。

② 杨敏:《作为国家治理单元的社区——对城市社区建设运动过程中居民社区参与和社区认知的个案研究》,《社会学研究》2007年第4期。

(neighborhood),在地理、心理、经济属性上与社区边界高度重合,是居民参与社区生活最重要的场域。①

伴随人口流动性加剧、社区异质性加大、居住区隔性加深,住房成为都市居民与社区最重要的关系联结点。相应地,社区治理事务也以居民的居住、生活需求为圆心向外延伸,居住条件、治安水平、环境状况以及小区公共活动空间、配套设施、配套服务等②,都是居民对社区的核心关切。这不仅包括居民的个体性事务(主要基于住房产权利益),还包括住宅小区中的集体性事务(基于建筑物区分所有权的共有产权利益),以及因小区公共产品生产、邻里交往而形成的地域性公共事务。③ 在都市生活中的这些基层治理事务,既关涉物业管理、业委会运作等小区中各类组织主体的权力资源分配与再生产,也关涉小区内部资源的共建共享以及周边交通、医院、学校、托幼机构、便民设施等公共资源的供给与配置。许多纠纷和冲突从中萌发。④ 从这个意义上讲,都市社区的治理过程,是一个回应居民空间关切、优化公共产品供给、完善社区秩序的过程。治理议题设置也是围绕住宅物业管理、公共空间、配套服务等民生服务需求展开的。因此,不同于西方以政治性参与(如投票等)为核心的地方性事务管理实践,中国都市居民住宅小区中的治理参与,总体而言是低政治性的,"生活政治""邻里政治"是社区治理常态⑤,也更能反映社区治理的形态和状况。

---

① Benjamin L. Read, "Democratizing the Neighbourhood? New Private Housing and Home-Owner Self-Organization in Urban China", *The China Journal*, 2003, 49, pp.31-59.

② 熊易寒:《从业主福利到公民权利:一个中产阶层移民社区的政治参与》,《社会学研究》2012 年第 6 期。

③ 陈尧:《自治还是治理——城市小区治理的认识逻辑》,《江海学刊》2018 年第 6 期。

④ 王星:《利益分化与居民参与——转型期中国城市基层社会管理的困境及其理论转向》,《社会学研究》2012 年第 2 期。

⑤ 吴晓林:《治权统合、服务下沉与选择性参与:改革开放四十年城市社区治理的"复合结构"》,《中国行政管理》2019 年第 7 期。

（二）都市居民的社区治理参与：权益型参与、公益型参与

居民通过参与与社区建立联结。这种参与有明确的空间和政治限度，体现为与社区治理目标相适应的、邻里空间内的有序参与。根据基层治理议题与居民利益的关联度，可以将都市社区治理中的居民参与分为两大类，即权益型参与、公益型参与。权益型参与指向的是基于实质性利益的参与行为。在都市居民住宅小区中，最核心的利益就是住宅物业利益。这不仅包括对住房、产权车位等利益的维护，还包括对"相邻物权"（如房屋外立面、楼道、门禁大堂、落水管道、公共停车位等）①的主张，以及对小区设施、绿化、公共活动场地等资源的配置、利用。② 这些直接关系到住房价值与居住品质。因此，权益型参与是由利益冲突激发的自我保护意识驱动并生成的，最典型的表现形式就是向居民委员会（以下简称居委会）、业主委员会（以下简称业委会）、物业管理企业（以下简称物业公司）表达意见、提出建议、反映问题等。③

与租客相比，由于业主与住宅小区的经济联系更加紧密，因此有更大的参与动机，会为了维护住房产权利益而行动起来。《中华人民共和国民法典》物权编关于"建筑物区分所有权"的法律规定，也赋予了业主权益型参与的合法性。近年来，由于城市居民住宅小区中物业治理乱象丛生，国家层面修订了《物业管理条例》和相关行政法规，上海等地也纷纷出台了《住宅物业管理条例》。这在一定程度上强化了业主的权利感。在维权与侵权、"自利"与"他

---

① 刘建军：《社区中国》，天津人民出版社 2020 年版，第 50—52 页。

② 陈尧：《自治还是治理——城市小区治理的认识逻辑》，《江海学刊》2018 年第 6 期。

③ 孙三百：《住房产权、公共服务与公众参与——基于制度化与非制度化视角的比较研究》，《经济研究》2018 年第 7 期。

利”的边界冲突中，业主的权利意识与利益诉求产生共振，激发出更大的参与热情，越来越多的业主尝试用法律武器来捍卫自己的正当权益。① 据此，我们提出如下假设：

假设1：相较于租客，业主的权益型参与更积极。

另外，在都市居民住宅小区治理中，存在大量不与个体住房产权显性关联的集体性事务、公共性事务。这些公共议题具有公益性特征。例如，居民通过参与小区公共议题讨论、参与志愿活动、加入小区社群等多种形式②，进行公益型参与。与权益型参与相对，公益型参与并不直接产生个体性的物质利益反馈，但会促进公共空间、周遭环境、配套设置、人文氛围等小区软硬件环境得到改善。这些都有利于提升居住品质和小区的象征性地位，并最终资本化到房产价值上。③ 这为业主的公益型参与行为赋予了文化和经济意涵。因此，业主会对小区事务产生更大的责任感，愿意投入时间和精力去关注社区问题、维护社区环境与秩序④，以避免住宅小区整体品质、“格调”或地位下降。⑤ 但住宅小区整体品质改善、社区地位提高会带来租金上涨，造成租客的经济损失，甚至导致租客搬离小区。租客与业主之间潜在的利益分化，可能导致租客的公益型参与动力不足。因此，我们提出以下假设：

---

① 陈鹏：《从“产权”走向“公民权”——当前中国城市业主维权研究》，《开放时代》2009年第4期；Yue Xie and Sirui Xie, “Contentious Versus Compliant: Diversified Patterns of Shanghai Homeowners' Collective Mobilizations”, *Journal of Contemporary China*, 2019, 28(115), pp.81-98.

② 贺霞旭：《空间结构类型与街邻关系：城市社区整合的空间视角》，《社会》2019年第2期。

③ Denise DiPasquale and Edward L. Glaeser, “Incentives and Social Capital: Are Homeowners Better Citizens?”, *Journal of urban Economics*, 1999, 45(2), pp.354-384.

④ Nicola Dempsey, Caroline Brown and Glen Bramley, “The Key to Sustainable Urban Development in UK Cities? The Influence of Density on Social Sustainability”, *Progress in Planning*, 2012, 77(3), pp.89-141.

⑤ Ian Winter, “Home Ownership and Political Activism: An Interpretative Approach”, *Housing Studies*, 1990, 5(4), pp.273-285.

假设2:相较于租客,业主的公益型参与更积极。

(三)基层党建的双重嵌入效应:社区权力关系协调与社区社会资本生成

党组织全面嵌入都市的社会生活空间并在基层治理中发挥引领作用,是中国都市社区有别于西方社会的重要制度情境。① 截至2022年年底,全国9 062个城市街道、29 619个乡镇、116 831个社区(居委会)、490 041个行政村已建立党组织,覆盖率均超过99.9%②,基本上实现了基层党组织对城镇社区的全面覆盖。在"推进以党建引领基层治理"③的大背景下,社区党组织渗透社区生活空间的方方面面并成为社区治理中的主导性力量。④ 以上海为例,社区治理以党组织为领导核心,整合居委会、业委会、物业公司、驻区单位党代表、社区民警五支骨干力量,凝聚引领群众自治团队的"1+5+X"模式⑤,形塑了"党组织-行政-社会"良性互动的社区治理格局。这种主导性作用的发挥,主要是通过基层党组织的双重嵌入得以实现的。一方面,党组织嵌入社区权力格局之中,推动形成以组织覆盖为核心的社区权力协调体系;另一方面,党组织嵌入社区社群之中,推动形成以柔性赋能为核心的多方联动网络,从而实现对社区权力关系的构建与社区社会资本的生成。⑥

---

① 刘欣、田丰:《城市基层党建与社区社会资本生成——基层社区党建的延展效应》,《学术月刊》2021年第6期。

② 《中国共产党党内统计公报》,《党建研究》2023年第7期。

③ 《高举中国特色社会主义伟大旗帜 为全面建设社会主义现代化国家而团结奋斗:在中国共产党第二十次全国代表大会上的报告》,人民出版社2022年版,第67页。

④ 景跃进:《将政党带进来——国家与社会关系范畴的反思与重构》,《探索与争鸣》2019年第8期。

⑤ 李威利:《党建引领的城市社区治理体系:上海经验》,《重庆社会科学》2017年第10期。

⑥ 刘欣、田丰:《城市基层党建与社区社会资本生成——基层社区党建的延展效应》,《学术月刊》2021年第6期。

一切集体生活的基本问题都绕不开权力关系。① 这也是党建引领社区治理的首要关切，确保基层党组织“在社区治理权力结构中居于领导核心地位”②是其组织目标。都市居民住宅小区治理中的社会性不断生长，以住房产权关系、地域性社会关系为基础的物业公司、业委会、各类社区社会组织等组织实体，在住宅小区场域中与居委会、居民等群体策略性地进行互动，以争取更多的权力资源并进行权力再生产。由于在互动中，各方都遵循各自的组织目标和运作逻辑，难以自发地达成基于公共利益的价值共识与组织间协作。因此，在权力秩序建构过程中，就存在“谁领导谁”“谁服从谁”的主导权问题。这也是社区冲突的根源所在。

基层党组织通过对住宅小区权力格局的嵌入，实现对社区权力关系的纵向协调。主要有三条实现路径。一是嵌入属地基层行政管理体制末梢，例如，全面推进社区党组织书记通过法定程序担任居委会主任、社区“两委”班子成员交叉任职等③；二是构建居民区党总支(党支部)-党小组-小区楼组网格积极分子-社区党员的党建体系，实现党的基层组织“网格式”覆盖；三是嵌入物业公司、业委会等住宅小区物业治理的组织主体，例如，通过引导物业公司招聘党员、设立党支部以及为物业公司派驻党建指导员等打造“红色物业”，推进在业委会中建立党组织、推动符合条件的社区“两委”成员通过法定程序兼任业委会成员等④，建立党建引领下的居委会、业委会、物业公司“三驾马车”协调运作机制⑤，以协调各方

---

① [法]米歇尔·克罗齐埃：《被封锁的社会》，狄玉明、刘培龙译，商务印书馆 1989 年版，第 18 页。

② 《中共中央办公厅印发〈关于加强和改进城市基层党的建设工作的意见〉》(2019 年 5 月 8 日)，中国政府网：https://www.gov.cn/zhengce/2019-05/08/content_5389836.htm，最后浏览日期：2023 年 11 月 5 日。

③ 同上。

④ 同上。

⑤ 李友梅：《城市基层社会的深层权力秩序》，《江苏社会科学》2003 年第 6 期。

利益、增进公共利益。因此,基层党组织活跃、作用发挥积极,社区权力运行就有序,诱发利益冲突的“焦点事件”就少,社会整合程度相应地就会提高①,也就不会激发居民强烈的权益型参与意愿。反之,如果基层党组织不活跃、作用发挥不积极,小区中的矛盾纠纷就会增多。但客观上,由于小区中的权力关系没有理顺、制度性供给有限,居民不仅参与空间受限而且效能感也不高。租客可能会因为失去信心而听之任之,或者“用脚投票”、另寻租处。业主不可能很快搬移,因此,会更积极地行动起来,寻求解决方案。这或许会引发制度外渠道的集体行动与抗争,以表达不满情绪。但总体而言,会提高制度内的社区参与水平。据此,我们提出假设:

假设3:业主与租客在权益型参与水平上的差异,不受基层党组织活跃度的影响。

同时,基层党组织通过对住宅小区社群的嵌入,促进社区社会资本的生成。② 这方面,主要通过组织动员、政治吸纳、链接资源、提供平台、表彰激励等方式,与居民柔性互动;通过培育挖掘社区骨干、积极分子,为社区居民组织解决困难、提供帮助等,实现对群众自治组织的领导和感召,进而实现对广大小区居民的引领和凝聚。基层党组织作用的发挥,会在一定程度上促进社区内的非正式交往,培育出连接居民的“横向”社会网络,助推社区社会资本生成,增进居民的社区认同和公共意识,从而形成更加自主、自发的居民社区参与行为。此外,在基层党组织的赋能增能下,各类社区社会组织能得到更好的发展,从而提高小区的自治效能。这有利于改善小区中的参与机会结构,拓展居民的参与空间。③

---

① 赵聚军、王智睿:《社会整合与“条块”整合:新时代城市社区党建的双重逻辑》,《政治学研究》2020 年第 4 期。

② 刘欣、田丰:《城市基层党建与社区社会资本生成——基层社区党建的延展效应》,《学术月刊》2021 年第 6 期。

③ 同上。

这意味着，在基层党组织活跃、作用发挥积极的小区，社区的社会资本更加充沛、邻里关系更加和谐。通过积极分子、邻里社团等对包括租客在内的广大居民群体的凝聚和动员，会提高小区整体的公益型参与水平。这就是基层党建的“双向嵌入效应”。反之，如果党组织不活跃，则在生活方式个体化、情感联结疏离化的社区状态下，业主容易因为私有产权的边界，成为“利益分化”的个体，各自为政，从而减少与社区的联结，造成对社区事务漠不关心、对社区问题视而不见的“私人主义倾向”。基于此，我们认为，基层党组织活跃度对于业主与租客的公益型参与水平差异具有调节作用，并提出如下假设：

假设 4：在基层党组织活跃的小区中，租客的公益型参与水平会显著提高。

四、数据与方法

（一）数据来源

本文使用上海社区调查（Shanghai Community Study）的数据对研究假设进行检验。之所以选择上海进行实证研究，是因为上海是中国最大的经济中心城市，也是中国城市中“国际大都市”的代表性城市。从社区形态看，上海现有居民住宅小区 1.3 万个①，且小区形态、住房产权类型以及居民特征各异。这为考察都市这一高复杂性社会中住房产权与社区参与提供了重要“窗口”。从治

① 《上海：民政事业发展“十四五”规划出炉 着力共建共治共享》（2021 年 8 月 14 日），中国政府网，https://www.gov.cn/xinwen/2021-08/14/content_5631291.htm，最后浏览日期：2023 年 11 月 5 日。

理结构看，上海的社区治理具有以党建引领为核心的典型特征①，社区中居委会、业委会、物业公司以及各类社区社会组织、邻里团体发育也较充分。这种社区情境与基层治理模式，与本文论辩所设定的制度环境具有高度的契合性。

上海社区调查是由复旦大学社会转型研究中心与同济大学城市与社会研究中心合作发起的一项大型多学科研究项目，系统收集了上海居民小区、家庭和居民层次的信息。上海社区调查借助 GIS 和人口信息以 PPS 方式选取居民小区，并在抽中的小区内对家庭户进行系统随机抽样；调查于 2019—2021 年进行，最终获得了 198 个有效居民住宅小区和 3 630 户家庭。调查问卷系统收集了居民住宅小区的基本信息，包括区位特征、空间结构与秩序、社会组织等，以及居民个体特征、住房状况、产权性质、社区参与等方面的信息。

（二）主要变量

1. 因变量

本文的因变量是都市居民的社区参与，将其操作化为小区居民在基层社区治理中的参与状况。基于上文的分析思路，将社区参与分为权益型参与和公益型参与。在居民问卷中的“社区参与”板块，具体询问了受访者是否参与过本小区中常见的一些居民组织、活动。在测量指标选取上，权益型参与用受访者是否参加过“向物业公司反映问题”“向业委会反映问题”题项测量，公益型参与用受访者是否参与过“居民志愿者组织”“小区公共事务讨论”“卫生或环境保护活动”题项测量。如果受访者回答“参加了”相应的组织或活动，则赋值 1；如果受访者回答“没参与”，则赋值 0。对每个活动(或居民组织)分别计数并将分数加总，得到受访者相应

① 卢汉龙：《中国城市社区的治理模式》，《上海行政学院学报》2004 年第 1 期。

类别的社区治理参与总分,进而生成计数变量。权益型参与的最高分为2,最低分为0;公益型参与的最高分为3、最低分为0。分值越高,代表参与水平越高。

2. 自变量

本文的核心自变量是住房产权。从调研社区的住房产权形态看,既有商品住宅(商品房),也有非商品住宅(自建房、购买的原公有住房、购买的经适房或“两限”房、继承或赠予住房)、无产权住房(廉租房、公租房等)。在访谈和入户调查中,拥有商品住房与非商品住房的居民普遍将这套住房视为“自己拥有的房子”并认为自己能够对其行使物权,只有租客、公租房或廉租房住户才认为“自己不拥有房子”。因此,本文将住房产权操作化为二分变量,即有住房产权即业主(自住业主)、无住房产权即租客。具体地,用问卷中“现在这套住房是自有的还是租借的”题项测量。将回答“自有全部产权”和“自有部分产权”的受访者,归为有住房产权即自住业主(因受访者居住在该小区,故简称其为业主),编码为1;将回答“租的”或者“借的”,归为无产权即租客,编码为0。有效样本中,业主占比为75.6%,租客占比为24.4%。这一比例与第七次全国人口普查中全国城镇居民住房状况也比较接近(业主占比为73.9%,租客占比为26.1%)。①

3. 调节变量

本文将基层党组织活跃度操作化为住宅小区内党支部的有无以及党支部活动的频率。居委会问卷中有两个题项,分别询问了“居民小区内有没有党支部”,答案为“有”或者“没有”;“党支部是否经常活动”,答案为“很少活动”“每年几次”“每月几次”“每周几次”。本文把回答没有党支部或党支部很少活动的(“很少活动”“每

① 国务院第七次全国人口普查领导小组办公室:《中国人口普查年鉴(2020)》,中国统计出版社2022年版,第1852—1853页。

年几次”),归为基层党组织不活跃,赋值 0;把回答有党支部且党支部每月甚至每周都开展活动的,归为基层党组织活跃,赋值 1。

4. 控制变量

参考现有研究,统计模型中控制了一些反映居民个体特征和住宅小区特征的变量。个体特征包括性别(1 = 男,0 = 女)、年龄、婚姻状况(1 = 已婚,0 = 未婚)、受教育程度、政治面貌(1 = 中共党员,2 = 非中共党员)、是否有上海户籍(1 = 有,0 = 没有)、家庭月收入(取对数)。社区层面的变量包括住宅小区的地段(1 = 内环内,2 = 内中环,3 = 中外环,4 = 外环外)、平均房价、小区公共活动场所(1 = 有,0 = 没有)、小区类型(1 = 商品房社区,2 = 非商品房社区)、小区规模(户数)、是否聘请物业公司(1 = 有,0 = 没有)。

同时,为修正调查实施过程中产生的抽样误差与无回答误差,使样本结构与总体结构相符,本文对样本结构进行后加权调整。加权处理后,样本数据结构基本上符合第七次人口普查数据中社区群体的社会经济特征构成。在对变量加权并删除在住房产权、社区治理参与水平、基层党组织活跃度等关键变量上的缺失样本后,共得到 190 个有效社区样本、3 100 个有效居民样本。变量描述统计如表 1 所示。

表 1　变量的描述性统计

变量名		均值(方差)	最小值	最大值	样本量(个)
因变量	权益型参与	0.864(0.834)	0	2	
	公益型参与	1.126(1.104)	0	3	
自变量	住房产权	0.756(0.429)	0	1	
控制变量	性别	0.499(0.500)	0	1	3 100
	年龄	47.071(16.542)	18	89	
	婚姻状况	0.783(0.412)	0	1	

（续表）

<table>
<tr><th colspan="2">变量名</th><th>均值(方差)</th><th>最小值</th><th>最大值</th><th>样本量(个)</th></tr>
<tr><td rowspan="10">控制变量</td><td>受教育程度</td><td>8.101(3.023)</td><td>1</td><td>16</td><td rowspan="4">3 100</td></tr>
<tr><td>政治面貌</td><td>0.247(0.431)</td><td>0</td><td>1</td></tr>
<tr><td>户籍</td><td>0.829(0.376)</td><td>0</td><td>1</td></tr>
<tr><td>家庭月收入对数</td><td>8.103(2.468)</td><td>0</td><td>13.035</td></tr>
<tr><td>小区地段</td><td>1.742(0.988)</td><td>1</td><td>4</td><td rowspan="6">190</td></tr>
<tr><td>平均房价</td><td>10.083(0.436)</td><td>9.616</td><td>11.695</td></tr>
<tr><td>小区公共活动场所</td><td>0.695(0.462)</td><td>0</td><td>1</td></tr>
<tr><td>小区类型</td><td>0.389(0.489)</td><td>0</td><td>1</td></tr>
<tr><td>小区规模</td><td>649.732(828.739)</td><td>20</td><td>4 370</td></tr>
<tr><td>物业公司</td><td>0.942(0.234)</td><td>0</td><td>1</td></tr>
<tr><td>调节变量</td><td>基层党组织活跃度</td><td>0.758(0.429)</td><td>0</td><td>1</td><td></td></tr>
</table>

注：个体层次变量已加权。

（三）分析方法

本文采用多层次线性模型分析资料。本文的自变量既包括个体层面的变量，又包括社区层面的变量，且数据存在嵌套结构（个体嵌入社区之中）。这种数据的嵌套结构，使得同一层级内的数据相似性很高，不同层级的数据还存在一定的交互关系。考虑到传统单层级分析模型对嵌套数据分析的局限性，本文采用多层线性模型(hierarchical linear modeling, HLM)进行分析。由于 HLM 采用最大似然估计方法，为了使模型的估计值、标准误差更加准确，分析样本量一般采用“30/30 法则”，但鉴于回归系数的无偏性，每组样本超过 5 个即可接受。① 具体而言，居民个体层面的数据构成第一层次，住宅小区层面的数据构成第二层次。由于因变量是计数变量，且样本中相当一部分的分值为 0，其分布远偏离正态分布，使用泊松回归或者负二项回归模型更合适。但由于权益型参与、公益型参与的方差均小于均值（见表 1），因此，本文使用泊松回归。

五、实证结果分析

（一）业主与租客的社区治理参与水平

分群体看，业主与租客在社区治理参与水平上存在差异。表 2 报告了两类群体在权益型参与、公益型参与上的平均得分情况。从公益型参与水平看，业主的平均得分为 1.234 分，租客的平均得分为 0.794 分；从权益型参与水平看，业主的平均得分为 0.963 分，租客的平均得分为 0.560 分。从具体题项上看，业主与租客参与度最高的三项都是“向物业反映问题”“参与小区卫生或环保活动”“参与居民志愿者组织”。

总体而言，无论是权益型参与还是公益型参与，业主的社区治理参与水平都高于租客，且两者之间的差异具有显著性（通过 T 检验）。业主与租客在参与水平上的显著差异可能来源于住房产权差异即“业主效应”，也可能来源于群体特征的系统性差异。下文将作进一步检验。

---

① Cora J. M. Maas and Joop J. Hox, “Sufficient Sample Sizes for Multilevel Modeling”, *Methodology*, 2005, 3(1), pp. 86-92.

表 2　业主与租客社区治理参与水平的分项比较

参与类型	题项	业主（均分）	租客（均分）	最小值	最大值
权益型参与	向物业反映问题	0.602	0.396	0	1
	向业委会反映问题	0.361	0.164	0	1
	总水平	0.963	0.560	0	2
公益型参与	讨论小区公共事务	0.361	0.164	0	1
	参与居民志愿者组织	0.410	0.296	0	1
	参与小区卫生或环保活动	0.463	0.334	0	1
	总水平	1.234	0.794	0	3

（二）住房产权差异对都市居民社区治理参与水平的影响

为区分出住房产权对都市居民社区治理参与的“净效应”，本文对都市居民的社区治理参与水平进行建模。在进行分析之前，首先建立零模型(null model)以判断多层线性模型是否适用，结果如表3(模型1、模型4)所示。在权益型参与、公益型参与的零模型中，截距的随机效应在95%的置信区间内显著，表明都市居民的权益型参与水平、公益型参与水平在组间(不同住宅小区之间)有显著差异，因此，构建多层回归模型是有必要的。具体而言，权益型参与的组间差异ICC(2)为0.487，公益型参与的组间差异ICC(2)为0.727。

随后，对主效应进行检验。表3的模型2、模型5是仅考察住房产权差异对都市居民的权益性参与水平、对公益型参与水平的多层次回归分析结果。具体而言，从模型2的结果看，住房产权差异与居民的权益型参与水平呈正相关关系，并显示出高度的统计显著性($P<0.001$)；类似地，模型5的结果表明，拥有住房产权的

居民,公益型参与水平显著高于租客。

模型3、模型6(表3)分别对模型2、模型5的结果进行了更严格的检验,相继加入个体特征以及住宅小区相关特征等控制变量。从模型3的结果看,在加入控制变量后,虽然住房产权的回归系数变小,但仍是对居民权益型参与行为影响最大的个体性因素(回归系数最大),且这种影响具有高度的统计显著性($P<0.001$)。从系数看,在其他条件不变的情况下,业主的权益型参与水平是租客的1.42($e^{0.344}=1.42$)倍。由此可见,业主与租客在社区治理参与上的差异,并不是简单的个体特征差异,"业主"身份对于居民的权益型社区治理参与存在非常明显的促进效应。上述发现支持了假设1。

模型4的结果表明,在控制了其他变量的影响后,住房产权对居民的公益型参与行为依然具有显著影响,系数达到0.2。这意味着,在控制其他因素的影响下,业主的公益型参与水平依然是租客的1.22($e^{0.2}=1.22$)倍。由此可见,"业主效应"在公益型参与中确实存在。假设2得到支持。

与此同时,男性、年长者、已婚人士、高学历者、中共党员以及拥有上海户籍的居民、商品房小区中的居民,其权益型参与水平更高,居民的家庭收入越高、住宅小区的平均房价越高,居民的权益型社区治理参与也越积极(见模型3);年长者、已婚人士、中共党员以及拥有上海户籍的居民,其权益型参与水平更高;住宅小区的平均房价越高,居民的公益型社区治理参与也越积极(见模型6)。这表明个体参与行为会受到结构性因素的影响,社区治理参与不仅仅是个体的行动选择,也是社区情境的表征。

(三)基层党组织作用发挥对都市居民社区治理参与的影响

在居民的权益型社区治理参与水平上(图1),党组织活跃度

表 3　住房产权对社区治理参与的多层泊松回归结果

	权益型参与			公益型参与		
	模型 1	**模型 2**	**模型 3**	**模型 4**	**模型 5**	**模型 6**
常数项	−0.176***	−0.576***	−1.130***	0.002	−0.276**	−0.710***
	(0.035)	(0.089)	(0.184)	(0.049)	(0.085)	(0.187)
住房产权		0.515***	0.344***		0.369***	0.2**
		(0.088)	(0.087)		(0.076)	(0.069)
性别			0.016 7***			−0.062
			(0.002)			(0.045)
年龄			0.009***			0.008**
			(0.002)			(0.003)
婚姻状况			0.267 81**			0.269**
			(0.085)			(0.097)
受教育程度			0.039 478**			0.011
			(0.013)			(0.014)

（续表）

	权益型参与			公益型参与		
	模型 1	模型 2	模型 3	模型 4	模型 5	模型 6
政治面貌			0.088 361*			0.176***
			(0.042)			(0.040)
户籍			0.264 268**			0.379***
			(0.093)			(0.094)
家庭月收入对数			0.023 953+			−0.012
			(0.014)			(0.015)
小区地段			0.041			0.050
			(0.036)			(0.052)
平均房价			0.261 297**			0.256*
			(0.080)			(0.125)
小区公共活动场所			0.004			−0.008
			(0.056)			(0.085)

（续表）

	权益型参与			公益型参与		
	模型 1	模型 2	模型 3	模型 4	模型 5	模型 6
社区类型			0.128 512*			−0.078
			(0.053)			(0.077)
小区规模			−0.001			−0.001
			(0.001)			(0.001)
物业公司			0.214			0.096
			(0.145)			(0.157)
方差成分	0.081	0.058	0.031	0.210	0.437	0.380
卡方值	406.068***	338.444***	255.449***	975.058***	881.079***	761.390***
一层观测值	3 100	3 100	3 100	3 100	3 100	3 100
二层观测值	190	190	190	190	190	190

注：括号内的数字是标准误，+ $p<0.10$，* $p<0.05$，* $p<0.01$，** $p<0.001$(双尾检验)。

的不同,并没有造成居民权益型参与总体水平的太大变化。分群体看,对权益型参与积极的业主群体而言,基层党组织的活跃度高低,并不对其权益型参与水平产生太大的影响;对总体参与度偏低的租客群体而言,参与水平确实会受到党组织作用发挥的影响,但这种影响并不具有统计显著性(见表4的模型7)。基层党组织活跃度的高低,虽然对业主与租客的参与水平差异有所调节,但也不具统计显著性(见表4的模型7)。结合上文的理论解释,我们认为,参与水平不能被约化为参与数量。居民的权益型参与水平高低与社区治理成效并不能划等号,权益型参与水平高可能是因为小区中的利益冲突多,这是社区问题突出、邻里失序的表现。综上所述,假设3得到支持。

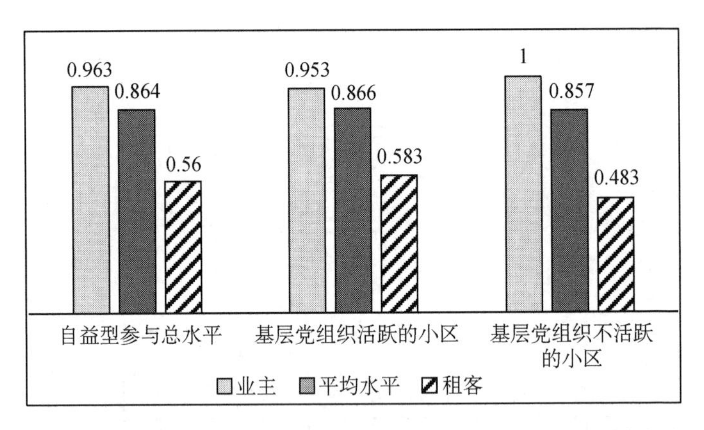

图1　在基层党组织活跃度不同的小区中业主与租客的权益型参与水平

从居民的公益型社区治理参与水平看(图2),在基层党组织活跃的小区中,业主和租客的参与水平都明显更高;但在基层党组织不活跃的小区中,业主和租客的参与水平总体更低。分群体看,在基层党组织活跃的小区中,租客的参与水平显著攀升;但在基层党组织不活跃的小区中,租客的参与水平更低了。可见,在不同的社区结构性情境下,社区治理参与水平存在差异。从模型8的结果看(表4),基层党组织活跃度的这种调节效应不仅存在,而且在

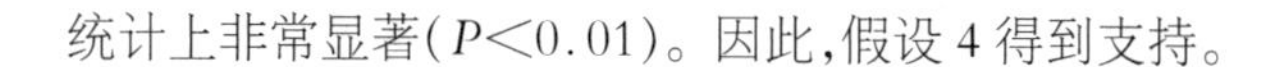

统计上非常显著($P<0.01$)。因此,假设 4 得到支持。

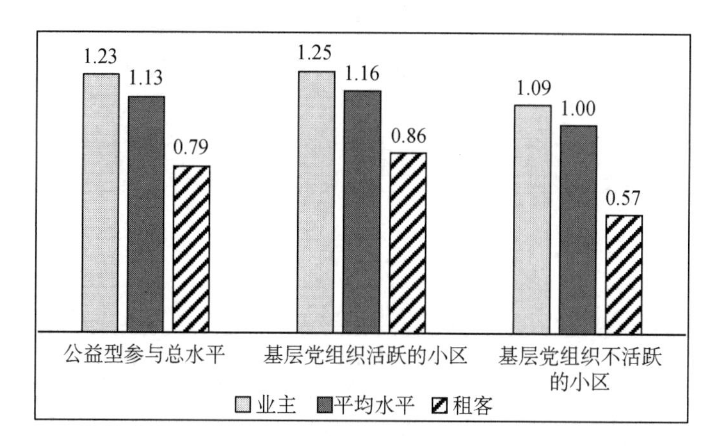

图 2　在基层党组织活跃度不同的小区中业主与租客的公益型参与水平

表 4　基层党组织活跃度、住房产权与社区治理参与的多层泊松回归结果

	权益型参与	**公益型参与**
	模型 7	**模型 8**
常数项	−1.189***	−1.002***
	(0.238)	(0.211)
住房产权	0.484*	0.528***
	(0.182)	(0.136)
性别	0.016	−0.062
	(0.045)	(0.045)
年龄	0.009***	0.008***
	(0.002)	(0.003)
婚姻状况	0.267**	0.278*
	(0.085)	(0.098)
受教育程度	0.039**	0.009
	(0.013)	(0.013)

（续表）

	权益型参与	公益型参与
	模型 7	模型 8
政治面貌	0.087*	0.180***
	(0.042)	(0.040)
户籍	0.263**	0.380***
	(0.093)	(0.092)
家庭月收入对数	0.023	−0.013
	(0.014)	(0.015)
小区地段	0.047	0.053
	(0.036)	(0.051)
平均房价	0.279***	0.263*
	(0.082)	(0.122)
小区公共活动场所	−0.002	0.001
	(0.056)	(0.084)
社区类型	0.133*	−0.077
	(0.052)	(0.077)
小区规模	−0.000	−0.000
	(0.000)	(0.000)
物业公司	0.228	0.066
	(0.145)	(0.164)
小区基层党组织活跃度	0.060	0.385*
	(0.197)	(0.175)
小区基层党组织活跃度 * 住房产权	−0.171	−0.401**
	(0.195)	(0.148)
方差成分	0.173	0.135
卡方值	251.730***	659.429***

（续表）

	权益型参与	公益型参与
	模型 7	模型 8
一层观测值	3 100	3 100
二层观测值	190	190

注：括号内的数字是标准误，+ $p<0.10$，* $p<0.05$，** $p<0.01$，*** $p<0.001$（双尾检验）。

需要关注的是，即便是在基层党组织活跃的小区中，"业主效应"依然显著存在。这意味着，租客群体的社区治理参与水平仍有待提高。造成这种现象的原因，可能是基层党组织的双重嵌入效应并不是在社区居民群体中均质分布的，更多覆盖的是常住人口，对于流动人口的作用还没有完全发挥出来。从样本数据看，租客中非上海户籍的比例高达 86.16%（全样本中租客有 416 个，其中，非上海户籍的 529 个）。由此可见，如何实现对社区中流动人口的有效覆盖、凝聚和引领，提高其社区治理参与水平，是未来都市社区治理和基层党建需要关注的重点。

六、总结与讨论

社区是城市治理的基石。增强城市治理效能，首先要增强社区治理效能。如何激发居民的主体意识、参与热情、自治活力，推动社区层面实现社会整合，是党建引领社区治理的题中应有之义，也是构建共建共享的社区共同体所必须面对的重大课题。面对流动性加剧、社区异质性加强、社区社会资本普遍缺失的都市社区之困，尤其需要发挥基层党建的"定海神针"作用，以结构性力量助推社区联结重塑、引导居民更加积极地参与社区治理。

本文基于对中国都市基层治理的观察认为，在当前都市居民住宅小区中，居民的社区治理参与虽然表现出“业主效应”，即拥有住房产权的业主，会为了物业利益、社区地位免遭威胁，表现出更高的权益型、公益型参与水平。但这种“对威胁的反应”会因社区治理模式的不同而表现出显著差异。党建引领社区治理，是中国都市居民社区治理模式的突出特征。基层党建通过双重嵌入住宅小区治理结构之中，调节着居民社区治理参与的水平与质量。一方面，基层党建通过“横向到底、纵向到边”的组织覆盖，全方位地嵌入社区权力格局之中，调节着住宅小区物业治理“三驾马车”之间的权力关系，规范社区利益格局、引导各类组织实体与社区治理愿景的开放协同、松散耦合，从而营造和谐有序的小区环境，减少利益冲突、调和邻里矛盾，增强社区的整合度；另一方面，党组织嵌入各类社区社群，通过培育社区社会组织、邻里互助组织，促进邻里交流、社区交往。这会对社区的社会资本生成产生潜在的促进作用，进而助推公益型参与水平的提升，缩小业主与租客在参与水平上的落差。上述论断及其引出的理论假设得到上海社区调查数据的支持。

上述研究发现，为进一步激发居民的主人翁精神，形成人人参与家园建设的参与势能，提供了有益启示。第一，要推动基层党建“有形”且“有效”的覆盖，把原子化的个体带回社区空间。总体而言，目前，都市居民在社区治理中的参与水平还较低。在都市生活的个体主义、私人主义倾向下，居民难以自发地形成参与意识、募集行动资源。这就需要用好党建引领这个制胜法宝，更好地发挥基层党建的“双重嵌入效应”，在组织网络全面覆盖的基础上，推动纵向协调体系与横向互动体系联动，引导居民共同绘就空间愿景，形成人人参与、人人共享的生动局面。第二，要坚持以需求为导向，提高社区治理的效能。住宅小区是公权力（党和政府）-社会-市场三方权力资源互动的场域，实体性利益与象征性利益交织，物质性需求与情感性需求交汇。在社区治理的过程中，必须立足社区参与的生长点，直面现实诉求、邻里矛盾等具象问题与现实“威胁”，紧盯居民关心的“关键小事”、解决群众的急难愁盼问题，才能同心同向、画出社区治理的最大“同心圆”。在这个过程中，要强化对居民规则意识的培育，通过充分沟通、协商议事、群策群力，理顺“三驾马车”关系，不断增强参与的效能感、获得感。第三，要积极培育居民对社区的“责任感”与“归属感”。相较于权益型参与，业主的公益型参与动力尚显不足。要积极发挥社区党员的示范带头作用，充分调动社区达人、骨干、积极分子的积极性，“以一带百”，更好地感召人、影响人，不断激活基层治理“向心力”。要培育引领和凝聚更多邻里组织，搭建更多“横向”社会网络，推动更多居民走出家门、走进社区，在更大范围内关心社区事务、促进公共利益，努力培育社区共同体意识，把更多服务对象转变为治理力量，形成共建共治共享的生动局面。

当然，本文的研究样本仅基于上海一个城市的社区调查数据，可能并不能够完全代表全国情况。未来可以进一步扩大样本量或进行城市间的比较研究。同时，本文囿于截面资料和样本量限制，对于发现的相关关系，有待运用追踪数据作进一步因果关系推断。

［本文系复旦大学学科综合繁荣计划重点项目“社会结构转型与基层社会治理创新研究平台”的阶段性研究成果］

东北振兴战略下东北三省整体发展综合绩效评估研究

阳　军[*]　王庆石[**]

[内容摘要]　东北振兴战略实施的20年中，东北三省经历了一次振兴和二次振兴，目前正处于二次振兴的关键阶段。客观、准确、科学地分析东北三省在发展中存在的问题和不足，进行综合绩效评估是有效方法之一。综合绩效评估从事后总结的角度，分析政府职能履行的效果。本文根据全国地级市①综合绩效评估结果，深入分析东北三省的整体发展综合绩效和各地级市的综合绩效情况。从评估结果来看，东北三省政府综合绩效总体表现不佳，地级市政府综合绩效水平整体处于下游，省域分化明显，体现出不平衡、不充分的特点。经济发展、市场监管、公共服务等职能绩效结果表现总体不理想，政府管理软环境成为制约东北振兴发展的主要瓶颈。解决人口大量外流导致的人口红利快速消失的问题，加强政府全面依法履职，提高政府管理水平，提升东北三省的发展软环境，推动全面振兴东北战略的有效落地，夯实东北三省高质量发展的基础，是实现东北三省全面振兴的有效途径。

[关键词]　东北三省；东北振兴；综合绩效评估；全面振兴；新发展格局

---

*　阳军：东北财经大学统计学院博士研究生，中国社会科学院政治学研究所副研究员。

**　王庆石：东北财经大学统计学院教授，博士生导师。

①　本文所指地级市包括行政地位相同的市、地区、自治州、盟。

作为老工业基地,东北三省在我国的经济社会发展中具有重要的战略地位。近年来,其在发展过程中遭遇了一定的困难,振兴与发展历程颇为曲折。长期以来,东北三省的振兴与发展得到党中央和国务院的高度重视。2003 年,中央作出了实施东北地区等老工业基地振兴战略的重大决策,采取了一系列支持、推动东北三省振兴发展的专门措施。① 党的十八大以来,习近平总书记多次主持召开深入推进东北振兴座谈会并发表重要讲话。2023 年 9 月,习近平总书记在黑龙江省哈尔滨市主持召开新时代推动东北全面振兴座谈会并强调,"努力走出一条高质量发展、可持续振兴的新路子,奋力谱写东北全面振兴新篇章"。②

找准东北地区振兴发展中存在的问题,并制定有针对性的战略与政策,有助于东北三省在构建新发展格局中展现新的活力。本文从综合绩效评估的角度,对东北三省整体发展综合绩效在全国四大区域中的表现、东北三省在省域层面综合绩效评估中的表现、各地级市的综合绩效进行考察,寻找政府职能履行中的新动力与绩效新增长点。

一、东北三省的整体发展状况与东北振兴战略的历史演变

改革开放以来,东北三省的经济社会发展地位不断发生变化,从国家的重要工业基地逐步变成经济发展滞后于全国整体发展的

① 《中共中央、国务院关于全面振兴东北地区等老工业基地的若干意见》,人民出版社 2016 年版,第 1—2 页。

② 殷博古:《习近平主持召开新时代推动东北全面振兴座谈会强调:牢牢把握东北的重要使命 奋力谱写东北全面振兴新篇章》,《人民日报》,2023 年 9 月 10 日,第 001 版。

地区。全面准确地观察东北三省的整体发展状况，需要从东北三省的区域战略重要性、当地的基本发展情况、当前所面临的挑战以及国家为解决当前问题所采取的战略举措等方面梳理。

（一）东北三省的整体发展状况

1. 东北三省的基本状况

东北三省的面积达78.73万平方千米，共设32个地级市（不包括哈尔滨、长春、沈阳和大连4个副省级市），其中，辽宁12个，吉林8个，黑龙江12个。作为我国的粮食主产区和老工业基地，东北三省在新中国成立后相当长的一段时间内为国家经济社会发展和社会稳定作出了巨大贡献。21世纪以来，东北三省的经济发展逐渐失速，但是其在农业、工业和地区稳定方面都有着十分重要的战略地位。

首先，东北三省的面积虽然仅占全国土地总面积的8.2%，但是粮仓的地位十分突出，是我国第一大产粮区，其粮食产量2021年达14 445.6万吨，占到全国粮食产量的21.17%。[①] 2021年，黑龙江省的粮食产量占全国的11.5%左右，继续保持在全国首位；吉林省是全国唯一人均产粮过吨的省份，人均粮食占有量、粮食商品率、粮食调拨量和人均肉类占有量从2002年开始连续多年居全国首位，也是全国6个粮食调出省之一。除粮食资源外，东北三省的林业资源也十分丰富，是全国主要的木材提供地。此外，独特的地理位置使得其在夏季相对凉爽，是避暑的好地方；冬季冰雪资源丰富，为其带来具有特色的旅游资源。

其次，作为老工业基地，东北三省的石油、煤炭和金属等多样化的矿产资源在较长时间里为我国工业经济发展提供了重要保障。新中国成立初期，有56项重点工程在东北三省。东北三省的

---

① 国家统计局：《中国统计年鉴（2021）》，中国统计出版社2021年版，第453页。

工业结构以钢铁、机械、石油和化工为主体。在工业产出方面，东北三省2021年的实际GDP增长率低于全国的增长率（8.1%），其中，辽宁省的GDP增长率为5.8%，吉林省的GDP增长率为6.6%，黑龙江省的GDP增长率为6.1%。①

最后，东北三省是连接俄罗斯和朝鲜的核心地带，是地区稳定的缓冲器、压舱石。东北三省与俄罗斯远东地区具有漫长的共同边界，领土相连，毗邻而居。发展东北三省与俄罗斯远东地区合作成为两国实现共同发展的重要基础。② 随着“一带一路”倡议和俄罗斯“东部大开发”战略的推进，两国的合作具备较强的发展动力。东北的东部地区与朝鲜接壤，虽然中朝关系的根基没变，但受国际贸易制裁规则的限制，中朝经济合作的规模有限。根据中国海关总署的数据，2023年1—9月，中朝累计交易额达16.318 9亿美元，同比增长178%，相当于2019年同期的83.4%。③

2. 东北三省在发展中所面临的问题

虽然东北三省具有特色的自然资源优势，但其工业经济转型不顺，经济发展状况欠佳。首先，产业结构转型艰难。世界银行WDI数据库的数据显示，2019年，第三产业增加值占GDP的比重的世界平均水平为64.8%，以美国为代表的高收入国家已达到80%；在我国，北京为74.1%（2021年），上海为73.3%（2021年）。2021年，东北三省第三产业增加值占GDP的比重约为51.35%，发展水平滞后。④ 新中国成立初期，老工业基地的国企“定海神针”作用明显，但东北三省产业结构相对单调，主要依赖于自然资

---

① 国家统计局：《中国统计年鉴（2022）》，中国统计出版社2022年版，第71页。

② 刘清才、齐欣：《“一带一路”框架下中国东北三省与俄罗斯远东地区发展战略对接与合作》，《东北亚论坛》2018年第2期。

③ 海关总署网站：http://www.customs.gov.cn/customs/302249/zfxxgk/2799825/302274/302277/302276/5436053/index.html，最后浏览日期：2023年12月1日。

④ 黄继忠、朱岩：《基于基准分析法的东北三省第三产业主导产业选择实证研究》，《辽宁大学学报》（哲学社会科学版）2012年第2期。

源和机械工业,随着经济的发展,经济转型的压力增大。其次,人力资源流失严重。随着国企改革的推进,下岗职工增多,而民营企业难以承载大量新增就业的需求,同时,当地薪资水平较东部地区有着较大的差距,对人才又缺乏吸引力,从而使得东北三省出现人口外流,具体表现为高层次人才流失严重。大量的人口流失还使得东北三省在人才培养方面也失去了竞争力。[①] 最后,管理软环境的不利因素也是东北振兴任重道远的原因之一。随着近几年互联网的蓬勃发展,一些负面消息让外界对东北三省的整体评价较为负面。

(二)东北振兴战略的历史演变

为了缓解东北三省经济发展的困境,促进东北振兴,党和国家以文件的方式相继出台了推进发展的系统化战略和措施。在国家层面,党中央和国务院出台了一系列振兴东北的文件。截至 2022 年 5 月,有 20 多个国家部委和单位出台了与支持东北振兴相关的具体政策与举措,在东北实施的专项支持政策有 60 多项。东北振兴战略的历史演变,经历了以科学发展观为指导的一次振兴和以习近平新时代中国特色社会主义思想为指导的二次振兴。一次振兴和二次振兴立足各自的发展阶段,体现出阶段性特点。在二次振兴中,东北三省的发展切实立足新发展阶段的现实情况,践行新发展理念,努力在构建新发展格局中作出东北三省的贡献。

1. 东北振兴战略的提出

21 世纪以来,随着工业化进程中资源的枯竭以及在新技术革命领域步伐的滞后,东北三省的经济增长动能减弱。为加快东北地区等老工业基地调整和改造、振兴和发展,中央先后开展了包括

---

① 戚伟、刘盛和、金凤君:《东北三省人口流失的测算及演化格局研究》,《地理科学》2017 年第 12 期。

一次振兴、二次振兴在内的两大推进计划，这是我们党在我国进入现代化建设新的发展阶段所作出的重大战略决策和战略部署。东北振兴战略的提出是科学发展观引领下的一次振兴。在这个阶段，强调在原有的发展基础上进行振兴，重点解决经济发展失速和建设东北三省农业现代化的问题，在国家层面出台了以国务院办公厅文件为主的宏观指导意见。聚焦的领域主要是老工业基地的经济发展和农业领域。2003 年，中共中央、国务院发布了《关于实施东北地区等老工业基地振兴战略的若干意见》(中发〔2003〕11 号)。2004 年，国务院办公厅为落实东北振兴战略发布了《国务院办公厅关于印发 2004 年振兴东北地区等老工业基地工作要点的通知》(国办发〔2004〕39 号)。为配合实施东北振兴，国务院办公厅于 2005 年发布了《国务院办公厅关于促进东北老工业基地进一步扩大对外开放的实施意见》(国办发〔2005〕36 号)。由于振兴效果不明显，2009 年，国务院办公厅又发布了《国务院关于进一步实施东北地区等老工业基地振兴战略的若干意见》(国发〔2009〕33 号)。为发挥东北三省的农业优势，国务院办公厅在 2010 年发布了《国务院办公厅转发发展改革委农业部关于加快转变东北地区农业发展方式建设现代农业指导意见的通知》(国办发〔2010〕59 号)。

2. 东北振兴战略的发展

随着经济社会的不断发展，我国的经济社会格局逐渐发生了变化，我国的发展从追求高速经济发展向经济社会高质量发展转变。在此背景下，以习近平新时代中国特色社会主义思想为指导的新发展格局逐渐形成。十八大以来，以习近平同志为核心的党中央为进一步推进东北振兴，在已有的政策基础上，有针对性地制定了相关政策。这些政策从区域合作、重点领域、创新推动、体制机制等方面进行了重点推进，使东北的发展进入新的阶段，以高质量发展为目标，为东北三省在构建新发展格局中发挥作用奠定了基础。首先，在加强区域国际合作方面，国务院办公厅在 2012 年发布了《国务院办公厅关于支持中国图们江区域(珲春)国际合作示范区建设的若干意见》(国办发〔2012〕19 号)。其次，在重点推进东北振兴方面，2014 年，国务院发布了《国务院关于近期支持东北振兴若干重大政策举措的意见》(国发〔2014〕28 号)；2016 年，国务院发布了《国务院关于深入推进实施新一轮东北振兴战略加快推动东北地区经济企稳向好若干重要举措的意见》(国发〔2016〕62 号)。最后，在区域合作推动方面。2017 年，国务院办公厅发布了《国务院办公厅关于印发东北地区与东部地区部分省市对口合作工作方案的通知》(国办发〔2017〕22 号)。

十九大以来，习近平等党和国家领导同志多次到东北调研，推进东北的全面振兴。2018 年 9 月，习近平总书记在东北三省考察，主持召开深入推进东北振兴座谈会并发表重要讲话，强调以新气象新担当新作为推进东北振兴，明确提出新时代的东北振兴是全面振兴、全方位振兴。2019 年 6 月，时任总理李克强主持召开国务院振兴东北地区等老工业基地领导小组会议，强调要更大力度地推进改革开放，奋力实现东北全面振兴。2021 年 4 月 2 日，国家发展和改革委员会组织召开东北振兴省部联席落实推进工作机制第一次会议，会议审议了《东北全面振兴“十四五”实施方案》《东北全面振兴 2020 年工作总结和 2021 年工作要点》。2021 年 10 月，经国务院批复同意，国家发展和改革委员会印发了《东北全面振兴“十四五”实施方案》。2022 年 4 月 28 日，国务院批复同意建设 5 个国家农业高新技术产业示范区，吉林省长春市、黑龙江省佳木斯市位列其中。2023 年 10 月 27 日，中共中央政治局召开会议，审议了《关于进一步推动新时代东北全面振兴取得新突破若干政策措施的意见》。

在国家顶层战略发展规划的宏观指导下，东北三省制定了相关实施措施，推进东北全面振兴，推动东北三省的经济社会高质量发展。黑龙江省通过建设“龙江丝路带”、发展现代农业、“千户科技型企业三年行动计划”以及打造特色冰雪经济①来增加软实力。吉林省提出发挥“五大优势”②,加快“五大发展”,即发挥老工业基地振兴优势,加快创新发展;发挥国家重要商品粮基地优势,加快统筹发展;发挥沿边近海优势,加快开放发展;发挥生态资源优势,加快绿色发展;发挥科教、人才、人文优势,加强社会治理创新,加快安全发展。辽宁省“综合考虑东北三省经济总量、产业基础、地理区位等因素,成为国家‘一带五基地’建设中的重要增长极”。③

二、东北三省振兴战略实施的综合绩效评估指标体系建构

(一)东北振兴战略实施综合绩效评估的必要性

21世纪初,东北三省的第一次振兴立足当时的国内国际环境,在党和政府层面进行了顶层设计,以力争保持经济增长的速度。东北振兴的再出发,是以中国式现代化全面推进中华民族伟大复兴进程的重要组成部分。立足新的发展历史阶段的现实情况,要不断总结发展中的经验,从追求经济高速发展逐步向推进经济高质量发展转变。

在高质量发展的进程中,政府扮演着重要的角色。在党的领导下,政府职能的发挥对经济发展起着至关重要的作用。在经济

① 张若冰、高妍、孙铁柱:《以打造冰雪文旅IP产品赋能吉林省冰雪经济发展问题研究》,《税务与经济》2021年第6期。

② 吉林省计划委员会优势转化课题组:《发挥五大优势,促进吉林经济腾飞》,《经济视角》1995年第10期。

③ 宋艳、李勇:《老工业基地振兴背景下东北地区城镇化动力机制及策略》,《经济地理》2014年第1期。

社会的运行过程中，政府需要在政策文件制定、运行过程监督、运行结果评估等方面发挥作用。这包括事前、事中和事后三个阶段。其中，对政府运行结果的评估，既是检验政府政策的有效性，检验运行流程的科学性和取得结果的现实性；也是总结经验，为下一阶段政府运行提供改进的路径和方法。利用综合绩效评估分析结果，一方面可以对东北三省的整体发展情况进行评估，另一方面根据各具体指标的表现，可以分析各地级市在政府运行过程中的短板和原因，为东北全面振兴提供客观的基础数据支撑。

（二）东北三省振兴战略实施的综合绩效评估维度设计

综合绩效评估是指一定的评估主体[包括内部评估主体（如政府内部机构）和外部评估主体（如独立的评估公司、智库、公众等）]，将政府作为绩效评估的对象，利用各种合理的主观数据和客观数据，运用一定的评估方法，对政府过去一定时段内内部管理职能履行，以及服务经济社会发展、提供公共服务的外部职能进行分析。当前，省级综合绩效评估从评估对象、评估目标管理、评估数据、评估方法和评估主体等方面展开。

1. 评估对象

评估对象的选择既是一种程序操作，更是一种领导艺术。① 当前，选择地（市）级政府来解析我国的政府管理职能履行状况是一种比较理想的方法。② 因此，本文聚焦东北三省地级市政府行政运行总体效果作为评估对象。选择地级市进行评估，虽然存在多角色多层级，复杂性、动态性、关联性和整体性，数据依赖性和可操作性等方面的问题，但也有以下特点，有利于综合绩效评估的开

---

① 卓越：《公共部门绩效评估的对象选择》，《中国行政管理》2005 年第 11 期。

② 尚虎平：《我国地方政府绩效评估指标数据仓库的代表性对象选取和构建——以江苏四市为研究点》，《甘肃行政学院学报》2012 年第 4 期。

展。一是管理单位的适中规模。地级市相对于省级行政区具有更小的地理范围和人口规模，这使得评估更加具体、可控。二是经济和社会发展的代表性。地级市在中国的行政体系中属于中级层级，它们往往具有代表性的经济发展水平和社会特征，评估结果可以为类似规模或发展阶段的城市提供参考。三是地区间比较的可行性。便于进行地区之间的比较分析。四是数据获取相对容易。当前，地级市有完善的统计体系和数据收集机制，有利于进行科学的评估分析。

2. 评估目标管理

政府绩效管理是政府管理创新的基本路径。从理论逻辑及现实条件看，我国政府绩效管理的定位是“绩效导向下的目标管理”。① 其具有目标明确化和绩效导向性特点。东北三省综合绩效评估目标管理的内容主要有：(1)经济发展绩效，如经济增长率、产业结构、外贸出口、财政收入、投资环境等指标；(2)社会发展绩效，包括教育、卫生、社会保障、就业等；(3)公共服务绩效，如对公共服务的普及度、质量和效率等；(4)环境保护绩效，包括环保政策执行情况、环境质量指标(如空气和水质情况)等；(5)科技创新绩效，包括科技政策的推进程度、创新能力的建设、科技成果转化等；(6)行政效能绩效，包括行政流程优化、政务透明度、反腐倡廉、法治建设等方面；(7)财政管理和公共预算绩效，包括预算管理、财政支出效率、债务管理和财政风险控制能力等；(8)公共安全绩效，包括治安管理、消防安全、食品药品安全、突发公共事件的应对能力等。

3. 评估数据

综合绩效评估中的数据是评估工作的基石。正确地收集、处

---

① 郑方辉、廖鹏洲：《政府绩效管理：目标、定位与顶层设计》，《中国行政管理》2013 年第 5 期。

理、分析和解释这些数据,对于确保评估结果的准确性和可靠性至关重要。首先,从评估数据的角度看,综合绩效评估的数据来源非常多元,包括宏观经济数据、部门预算和支出数据、服务效率数据、公共满意度调查数据、社会发展指标等。这些数据来自政府内部统计、第三方研究机构、公民反馈等多种渠道。其次,不同来源和类型的数据会涉及不同的数据格式、度量标准和收集周期,因此,需要处理和分析这些复杂的数据集。

4. 评估方法

综合绩效评估的方法论是评估工作的核心,它影响着评估的设计、实施和结果的有效性。本文在对评估指标运用排序赋值法的基础上,对各级指标的权重设定采取了专家德尔菲法和地方干部问卷调研法相互印证的途径,最终确定各级指标的权重,进行综合加权得分,从而形成了包括政府绩效结构、指标选取和确定、数据无量纲化①、评估权重设置在内的政府绩效评估基本技术路线。

5. 评估主体

综合绩效评估的主体是指开展绩效评估活动的组织者和参与者,这通常包括内部评估主体和外部评估主体。本文的评估主体为中国社会科学院公共管理模拟实验室,作为独立的第三方评估主体,它具有专业、权威和中立的特点。首先,有着专业的研究队伍,具备专业知识和经验,能够进行更为深入和系统的评估。其次,作为外部评估主体,独立性强,具有鲜明的客观性和中立性,评估结果更易被政府和公众所接受。

① 量纲是表征绩效评估中数据性质、类别及其衡量单位的标准。数据无量纲化就是在绩效评估中对各类评估指标的数据进行技术处理以消除量纲影响,进而使不同类别的数据具有可比较性的方法。

（三）东北三省振兴战略实施的综合绩效评估指标体系设计

当前，综合绩效评估在学界有相关研究，并取得了不少研究成果。中国社会科学院公共管理模拟实验室自2010年开始利用公开可获取的客观数据，建设了地方政府绩效信息数据库，构建起了一套以客观数据为基础的第三方政府绩效评估模型，为综合绩效评估实施打下了坚实的基础。该数据库的数据较为完整且可回溯，包括对外管理绩效和内部管理绩效两个方面的评估指标。实验室依托该数据库，将东北三省的综合绩效评估情况与全国其他区域、省域、地级市进行比较分析，查找东北振兴战略实施过程中存在的弱项和短板。

1. 指标内容

在第一层次，我们将综合绩效划分为对外管理职能绩效和内部管理职能绩效两大类别，形成一级指标体系。在第二层次，将政府对外管理职能划分为经济发展、市场监管、社会管理、公共服务和平衡发展五项基本职能，并与地方政府职能的差异性和特殊性相结合，确定少量的区域性特色职能指标；同时，将政府内部管理职能划分为依法行政、行政产出比、行政廉洁、行政成本、政务公开五项基本职能，形成二级指标体系。在此之下，形成涵盖了我国317个地级市政府由120个具体评估指标组成的三级政府绩效结构和指标体系。①

一是对外管理绩效指标。其中，经济发展指标包括经济增长、经济结构和经济效果的指标；市场监管指标包括企业行为、产品质量监管和市场秩序三方面的指标；社会管理指标包括社会组织与人口管理、社会保障与就业和社会安全管理三个方面的指标；公共

① 贠杰：《中国地方政府绩效评估：研究与应用》，《政治学研究》2015年第6期。

服务指标包括基础设施、教育科技、医疗卫生和文化体育四个方面的指标;平衡发展指标包括环境保护、城乡差距和区域差距三个方面的指标。

二是内部管理绩效指标。包含行政复议案件办结率、行政复议案件申请量、受理行政诉讼的案件数量、被依法追究责任的领导干部个数、主动公开政府信息件数、依申请公开政府信息件数、因公开问题申请行政复议的数量等。

2. 评估数据来源

本文的评估数据来源于中国社会科学院公共管理模拟实验室的地方政府绩效信息数据库。该数据库采集于国家和地方各级统计年鉴、部门专项年鉴、各级地方综合年鉴、地级市政府工作报告、地级市政府经济与社会发展统计公报、地级市政府信息公开年度报告、各类专业数据库及其他公开数据源,涵盖了中国全部直辖市政府、副省级政府和地级市政府的绩效管理信息。选取正式发布的公开性数据,既是保障第三方评估客观性、独立性的基本要求,也体现了数据的正规性和权威性,从而保证评估结果的客观性和公正性。①

三、东北三省振兴战略实施的综合绩效评估结果的比较分析

随着东北振兴战略的推出,东北三省政府在各方面不断推进工作,但是其效果在短时间内不明显,部分省份甚至未能摆脱经济下滑的惯性。从综合绩效评估的结果来看,东北三省综合绩效水平仍有下滑趋势,但区域内部出现分化,吉林省和辽宁省逐步向

① 贠杰:《中国地方政府绩效评估:研究与应用》,《政治学研究》2015 年第 6 期。

稳，黑龙江省则继续下滑。从各地级市的综合绩效评估结果来看，各地的表现也存在差异。

（一）东北三省综合绩效评估结果分析

平衡发展贯穿东北三省整体，辽宁省和吉林省的部分地级市表现不俗，但是黑龙江省的情况不容乐观。在经济发展方面，辽宁省走在前列；在社会管理方面，辽宁省和吉林省的表现都比较亮眼。社会管理和平衡发展指数在全国四大区域中排名第一。总的来看，东北三省对外管理综合绩效评估结果中，市场监管表现较差；政府内部管理职能整体较差，仅有个别地级市表现尚可。

从全国地级市综合绩效评估结果来看①，一等绩效为大于等于 5.77 分，二等绩效为大于 5.18 分而小于 5.77 分，三等绩效为大于等于 4.59 分而小于 5.18 分，四等绩效为小于 4.59 分。东北三省 2012 年四等绩效有 7 个，较 2010 年度增加 5 个，综合绩效水平没有得到改善，有恶化的趋势，综合绩效水平进一步下滑。三等绩效有 12 个，较 2010 年度减少 2 个。二等绩效有 11 个，较 2010 年度减少 5 个。一等绩效有 2 个，较 2010 年有了令人惊喜的变化。

从东北三省各省地级市的平均综合绩效来看（图 1），吉林省的平均综合绩效（5.32 分）和辽宁的平均综合绩效（5.20 分）高于全国平均值，黑龙江的平均综合绩效（4.59 分）低于全国平均值。可以看出，东北三省综合绩效低于全国平均值，主要是黑龙江拖了

---

① 中国社会科学院公共管理模拟实验室的地方政府绩效信息数据库。数据来源为公开出版的中央和地方统计年鉴、专项年鉴、政府公开信息等。本文评估的主体聚焦在地级市，因此，将东北三省的副省级城市沈阳市、大连市和长春市剔除，以保持评估主体在行政层级上的可比性。鉴于地方政府绩效的展现具有一定的时滞，以及考虑地方政府绩效评估对象的当期压力因素，本文选取的是 2012 年地方政府绩效数据库，该数据库包括全国 4 个直辖市、15 个副省级市、317 个地级市政府（地、市、州、盟）的近 20 万条政府绩效信息数据。考虑到行政区划变动因素，该年度数据库不包括新设立的三沙市等新行政建制以及各省、自治区自行设置的地级行政单位。同时，由于香港、台湾、澳门的相关数据未收集，未纳入本项目的评估范围。

后腿。

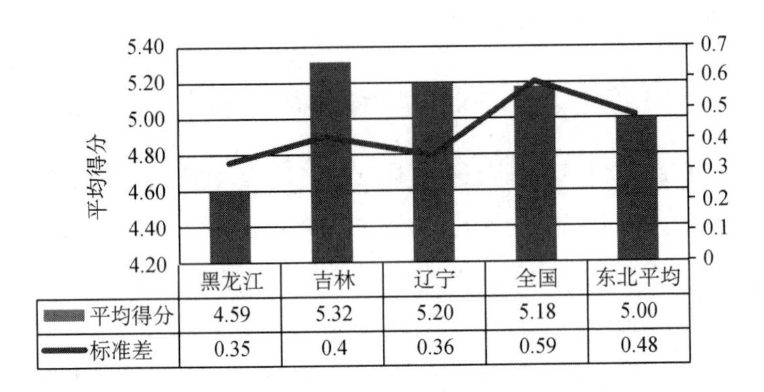

图 1　东北三省各省综合绩效得分状况

资料来源：中国社会科学院公共管理模拟实验室的地方政府绩效信息数据库（下同）。

从综合绩效评估的结果来看，东北三省的总体综合绩效在全国四大区域中的表现仅好于西部地区，具体到省域层面，吉林省和辽宁省的综合绩效高于全国省域的平均水平，但由于黑龙江省的综合绩效表现不佳，使得东北三省的整体绩效低于四大区域的平均水平。因此，本部分首先对东北三省在全国省份中的绩效水平进行分析，然后对三个省份地级市的绩效表现以及对它们之间存在的差异进行分析。

1. 东北三省综合绩效在全国省域中的位置

东北三省的综合绩效平均得分表现出内部差异较大的特征。在东北三省范围内，吉林省所辖地级市政府的综合绩效得分最高，黑龙江省最低，辽宁省位于中间。在全国 32 个省、市、自治区中，吉林省和辽宁省所辖地级市政府的综合绩效得分位于全国平均水平之上，其中，吉林省排在第 7 位，辽宁省排在第 12 位；黑龙江省则处于全国平均水平以下，大幅低于全国平均值，排在全国倒数第 3。具体排名情况如图 2 所示。

在对外管理绩效平均得分方面，三省在东北三省中的排名是：

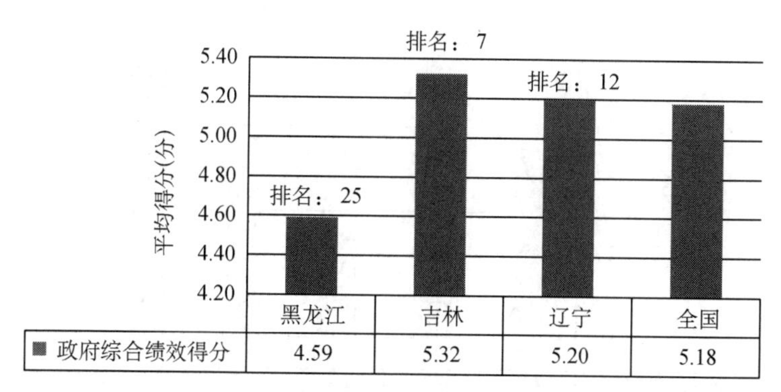

	黑龙江	吉林	辽宁	全国
■ 政府综合绩效得分	4.59	5.32	5.20	5.18

图 2　东北三省各省所辖地级市综合绩效的平均得分及排名

辽宁第一，黑龙江第三，吉林位于中间。这种排名表现与三省综合绩效平均水平的排名是一致的。具体分析，辽宁省和吉林省所辖地级市对外管理绩效的平均得分远高于全国平均值，在全国 27 个省份中都处于前 10 名，分别是第 4 名和第 5 名，仅次于排在东部地区前三的江苏省、山东省和浙江省。黑龙江省对外管理绩效平均水平则排在第 23 位，低于全国平均水平，表现较差。

从内部管理绩效分析，按照各省所辖地级市内部管理绩效平均得分排列，黑龙江最好，吉林第二，辽宁第三。东北三省的内部管理绩效平均得分均低于全国平均水平，在 27 个省份排名中均位于后 10 名(图 3)。东北三省所辖地级市政府在全国排名中均位于 200 名之后。黑龙江省所辖地级市内部管理绩效的平均排名是 200 名，吉林省是 207 名，辽宁省是 246 名。这都说明了东北三省的内部管理绩效平均水平在全国处于下游位置。

综上所述，三个省总体上都是对外管理绩效的表现好于内部管理绩效。具体表现为：吉林省所辖地级市的综合绩效水平在东北三省最高，其综合绩效以及对外管理绩效在区域内排名第一，内部管理绩效在区域内排名第二。辽宁省所辖地级市的综合绩效平均水平在东北三省排在第 2 位，其对外管理绩效的平均水平较高，位于所有省份中的上游；但由于其地级市内部管理绩效最差，使得

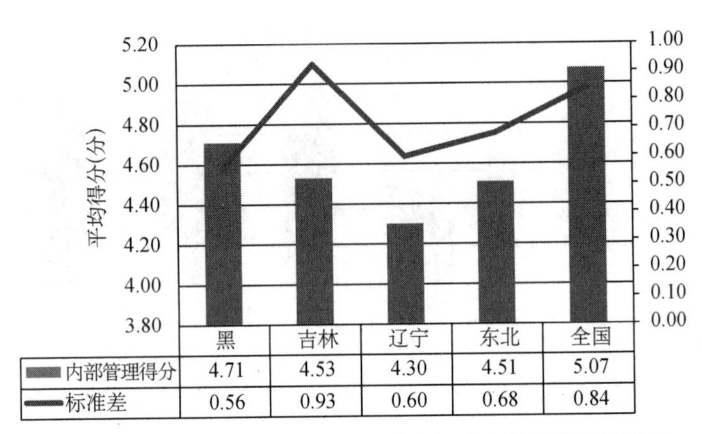

	黑	吉林	辽宁	东北	全国
内部管理得分	4.71	4.53	4.30	4.51	5.07
标准差	0.56	0.93	0.60	0.68	0.84

图3　东北三省各省所辖地级市政府内部管理绩效的平均得分

其综合绩效下降到在所有省份中排名第12。黑龙江省所辖地级市政府的对外管理绩效和对内管理绩效均低于全国平均值，表现较差，因此，其综合绩效跌到了全国平均水平以下。

2．吉林省综合绩效表现比较突出

吉林省的综合绩效评估结果高于全国平均水平，位列第7，在东北三省中排在第1位。该省的内部管理绩效平均得分排名在东北三省处于中间位置。吉林省除了长春这个副省级城市之外，共有8个地级市行政区域，从这8个地级市政府来看，没有处于全国后50名的地级市，其中，通化市和吉林市格外出色，进入了全国前50名。可以看到，吉林省所辖地级市政府的综合绩效水平中等偏上，而且部分地级市在内部管理方面的表现也不错。

在经济发展绩效方面，吉林省在东北处于中间水平。在8个地级市政府中，绩效最好的是吉林市，排名全国第54位；最差的白城市排在东北三省第23名。相对较为平均。在市场监管绩效方面，吉林省在东北排第一，但是大幅低于全国平均水平。8个地级市政府中，第1名和第2名是通化市、四平市，通化市是唯一一个排名在全国前50的地级市政府。其他7个排名在全国的160名开外。在社会管理绩效方面，吉林省在东北三省中排名第二，在全国

27个省份中也是排名第二,与辽宁一样,领先全国其他省份。8个地级市政府中,有6个进入全国前50名。总体上说,吉林省的社会管理绩效在全国和东北均处于领先水平。在公共服务绩效方面,吉林省排在东北三省第一,高于全国平均水平。东北三省排名第一的吉林市进入全国前50名,绩效最差的松原市排在全国第212名。在平衡发展绩效上,吉林市在东北三省排名第1,在全国排在第3位。绩效最好的是辽源市和通化市,均进入全国前10名。在内部管理绩效方面,吉林省的内部管理绩效在东北三省排名第二,在全国27个省份中排名第22位。8个地级市政府中,绩效第1的吉林市在全国排第59名,有4个位于全国200名后。

3. 辽宁省的综合绩效水平高于全国平均水平

辽宁省除了沈阳、大连两个副省级城市之外,还有12个地级市行政区域。这些地级市的综合绩效、对外管理绩效、内部管理绩效平均水平,在东北三省三个省份中都处于中间位置。

在辽宁省12个地级市政府中,综合绩效最高的是鞍山市,最差的是朝阳市。其中,有5个排在东北三省的前10名,有3个排在全国的前100之内。绩效最差的朝阳市也没有排在东北三省的最后5名。在经济发展绩效方面,辽宁省内绩效前5名的地级市政府都进入了东北三省的前10名。鞍山市在省内排名第1,在东北三省位列第3。阜新市是绩效最差的,在全国排第181名。在社会管理绩效方面,辽宁省领先全国水平,不仅是东北第1名,而且也是全国27个省份的第一。在12个地级市政府中,有11个进入全国前50名。没有地级市政府排在东北三省最后5名。绩效最好的葫芦岛市不仅是东北第1名,也是全国第1名。在公共服务绩效方面,辽宁省的绩效表现不佳。在12个地级市政府中,绩效最好的本溪市,在全国排第82名。在平衡发展绩效方面,辽宁省是东北第2名,高于全国平均水平。其绩效前4名的地级市政府,均进入全国前50名。第1名是丹东市,排名全国第4。在内部管理绩效方面，辽宁省是东北三省第3名，低于全国平均水平。其12个地级市政府中仅有2个排名在全国200名以内。绩效最好的鞍山市排在全国第106名。

4. 黑龙江省综合绩效表现不佳

黑龙江省所辖地级市的综合绩效表现差，各项职能的绩效亮点较少。在综合绩效方面，黑龙江省没有进入全国一等绩效的地级市政府，省内绩效排名后8名的地级市政府同时包揽了东北三省绩效最后8名，绩效最好的大庆市也未进入东北三省前10名。

在公共服务绩效方面，黑龙江省在东北三省位居第2，略低于全国平均水平。在12个地级市政府中，有3个位于东北三省前10名，分别是双鸭山市、大庆市和伊春市，也是东北三省的前3名。总体上看，黑龙江省的公共服务绩效表现尚可。在经济发展绩效方面，黑龙江省位于东北三省的第三位，大幅低于全国平均水平。在12个地级市政府中，绩效最好的大庆市排在东北三省的第5名，也是唯一进入东北前10名的。然而，排名后9位的地级市政府全部排在东北三省的后9名，占到黑龙江省的3/4。这说明黑龙江省的经济发展绩效在东北三省是最差的。在市场监管绩效方面，黑龙江省在东北三省位于第2位，但也是全国倒数第2位。12个地级市政府中有11个排名在全国200名以外。市场监管绩效的第1名是齐齐哈尔市。在社会管理绩效方面，黑龙江省在东北三省表现最差，在全国也排在第19名，而且与领先的辽宁省和吉林省的差距比较大。社会管理绩效第1名是双鸭山市；没有1个地级市政府进入东北三省的前20名，却有9个位于东北三省的最后10名之内，占比高达黑龙江省地级市政府总数的75%。可见，黑龙江省在社会管理绩效方面落后很多。在平衡发展绩效方面，黑龙江省在东北三省位于第三名，高于全国平均水平，在全国27个省份中排在第15名。在12个地级市政府中，只有排名第1

和第2的双鸭山市和鸡西市进入东北三省的前10名。可以看出，黑龙江省在平衡发展绩效方面的表现比较差。

综合以上各职能的绩效可以发现，黑龙江省所辖地级市的综合绩效水平低，其中，经济发展、市场监管、社会管理、平衡发展的绩效都表现不佳，但公共服务绩效的表现尚可。

（二）东北三省地级市综合绩效评估分析

首先，东北三省地级市的综合绩效整体低于全国平均水平。从平均绩效来看，东北三省地级市的综合绩效为5.00分，低于全国平均值5.18分。与我国其他三大区域相比，比东部(5.69分)和中部(5.16分)低，比西部(4.94分)略高(图4)。可见，东北三省地级市的综合绩效在全国处于中等偏下水平，与东部地区的差距较大。

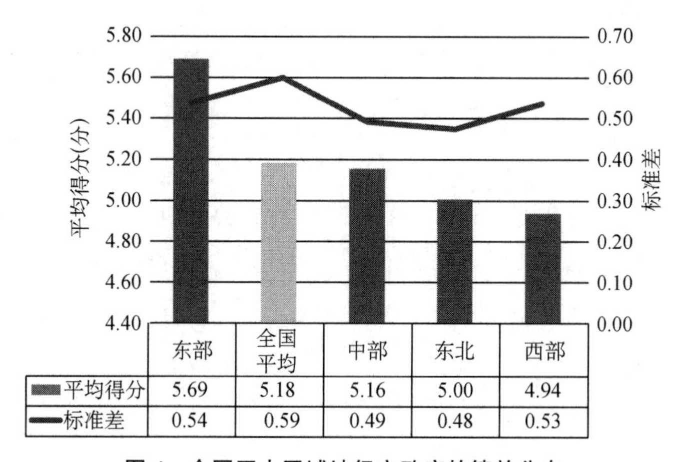

图4 全国四大区域地级市政府的绩效分布

结合排名情况，我们将绩效结果划分为四个等级，分别是：前50名为一等绩效，51—157名为二等绩效，158—263名为三等绩效，264—317名为四等绩效。

从综合绩效等级分布情况来看，东北三省各地级市政府整体以二等绩效和三等绩效为主，占东北三省的71.88%。黑龙江省所辖地级市政府没有一个进入一等绩效序列，有1个二等绩效，有4个三等绩效，有7个四等绩效；吉林省所辖地级市政府有2个进入一等绩效序列，有2个二等绩效，有4个三等绩效；辽宁省没有一等绩效和四等绩效，有8个二等绩效，有4个三等绩效(图5)。

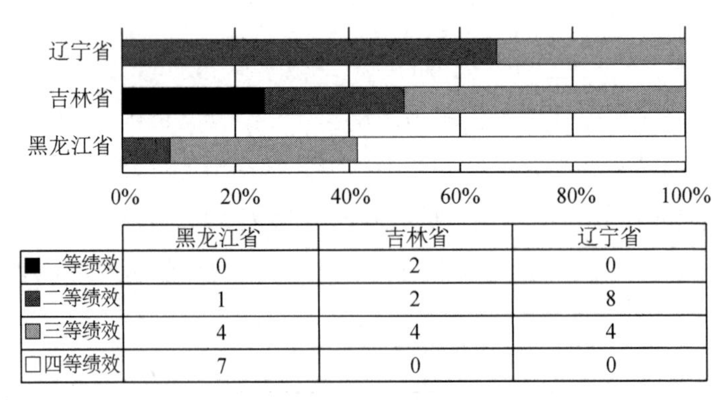

	黑龙江省	吉林省	辽宁省
■一等绩效	0	2	0
■二等绩效	1	2	8
■三等绩效	4	4	4
□四等绩效	7	0	0

图5　东北三省所辖地级市政府的综合绩效等级分布图

1. 对外管理绩效表现不平衡

从东北三省地级市综合绩效中对外管理绩效①的平均得分来看，略高于全国平均得分，但是东北三省的总体情况呈现出两极分化的特点，其中，吉林省和辽宁省的对外管理绩效高于全国平均水平，黑龙江省的对外管理绩效则大幅低于全国平均水平(图6)。

下面从政府对外管理职能的五个方面分析东北三省地级市综合绩效情况(图7)。

① 此处的对外管理所指的是政府服务经济发展与社会的对外管理职能，包括经济发展、市场监管、社会管理、公共服务、平衡发展以及地域特色六方面。东北三省不涉及民族区域等地域特色，因此不考察此项。参见贠杰：《中国地方政府绩效评估：研究与应用》，《政治学研究》2015年第6期。

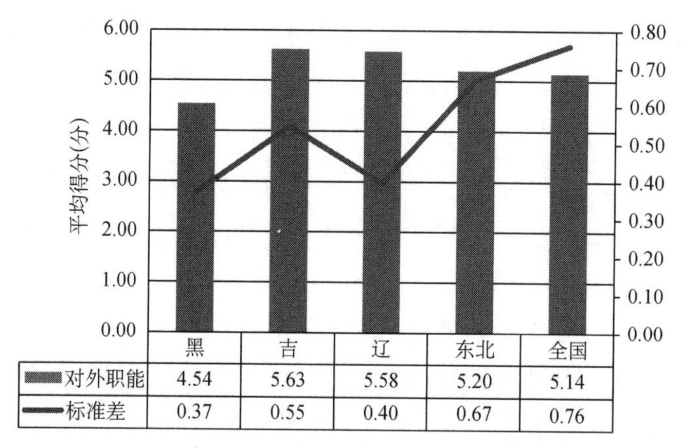

图 6　东北三省对外管理绩效的得分情况图

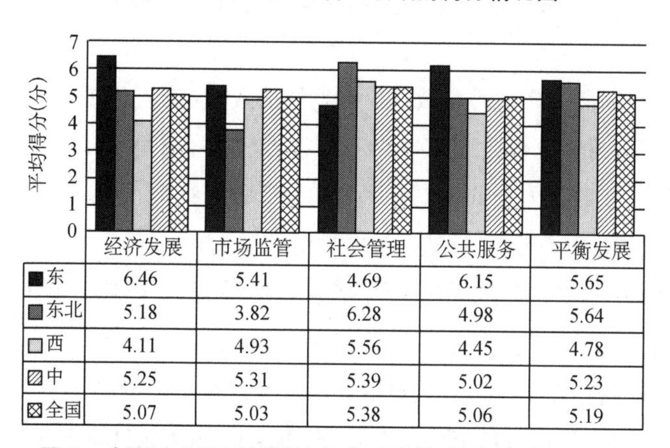

图 7　全国四大区域所辖地级市对外管理绩效的平均得分

经济发展绩效:东北三省的平均得分在全国四个区域中位于第三位。市场监管绩效:东北三省的平均得分位于全国第四位。社会管理绩效:东北三省的平均得分在全国四大区域中位于第一位,但是差距并不十分明显。公共服务绩效:东北三省的平均得分位于全国第三位,其中,基础设施绩效位于全国第二位。平衡发展绩效:东北三省的平均得分位于全国第二位,其中,城乡差距平衡发展绩效得分是最高的。根据图 7 的总体分析,东北三省地级市政府对外管理五项职能绩效中,有 1 项位于全国第 1 位,2 项位于第2位，1项位于第3位，1项位于第4位，整体上处于全国上游水平。而且部分职能领域的绩效，如社会保障、城乡差距等指标，继续保持全国领先，在全国四个区域中排名第一。

东北三省各地级市对外管理综合绩效水平在十八大前呈现整体下滑的趋势，下面从经济发展、市场监管、社会管理、公共服务和平衡发展五个方面进行具体分析。

第一，经济发展绩效长期徘徊不前。

东北三省的产业结构以能源、机械产业为主，因此，要进行经济结构的转变需要时间。尤其是东北三省的产业以国有企业为主，这也是导致东北三省经济结构调整慢而且效果欠佳的主要原因之一。

在东北三省地级市政府经济发展绩效前10名中，辽宁省就占了8个，占全省总数的66.67%；吉林省和黑龙江省各有1个。经济发展绩效进入全国前100名的地级市政府有13个，占东北三省总数的41%。而且，东北三省的地级市政府中没有一个落在全国最后20名内。在东北三省经济发展绩效进入全国前100名的13个地级市政府中，辽宁省就有9个，占辽宁地级市政府总数的75%；吉林省有3个，占该省地级市政府总数的37.5%；黑龙江省只有1个。然而，在东北三省最后10名中，黑龙江省就有8个。

在经济增长绩效方面，排在东北三省第1名的黑龙江省大庆市位于全国第19。辽宁省的鞍山市、吉林省的吉林市和黑龙江的大庆市均进入全国经济增长绩效前50名。在经济结构绩效方面，东北三省地级市综合绩效的平均水平在全国四大区域中位于第二位。在全国前50名中，东北三省有7个，占该区域政府总数的21.88%。但是，在全国后50名中，东北三省有9个，占该区域地级市政府总数的28.13%。在经济效果绩效方面，东北三省地级市经济效果绩效的平均水平在全国四大区域中居第二位。东北三省前2名的地级市政府均位于全国地级市政府的前50名，分别是辽源市和白山市;并且,东北三省没有地级市政府进入最后 50 名,所有都在前 200 名内。

第二,市场监管绩效较为落后。

东北三省市场监管绩效在全国排第 4 名,排名在最后。在所分的四档中,一等有 1 个,为吉林省通化市;二等有 1 个,为黑龙江省的齐齐哈尔市;三等有 12 个;四等有 18 个。市场监管绩效主要分布在三等和四等。在东北三省地级市市场监管绩效前 10 名中,吉林占 4 个,其中,前 2 个位居东北三省的前 3 名;黑龙江省占 3 个;辽宁省占 3 个。东北三省市场监管绩效的最后 5 名中,4 个位于辽宁省。

具体到企业行为监管绩效方面,东北三省的绩效平均得分位于全国四大区域中的第三位,且没有进入全国前 50 名的地级市。在产品质量监管绩效方面,东北三省的绩效与其他区域的差距较大。东北三省没有位于全国前 50 名的地级市政府。在东北三省排名第 1 名的齐齐哈尔市(黑龙江省)已经排到全国第 71 名。在市场秩序监管绩效方面,东北三省在全国四大区域中排名第二。有 3 个地级市排名进入全国前 50 名,分别是通化市(吉林省),大兴安岭地区(黑龙江省)和白山市(吉林省)。

第三,社会管理绩效领先。

东北三省地级市社会管理绩效在全国范围内处于领先地位。东北三省地级市政府社会管理绩效的平均得分最高,在全国四个区域中排名第一位。在社会管理绩效全国排名前 50 名的地级市政府中,东北三省有 17 个,已经超过了 1/3。东北三省超过 60% 的地级市政府位于全国前 157 名,绝大部分位于全国的中上游(全国 317 个地级市政府)。在东北三省前 10 名的地级市政府中,有 7 个位于辽宁省,3 个属于吉林省,且这 10 个地级市政府都进入了全国前 50 名。而且,第 1 名和第 2 名的葫芦岛市与抚顺市分别排在全国的前两名。

下面是东北三省地级市政府在社会管理三个职能领域的绩效表现。

在社会组织与人口管理绩效方面,东北三省的平均得分位于全国第一位。在32个地级市政府中,有7个排在全国前10名,其中,前三名分别是辽源市、白山市、抚顺市。此外,在社会保障与就业绩效方面,仅有2个地级市政府排在全国后50名。

在社会保障与就业绩效方面,东北三省平均得分位于全国第一位。在32个地级市政府中,有7个排在全国前10名;前三分别是辽源市、白山市、抚顺市。此外,在社会保障与就业绩效方面,仅有2个地级市政府排在全国后50名。

在社会安全管理绩效方面,在32个地级市政府中,有8个排在全国前50名,占比达到16%;有11个地级市政府排在全国后200名。在该项绩效上呈现出两极分化的现象。

第四,公共服务绩效逐步下滑。

东北三省公共服务绩效的平均得分位于全国第3位。东北三省所辖地级市公共服务绩效的平均水平,在全国27个省份中处于靠后位置。东北三省公共服务绩效第1名是吉林省吉林市,排在全国第46名,也是唯一一个进入全国前50名的地级市政府。

在基础设施绩效方面,东北三省平均绩效得分位于全国第二位,好于中部和西部地区。东北32个地级市政府中,只有1个进入一等绩效。不过,东北三省也没有四等绩效的地级市政府。这也从另一侧面说明了区域内部基础设施发展是比较均衡的。在文化体育绩效方面,东北三省的平均得分位于全国第二位。东北三省的32个地级市政府中,有8个排在一等绩效;6个排在四等绩效。

第五,平衡发展绩效比较突出。

随着中国经济的快速发展,社会、资源、生态等领域的问题不断凸显,因此,加强经济与社会、经济与资源生态、地区和城乡统筹协调发展就成为重要的现实选择。东北三省平衡发展绩效整体水平位于全国第二位。其32个地级市中有8个位于全国前50名，但是有2个在全国后50名。东北三省地级市前10名都位于全国前60名之列，其中，丹东市、辽源市和通化市进入了全国前10名，可见，东北三省整体平衡发展绩效较为突出。在体现平衡发展的城乡差距这一指标上，东北三省的32个地级市政府中，有14个进入了全国前100名，排在后50名的有1个。在区域差距这一指标中，东北三省的平均绩效水平位于全国第一，高于其他地区。

2. 政府内部管理绩效在全国四大区域中位列末席

在全国四大区域中，东北三省地级市内部管理绩效平均得分是第4名，排在最后。从政府内部管理5个职能领域来看，如图8所示，东北三省的依法行政排在第2位；其行政效能、行政成本和政务公开排在全国第3位；最差的是行政廉洁，其绩效排在全国第4位。其中，东北三省与其他三个地区差别不太明显的是行政成本和政务公开这两个指标的得分。全国各个区域在行政成本绩效一项上的得分均差别不大，这说明行政成本偏高是个全国性问题，

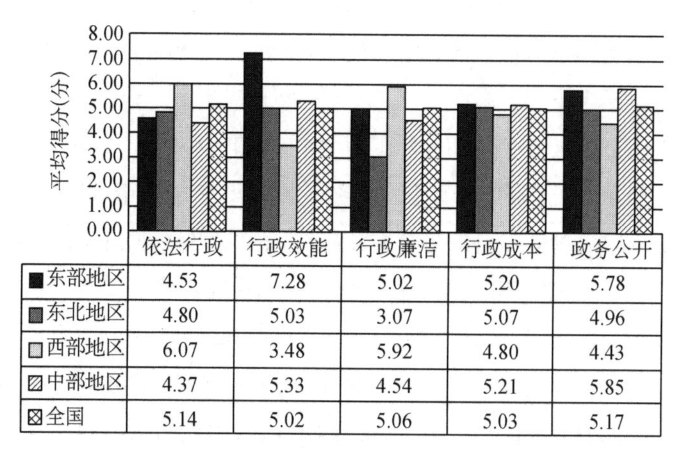

	依法行政	行政效能	行政廉洁	行政成本	政务公开
■东部地区	4.53	7.28	5.02	5.20	5.78
■东北地区	4.80	5.03	3.07	5.07	4.96
□西部地区	6.07	3.48	5.92	4.80	4.43
▨中部地区	4.37	5.33	4.54	5.21	5.85
⊠全国	5.14	5.02	5.06	5.03	5.17

图8 全国四大区域所辖地级市政府内部管理分职能领域绩效得分

并非东北三省的区域性问题。在政务公开方面，由于《中华人民共和国政府信息公开条例》的实施，各地区行政公开绩效的差距有所缩小。

总体来看，东北三省所辖地级市综合绩效平均水平位于全国第3位，比东部和中部地区差，要好于西部地区。然而，东北三省地级市的内部管理绩效要差于外部职能管理绩效，其外部职能管理平均绩效位于全国第3位，而内部管理绩效位于全国第4位。从全国地级市范围看，内部管理绩效与经济发展水平之间没有直接显著的相关关系。但是，具体到东北三省地级市政府，体现经济发展水平的指标之一即经济增长，与内部管理绩效具有一定的相关关系。东北三省地级市经济增长绩效前10名中，有5个地级市政府在内部管理绩效上也排在前10名，分别是大庆市、盘锦市、松原市、鞍山市、吉林市。这说明，在东北三省这两个指标绩效之间存在一定的相关性。因此，可以考虑把提高经济增长水平作为改善该地区内部管理的举措之一，为内部管理提供一定的经济基础。

东北三省地级市内部管理绩效总体表现差。在32个地级市政府中，进入全国前100名的仅有2个，分别是吉林省的吉林市和黑龙江省的大庆市。统计结果显示，东北三省80%以上的地级市政府排在150名之后。

内部管理五个职能领域的具体情况如下。第一，依法行政绩效。在东北三省的32个地级市政府中，有3个地级市政府进入全国前50名；绩效最高的是黑龙江省大兴安岭地区，在全国排第3。在东北三省的前10名中，辽宁省有1个，黑龙江省有5个，吉林省有4个。第二，行政效能绩效。在三省的32个地级市政府中，只有4个进入全国前50名。其中，排在150名以后的占17个，可见，行政效能绩效整体上比较差，并且区域差距较大。第三，行政廉洁绩效。在东北三省的32个地级市政府中，有16个排在全国最后50名之中。第四，行政成本绩效。就东北三省内部而言，各地级市之间的差距较为显著。东北三省前9名均排在全国前100名之内;然而,最后5名却排在全国后50名。第五,行政公开绩效。东北三省只有1个地级市政府处于四等绩效;有3个位于一等绩效;大部分处于中间水平,差异相对较小。

四、结论与讨论

通过对东北三省总体、各省和地级市综合绩效评估结果的分析发现,东北三省的综合绩效水平整体不佳,人口问题和政府管理软环境差是制约东北三省振兴发展的重要因素,需对体制机制和相关政策进行改进和完善,以更好地推进东北三省的全面振兴。

(一)人口问题成为制约东北振兴的重要因素,需营造良好的人才发展环境

进入21世纪后,东北三省的人口情况发生了较大变化。从人口净流入地区变成人口净流出地区。相较于一般性的人口流动,户籍人口的净迁出对经济增长的不利影响更突出。[①] 同时,受经济发展水平和计划生育政策的影响,我国进入了低出生率阶段,而东北三省的人口出生率又低于全国水平,使得东北三省的人口净增长减少,老龄化问题逐步凸显出来。随着时间的推移,东北三省的人力资源呈现出自身的特点,人口自然增长率、人口老龄化、流动人口等方面都发生了变化。

首先,在人口自然增长率方面。从全国来看,2021年的人口自然增长率为0.34‰。在东北三省,黑龙江省2021年的人口自然

① 杨玲、张新平:《人口年龄结构、人口迁移与东北经济增长》,《中国人口·资源与环境》2016年第9期。

增长率为 -5.11‰，吉林省 2021 年的人口自然增长率为 -4.18‰，辽宁省 2021 年的人口自然增长率为 -3.38‰。① 从人口出生率和自然增长率来看，东北三省均为负增长。其次，人口老龄化突出。根据第七次全国人口普查的数据，东北三省老龄化问题在全国最为突出。从具体省份来看，黑龙江省和吉林省 65 岁及以上人口的比例达 15.61%，位居全国第 6；辽宁省 65 岁以上人口已达 741.75 万人，占辽宁省总人口的 17.42%，为全国最高。② 最后，人口外流和人才流失严重。除了人口的自然增长缓慢外，在人口外流方面，东北三省呈净流出状态，"候鸟型人口"在东北有着较为显著的体现。经济的不景气反过来加速了人口外流，尤其是高技能人才的流失对东北三省的发展影响重大③，这也客观地反映了东北三省对人才缺乏吸引力。

综合来看，东北三省要解决人口净增长减少、老龄化、人口流失的问题，需要综合施策，提升产业的吸引力，建设良好的教育培训体系，提高生活质量，并通过一系列政策措施，提高该地区对人才的整体吸引力。只有持续地优化人才发展环境，才能有效地解决人口结构性变化的问题，实现经济的振兴和可持续发展。

一是优化产业结构，创造高质量就业的机会。东北三省应通过产业升级和发展新兴产业来创造更多高质量的就业机会。推动传统产业改造升级和高新技术产业发展，特别是在生物医药、新能源、新材料等领域，以吸引高端人才。支持创业创新，提供税收优惠、资金支持、创业导师等服务，建立创业孵化基地和平台，吸引和培养创业人才，创造更多的就业和发展机会。二是改善教育和培

---

① 国家统计局人口和就业统计司：《中国人口和就业统计年鉴》，中国统计出版社 2022 年版，第 24 页。

② 国务院第七次全国人口普查领导小组办公室：《第七次全国人口普查主要数据》，中国统计出版社 2021 年版，第 22 页。

③ 赵静：《东北地区人才流失的主要发现及政策建议》，《中国经贸导刊》2019 年第 11 期。

训体系，提升人才素质。改进教育质量和教育结构，特别是高等教育和职业教育，强化与产业需求的对接，提供与市场紧密相关的教育和训练，增强毕业生的就业竞争力。强化继续教育和职业培训，提供持续学习的机会，帮助在职人员不断提升职业技能，适应经济社会的变化。三是提供留得住人的政策和生活支持措施。通过提供房屋补贴、子女教育、医疗服务等优惠政策来吸引人才定居，并为人才的家庭提供全方位的生活支持，降低人才定居的综合成本。优化城市规划和公共设施，改善居住环境，例如，提升绿化水平、改善交通网络、增设文化和娱乐设施，以增加城市的宜居性，吸引人才入住。强化社会保障体系，如医疗保障、养老保险等，在为人才提供稳定生活的同时，增强其对未来发展的信心。

（二）东北三省综合绩效水平省域分化明显，需找准影响发展的薄弱环节并精准发力

在东北振兴战略的驱动下，东北三省经济逐步好转，但是经济发展效果不佳的现状仍然难以改变，使得东北三省地级市综合绩效水平处于下游，而且省域分化明显，离散度明显上升。具体来看，吉林省和辽宁省的地级市整体靠前，黑龙江省的地级市全面下滑，这显示出东北三省虽然有着一定的相似条件，但是在发展中逐渐体现出了差异。黑龙江省在经济发展中遇到的问题比吉林省和辽宁省更多，更难以解决。从评估的结果来看，黑龙江省在区域发展中已经逊色于吉林省和辽宁省。整体来看，东北三省综合绩效中对外管理职能总体表现比对内管理职能更出色。在政府对外管理绩效中，市场监管整体较差。

从具体维度的分析结果来看，吉林省和辽宁省在社会管理和平衡发展中仍然有着优异的表现。在东北三省，政府对外管理有表现出色的地级市，也有表现较差的地级市，两极分化的情况比较严重，区域发展不平衡特点明显。要破解这些问题，需从发达地区

学习经验，如长三角城市群。[①] 部分地区的内部差距逐渐发生变化，在经济发展绩效方面，辽宁省整体的出色表现使得其以较大的优势领先于区域内的黑龙江省。

从省域层面来看，要通过提升行政效率、提高公共服务质量以及增强创新能力这三方面的努力，从根本上解决政府职能履行的薄弱环节问题。这需要政策创新、制度改革和理念更新相结合，通过更开放的思维和更有效的实践，推动东北地区全面振兴和可持续发展。

一是提升行政效率。首先是简政放权。政府需要通过简化行政程序来削减不必要的行政审批，实施更多的放权措施，让市场在资源配置中起决定性作用。其次是流程再造。对现有的行政流程进行梳理和优化，减少冗余步骤，加强流程管理，采用信息化手段提升工作效率。最后是服务窗口优化。优化政府服务窗口，实施"一站式"服务，提高对企业和公众的服务效率，减少办事时间和成本，提升政府形象和信任度。

二是提高公共服务质量。首先是推进人才战略。通过教育和培训，提高公共服务部门人员的专业水平和服务意识，确保服务的有效性和效率。其次是加大信息公开。加大政务信息公开力度，增进政策的透明度，让公众能够了解政府工作的进程，加强对公共服务的监督和评价。最后是增进质量管理。建立公共服务质量管理机制，定期评估政府提供的公共服务质量，并根据反馈调整服务策略，确保公共服务的持续改进和完善。

三是增强创新能力。首先是制定有效的创新激励措施。制定促进科技创新的政策，如税收减免、资金扶持、知识产权保护等，鼓励企业和研究机构进行技术创新与研发投入。其次是构建创新体

---

① 陈新光、陈旭颖、冯亚楠：《城市服务业发展绩效比较研究——以长三角城市群五城区国家综改试点为例》，《复旦城市治理评论》2017 年第 2 期。

系。创建科技创新平台和产业园区,促进产学研结合,加强政府与高校、科研机构和企业之间的协同创新。最后是优化政策环境。创建公正、透明、可预期的政策环境,减少政策的不确定性,为创新主体提供稳定的经营预期和发展空间。

(三)政府管理软环境依然是东北发展的瓶颈,文化振兴成为当前的重点

政府管理在推动经济发展方面具有重要作用。从东北三省综合绩效评估结果来看,东北三省的内部管理绩效表现较差,成为制约东北三省发展的重要因素。

东北三省软环境的表现不佳主要有两个方面:一是随着反腐败工作的深入,其内部腐败现象较为突出,导致政府运行中出现较多的问题。行政廉洁绩效和内部管理绩效的表现较差是导致东北三省内部管理绩效落后的根本原因。二是随着经济结构转型的调整,其内部职能调整未能很好地适应现实需要。

在经济社会转型时期,激活经济发展活力,需要有较好的创新能力。从东北三省的整体创新情况来看,专利申请保持了较快的增长速度。具体来看,黑龙江省 2020 年受理专利申请 43 252 件,同比增长 15.92%;授权专利 28 475 件,同比增长 42.45%。吉林省 2020 年受理专利申请 34 438 件,同比增长 10.9%;授权专利 23 951 件,同比增长 53.74%。辽宁省 2020 年受理专利申请 86 527 件,同比增长 24.09%;授权专利 60 185 件,同比增长 50.32%。[①] 良好的创新能力必然会转化为生产力,从而推动经济社会的发展和管理软环境的提升。

东北三省在提升政府管理软环境上还需从以下三方面精准

---

① 国家统计局、科学技术部:《中国科技统计年鉴(2021)》,中国统计出版社 2021 年版,第 161—162 页。

发力。

一是政策环境的优化升级。首先是创新激励机制,通过税收优惠、财政补贴、金融支持等政策鼓励高新技术产业和现代服务业发展。其次是简化行政审批流程,提升行政效率。例如,推行“一站式”服务、网上办事等,减少企业和公众办事的时间成本和经济成本。最后是加强政策的透明度和公开性,保障政策制定和执行过程中的利益相关者能够参与和监督,提高政策的可预见性和稳定性。

二是建设良好的法治环境。首先是加强法治建设,确保法律法规的落实与执行,依法治理,确保各类市场主体平等地面对法律。其次是强化知识产权保护,营造公平竞争的市场环境,鼓励创新和技术进步。最后是提升司法公信力,通过审判、仲裁等司法途径公正地处理经济纠纷,确保市场规则的公正性和权威性。

三是提升公共服务的质量。首先是投资教育、健康、社会保障等公共服务领域,提高人力资本的素质,为经济转型升级提供人才支持。其次是改善基础设施建设,如交通网络、信息通信等,以提高区域的连通性和吸引力。最后是加大环境保护力度,改善生态环境,创建宜居宜业的生活环境,增强城市的吸引力和竞争力。

[本文系中国社会科学院重大创新项目“全过程人民民主与国家治理现代化”(项目编号:2023YZD003)的阶段性研究成果]

全过程人民民主的先行示范及其理论贡献

——以深圳市为例

曾林妙*　谷志军**

[内容摘要]　回答“如何发展全过程人民民主”的操作性命题，是完成中国式现代化民主政治发展目标的关键一环，但是，无论是制度健全、法治保障还是技术支撑路径，已有研究均未能提出可行的操作方案。从深圳市经历的先行探索、深入试验及先行示范三个阶段看，先行示范发展全过程人民民主的实现机制与具体方案表现在方向上要聚焦民主各环节的完善，在推进策略上要注重民主各领域的协同，在制度保障上要推动民主各方面机制的优化等。对深圳市发展全过程人民民主先行示范经验的研究，有助于理解发展全过程人民民主在历史、政治、经济、社会等方面的影响因素与条件，对化解中国民主的操作性难题、超越西方程序民主具有重要的理论意义。

[关键词]　全过程人民民主；操作性命题；深圳民主政治建设；先行示范

* 曾林妙，暨南大学公共管理学院/应急管理学院博士研究生。

** 谷志军，深圳大学政府管理学院教授、博士。

一、问题的提出

发展全过程人民民主包括价值性、解释性以及操作性三个层次的命题。[①] 价值性命题关注“为何全过程人民民主”的问题，解释性命题试图解决“何为发展全过程人民民主”的问题，操作性命题则关注“如何发展全过程人民民主”的问题。自习近平总书记在上海市首次提出这一命题以来，在建党百年庆祝大会、党的十九届六中全会以及党的二十大等重要场合提出的包括“人民民主是一种全过程的民主”[②]“全过程人民民主是社会主义民主政治的本质属性”[③]等论述，解决了全过程人民民主的价值性命题；国务院新闻办发布的《中国的民主》白皮书提出的“全过程人民民主把选举民主与协商民主结合起来……有效防止了选举时漫天许诺、选举后无人过问的现象”[④]，则推动了其解释性命题的解决。但对于全过程人民民主的操作性命题，尽管近年来发展全过程人民民主被置于国家治理现代化的突出位置，从党的十九届六中全会将其作为实现第二个百年奋斗目标的重要路径，到党的二十大报告将其纳入全面建成社会主义现代化强国的战略目标，但尚未提出具体可行的操作性方案。因此，“如何发展全过程人民民主”的操作性

---

① 桑玉成：《关于发展全过程人民民主的十点主张》，《湖北社会科学》2023 年第 1 期。

② 《“有事好商量，众人的事情由众人商量”——习近平推动人民民主的故事》(2021 年 7 月 5 日)，中国政府网，https://www.gov.cn/xinwen/2021-07/05/content_5622569.htm，最后浏览日期：2023 年 11 月 3 日。

③ 习近平：《高举中国特色社会主义伟大旗帜 为全面建设社会主义现代化国家而团结奋斗——在中国共产党第二十次全国代表大会上的报告》，《人民日报》，2022 年 10 月 26 日，第 001 版。

④ 中华人民共和国国务院新闻办公室：《〈中国的民主〉白皮书》(2021 年 12 月 4 日)，国务院新闻办公室网站，http://www.scio.gov.cn/ztk/dtzt/44689/47513/47521/Document/1717215/1717215.htm，最后浏览日期：2023 年 11 月 6 日。

命题成为当前备受关注的话题。

操作性命题的解决是将全过程人民民主的价值与原则落实到具体实践、完成党和国家赋予目标任务的关键。[①] 目前，相关研究集中在内涵解读、价值阐释以及路径建构三个方面，分别致力于解决全过程人民民主的解释性、价值性以及操作性三个命题。不过，相比内涵解读和价值阐述两个方面的研究成果，路径建构研究存在明显不足，学界所提出的制度健全、法治保障以及技术支撑等路径过于宏观，尚未从中微观层面提出具体可行的系统性方案。为此，有必要深入研究发展全过程人民民主的中微观路径，总结发展全过程人民民主的影响因素和条件，为解决其操作性命题提供可行方案。如何从中微观层面解决全过程人民民主的操作性难题？发展全过程人民民主受到哪些因素的影响与条件的制约？这些是今后全过程人民民主研究值得关注的话题。

基于此，本文试图以深圳市为例，梳理其建立40多年来推进民主政治建设的探索历程及先行示范经验，并将这些经验置于政治体系发展理论之下进行探讨。深圳市自建立以来，不仅在经济体制改革上大胆探索，也积极推动民主制度机制创新，为经济平稳发展提供了坚实的政治保障。作为中国特色社会主义先行示范区，深圳市不仅没有影响民主政治建设的各种历史包袱，还拥有先行示范发展全过程人民民主的历史、政治以及社会经济基础，成为先行示范发展全过程人民民主的重要试验场。对深圳市发展全过程人民民主的历程及其先行示范经验的研究，能够呈现发展全过程人民民主的影响因素和制约条件，为构建具体可行的系统性方案、化解其操作性难题提供经验参照。

---

① 桑玉成：《拓展全过程民主的发展空间》，《探索与争鸣》2020年第12期。

二、文献回顾:全过程人民民主的研究重点与不足

关于全过程人民民主的研究成果集中在三个方面:一是内涵解读研究,关注“何为全过程人民民主”的解释性命题,试图解析其实质内涵;二是价值阐释研究,探讨“为何发展全过程人民民主”的价值性命题,试图理解其提出的现实动因;三是路径建构研究,聚焦“如何发展全过程人民民主”的操作性命题,寻找其发展的可能方案。

(一)内涵解读:何为全过程人民民主?

全过程人民民主作为一个源自实务界的政治表述,如何推动其从政治表述升华为学理概念是学界关注的重点。对于“何为全过程人民民主”的解释性命题,形成了包括关注过程完整性的“全”、聚焦民意有效表达的“人民性”及强调民主程序的“过程”等视角。① 如果说“人民性”视角突出中国民主的本质特征,“全”视角则关注人民民主的静态结构,“过程”视角更强调人民民主的动态行动。“全”视角认为通过多层级的运作界面、系统化的运行流程及多样性的操作形式②,能够呈现民主主体的真实性、领域的全方位性及环节的全链条性③;“人民性”视角认为人民性是全过程人民民主的本质规定④,全过程人民民主是体现人民意志、激发人民活力、保障人民当家作主的全新形态⑤;“过程”视角认为通过选

---

① 桑玉成:《准确把握全过程人民民主的深刻内涵和重要意义》,《上海市社会主义学院学报》2023 年第 1 期。

② 张贤明:《全过程民主的责任政治逻辑》,《探索与争鸣》2020 年第 12 期。

③ 王晓丽、黄元丰:《全过程人民民主的“全过程”逻辑、样态、机制》,《深圳大学学报》(人文社会科学版)2022 年第 6 期。

④ 陈周旺:《人民民主的政治逻辑与制度实践》,《社会科学》2022 年第 10 期。

⑤ 孔庚:《全过程人民民主:丰富内涵、价值追求与实践遵循》,《马克思主义研究》2022 年第 11 期。

举、协商、决策、管理及监督相衔接的程序展演①,全链条、全方位、全覆盖的民主过程能够满足人民群众日益增长的美好生活需要。② 此外,还有从事件哲学③、道德比较④等视角解读全过程人民民主的理论内涵,总体上呈现出从全过程性到人民性的研究转向。⑤

(二)价值阐释:为何发展全过程人民民主?

关于“为何发展全过程人民民主”,学界普遍认为其核心价值在于人民当家作主,主要体现为以人民为中心的取向、内容丰富的实质及科学多样的方式等。⑥ 价值阐释研究主要围绕两大视角展开:一是优势视角,基于中西比较总结全过程人民民主的优势,认为其为提升中国民主的竞争优势提供了广阔空间。⑦ 这种优势包括以全过程覆盖取代选举时授权、以人民为中心遏制资本至上及以协商民主完善票决民主等⑧,使得全过程人民民主成为一种维护人民广泛真实权利、巩固国家治理能力、维护发展共识的民主。⑨ 二是效能视角,着力探讨全过程人民民主在政治制度、国家

---

① 王永香、赵继龙:《民主何以“全过程”?——全过程人民民主的元论题及其系统性解读》,《学术探索》2023 年第 3 期。

② 肖立辉:《新时代新征程发展全过程人民民主的理论阐释与部署要求》,《科学社会主义》2022 年第 6 期。

③ 高奇琦、梁兴洲:《论全过程人民民主的兼纳延展内涵》,《社会主义研究》2023 年第 1 期。

④ 谢晓通:《全过程人民民主的道德之维》,《深圳社会科学》2023 年第 3 期。

⑤ 张君、杨抗抗、李熠:《全过程人民民主研究述评》,《政治学研究》2022 年第 6 期。

⑥ 张明军:《全过程人民民主的价值、特征及实现逻辑》,《思想理论教育》2021 年第 9 期。

⑦ 唐皇凤:《新时代中国共产党发展全过程人民民主的理论创新和实践进展》,《新疆师范大学学报》(哲学社会科学版)2022 年第 5 期。

⑧ 强舸、蔡志强:《全过程人民民主:科学理念、创造性实践与新时代发展路径》,《科学社会主义》2022 年第 5 期。

⑨ 樊鹏:《全过程人民民主:具有显著制度优势的高质量民主》,《政治学研究》2021 年第 4 期。

治理及公共政策等方面所具有的效能。政治制度效能体现为巩固执政合法性、凝聚“最大公约数”、降低执政成本及巩固执政基础等①,国家治理效能包括保障人民权利、实现人民利益表达及维护社会和谐稳定等②,公共政策效能体现为推动党的政策属性、结构、面向、原则及品质的相互贯通。③

此外,发展全过程人民民主在构建政治文明新形态、推进国家现代化、推动文化发展等方面也具有重要价值。从政治文明的视角看,全过程人民民主重新确立了人民在民主中的主体地位、以合作原则取代制衡原则、以一致标准取代竞争标准④,打破了西方民主的制度樊篱和话语霸权⑤,是现代政治文明的新形态⑥;从现代化的视角看,其完成了从以资本为中心向以人民为中心、从资本至上向人民至上、从以资为本向以人为本的转变⑦,有力地推进了中国的民主现代化进程并牵引着国家治理现代化的走向⑧,是实现中国式现代化的重要内容⑨;立足于文化发展,其在推动中华优秀传统文化的创造性转化⑩、充实社会主义民主的意识形态功能⑪、塑

---

① 张利涛、方雷:《中国共产党发展全过程人民民主的政治效能》,《科学社会主义》2023 年第 2 期。

② 程同顺:《全过程人民民主的制度安排、民主实践和治理效能》,《党政研究》2022 年第 2 期。

③ 宋雄伟:《全过程人民民主与中国共产党政策过程的耦合与发展》,《教学与研究》2023 年第 3 期。

④ 佟德志:《全过程人民民主与人类政治文明新形态》,《当代世界与社会主义》2022 年第 2 期。

⑤ 何显明:《全过程人民民主与人类民主实践的新形态》,《浙江学刊》2022 年第 6 期。

⑥ 李军鹏:《全过程人民民主创造现代政治文明新形态》,《特区实践与理论》2023 年第 2 期。

⑦ 董树彬:《中国式现代化进程中的全过程人民民主》,《当代世界与社会主义》2022 年第 6 期。

⑧ 张文显:《中国式国家治理新形态》,《治理研究》2023 年第 1 期。

⑨ 陈家刚:《全过程人民民主与中国共产党民主观念的历史演进》,《教学与研究》2023 年第 3 期。

⑩ 刘九勇:《全过程人民民主的传统思想渊源》,《政治学研究》2021 年第 4 期。

⑪ 亓光、张翔:《全过程人民民主对西方自由民主的批判性超越——以民主的意识形态功能为视角》,《江淮论坛》2023 年第 1 期。

造中国民主的新形象①等方面扮演着重要角色。通过优势与效能、政治文明、现代化及文化发展等多维视角的研究,发展全过程人民民主的价值得到全面呈现。

(三)路径建构:如何发展全过程人民民主?

作为中国民主政治建设的新目标,"如何发展全过程人民民主"的操作性命题也是学界关注的重点,形成了制度健全、法律保障以及技术支撑等路径。

在制度健全方面,研究认为"全过程"价值要求的实现需要深化人民民主制度建设,强调党的领导、人民代表大会等制度有助于健全全过程人民民主的制度体系。党的领导被视作全过程人民民主的制度之基,是确保民主不变异变质、制度体系臻于完善以及实践绩效不断提升的根本政治保证②,以观念、组织、体制保证人民主体性的实现③;人民代表大会制度处于根本性地位,发挥着全局性功能④,是实现全过程人民民主的重要制度载体。⑤ 此外,学者们还注意到协商民主⑥、人民政协⑦、新型政党⑧以及基层民主⑨

---

① 董树彬:《全过程人民民主对中国民主形象的塑造与提升》,《马克思主义研究》2022 年第 12 期。

② 唐亚林:《党的领导是全过程人民民主的根本政治保证》,《中国党政干部论坛》2021 年第 7 期。

③ 程竹汝:《论全过程人民民主的制度之基》,《中共中央党校(国家行政学院)学报》2021 年第 6 期。

④ 包心鉴:《论实现全过程人民民主的重要制度载体》,《政治学研究》2023 年第 1 期。

⑤ 孙莹:《人民代表大会制度是实现全过程人民民主的重要制度载体——基于结构-功能视角的阐释》,《江苏社会科学》2023 年第 3 期。

⑥ 陈家刚:《协商民主与全过程人民民主的实践路径》,《中州学刊》2022 年第 12 期;张贤明:《社会主义协商民主的价值定位、体系建构与基本进路》,《政治学研究》2023 年第 1 期。

⑦ 江泽林:《"两会制"民主视域下的人民政协——全过程人民民主的重要政治制度》,《中国社会科学》2021 年第 12 期。

⑧ 阙天舒、方彪:《国家治理场域中全过程民主与新型政党制度——基于新时代中国话语建构的视角》,《社会主义研究》2021 年第 4 期。

⑨ 王炳权:《论全过程人民民主与基层治理》,《甘肃社会科学》2023 年第 1 期。

等制度对发展全过程人民民主的价值。如果说党的领导和人民代表大会制度分别为全过程人民民主提供了政治保障与基本载体，那么新型政党制度和基层民主制度则为其凝聚政治共识并提供参与渠道。① 不过，制度建构路径研究着眼于中国在宏观和中观层面所建立的各种制度设计，包括党的领导制度、全国人民代表大会制度、协商民主制度、人民政协制度、新型政党制度以及基层民主制度等，属于根本制度、基本制度以及重要制度的范畴，对于支撑全过程人民民主运行制度体系的各种具体制度，目前学界尚未展开系统研究。

在法治保障方面，研究认为提高全过程人民民主的治理效能必须将其纳入法治轨道，以完善的法律确保全过程人民民主目标的落地。② 这种法治保障不仅体现在对法定民主制度的实施，也包括将成熟的民主制度通过立法加以确认。③ 法治保障路径研究集中在两个方面：一是宪法所提供的法治保障，强调宪法是人民民主"全过程"得以实现的法治保障④，通过人民当家作主的国家制度、人权原则指引下的基本权利以及以人民为中心的国家权力三大体系⑤，实现形式民主与实质民主、政治集中与价值决断的统一⑥；二是立法所提供的法治保障，强调人民民主的"全过程"需要通过民主立法过程得以承载和展现⑦，加快立法为发展全过程人

① 唐皇凤、黄小珊：《中国共产党发展全过程人民民主的制度保障和优化路径》，《治理研究》2022 年第 6 期。

② 江必新：《论建设全过程人民民主制度体系》，《环球法律评论》2023 年第 2 期。

③ 林彦：《全过程人民民主的法治保障》，《东方法学》2021 年第 5 期。

④ 宋才发：《〈宪法〉为全过程人民民主提供法治保障》，《河北大学学报》(哲学社会科学版)2022 年第 1 期。

⑤ 朱全宝：《全过程人民民主的宪法意涵》，《政治与法律》2023 年第 6 期。

⑥ 李忠夏：《全过程人民民主的理论逻辑与宪法实现》，《当代法学》2023 年第 1 期。

⑦ 封丽霞：《"全过程人民民主"的立法之维》，《法学杂志》2022 年第 6 期。

民民主提供系统完备的制度体系。[①] 中西方的民主实践均表明，民主与法治如影相随，没有法治作为保障的民主是难以有效运作的。不过，已有法治保障路径研究侧重关注宪法和立法对于发展全过程人民民主的保障价值，对如何从执法、监督等更为具体的法治环节为发展全过程人民民主提供保障，尚未作出系统的回答。

在技术支撑方面，研究强调人工智能、数字技术为发展全过程人民民主所提供的支撑作用，有助于提高人民民主的参与度与获得感。[②] 智能技术能够为公众个体意见的表达和整合提供支撑，更好地将民主的制度优势转化为治理效能，并为民主政治发展提供新选择[③]；数字技术凭借路径交互、资源整合、全景实时等优势，不仅有助于扩大主体参与、增强社会合力、强化权力监督[④]，还能降低民主运作的控制、信息、沟通以及时间成本。[⑤] 基于此，有学者提出了“智慧民主”[⑥]“数字化民主建设”[⑦]等设想，但反对者认为发展全过程人民民主不能夸大技术的作用并将其绝对化。[⑧] 毫无疑问，包括互联网、数字化以及人工智能等技术的发展，在化解发展全过程人民民主的操作性命题上扮演着“助推者”的角色，但目前技术支撑路径的研究仍处于规范分析阶段，缺乏成熟的案例可以探索技术支撑发展全过程人民民主的实现机制，难以从根本上

---

① 李忠：《论全过程人民民主的制度化法律化》，《西北大学学报》（哲学社会科学版）2022 年第 1 期。

② 艾四林、王贵贤：《全过程人民民主：社会主义民主新形态》，《当代中国与世界》2022 年第 1 期。

③ 高奇琦、杜欢：《智能文明与全过程民主的发展：国家治理现代化的新命题》，《社会科学》2020 年第 5 期。

④ 陈静文、张健：《论数字赋能全过程人民民主的作用、挑战与对策》，《湖湘论坛》2022 年第 6 期。

⑤ 张明军、李天云：《协商式参与与全过程人民民主的高质量发展》，《理论探讨》2023 年第 3 期。

⑥ 赵汀阳：《一种可能的智慧民主》，《中国社会科学》2021 年第 4 期。

⑦ 肖滨、袁进业：《让基层数字化民主运转起来——浙江省“打造人大践行全过程人民民主基层单元”的案例分析》，《浙江社会科学》2023 年第 1 期。

⑧ 张爱军：《全过程民主的范围与限度》，《天津行政学院学报》2021 年第 3 期。

解决“如何发展全过程人民民主”的操作性命题。

关于“何为全过程人民民主”的解释性命题，无论关注过程完整性的“全”视角、关注程序完备性的“过程”视角还是关注民意有效表达的“人民性”视角，均形成了对其理论内涵的深刻解读；关于“为何发展全过程人民民主”的价值性命题，无论是优势视角还是效能视角，抑或政治文明、现代化以及文化发展等视角，较为全面地回答了新时代发展全过程人民民主的必然性与必要性。但是，关于“如何发展全过程人民民主”的操作性命题，无论是制度健全、法治保障还是技术支撑均过于宏观，缺乏从中微观层面提出具体可行的操作方案，全过程人民民主操作性命题的解决有待深入研究。解决操作性命题的关键在于找到全过程人民民主可操作实践的领域和方面，使得民主的价值性命题和解释性命题得到现实性体现。[①] 因此，有必要进一步拓展全过程人民民主的操作性命题，从中微观层面寻找发展全过程人民民主的实现机制与具体方案。

三、化解全过程人民民主操作性命题的深圳探索

聚焦“如何发展全过程人民民主”的操作性命题，本文试图以深圳市为案例全面梳理其建立 40 多年来发展全过程人民民主的探索历程，总结发展全过程人民民主的先行示范经验，系统地分析发展全过程人民民主的影响因素与制约条件，为寻找发展全过程人民民主的实现机制与具体方案提供经验参照。

（一）案例选择

尽管深圳市在发展全过程人民民主上相比其他城市缺乏明显

---

① 桑玉成：《发展全过程人民民主需要深入研究的若干基础性问题》，《探索与争鸣》2022 年第 4 期。

的亮点,无论是全过程人民民主的诞生地上海,还是探索全过程人民民主形成代表性成果的北京、杭州等城市,均比深圳市更具代表性。不过,从先行示范的视角看,选择深圳市作为案例研究对象,探讨发展全过程人民民主的实践经验则无可厚非。

首先,深圳市拥有先行示范发展全过程人民民主的历史基础。自建立以来,深圳市不仅在经济体制改革上大胆探索,也积极推动民主政治建设与创新,为经济发展提供坚实的制度保障。过去40多年,深圳市在民主制度机制上大胆探索,无论是特区建立之初蛇口工业区的干部直选,还是20世纪末大鹏镇的"三轮两票"推选镇长和深圳市政府推出的行政审批制度改革,抑或是进入21世纪后试图推行的"行政三分制"改革和人大代表社区联络站,均引起了舆论的广泛关注,成为国内探索民主制度机制创新的重要引领者。就此而言,深圳市不仅是改革开放后中国经济体制改革的重要试验场,也是中国创新民主制度机制、打造社会主义政治文明的重要试验场,形成了探索民主制度机制创新的浓厚氛围与历史传统。

其次,深圳市拥有先行示范发展全过程人民民主的政治基础。2019年,中共中央、国务院发布的《关于支持深圳建设中国特色社会主义先行示范区的意见》强调,深圳市在推进中国式现代化道路上肩负着先行示范的光荣使命,要"在党的领导下扩大人民有序政治参与,坚持和完善人民代表大会制度,加强社会主义协商民主制度建设",全面提升民主法治建设水平,从而率先营造彰显公平正义的民主法治环境。① 2020年10月,习近平总书记在深圳经济特区建立40周年庆祝大会上指出,"40年来,深圳坚持发展社会主义民主政治,尊重人民主体地位",要"不失时机、蹄疾步稳地深化

---

① 《中共中央、国务院关于支持深圳建设中国特色社会主义先行示范区的意见》,《人民日报》,2019年8月19日,第001版。

重要领域和关键环节改革”。[①] 随后,中央印发的《深圳建设中国特色社会主义先行示范区综合改革试点实施方案(2020—2025年)》提出,“赋予深圳在重点领域和关键环节改革上更多自主权,支持深圳在更高起点、更高层次、更高目标上推进改革开放,率先完善各方面制度”,“允许深圳立足改革创新实践需要,根据授权开展相关试点试验示范”。[②] 因此,先行示范发展全过程人民民主、建设社会主义政治文明是深圳市新征程完成先行示范目标使命的重要内容构成。

最后,深圳市拥有先行示范发展全过程人民民主的经济社会基础。作为一座建立时间尚未超过50年的新兴城市,深圳市几乎没有影响民主政治建设的各种历史文化包袱,尤其是较少受到等级观念和不平等思想等传统文化的影响。经过40多年的发展,深圳市不仅经济总量高居全国前三,还形成了比较成熟的市场经济体制。此外,深圳市人口年龄结构年轻化的特点突出,市民的文化水平比较高。数据显示,2020年,深圳全市常住人口中,0—14岁的人口占15.11%、15—59岁的人口占79.53%、60岁及以上的人口占5.36%,中青年的人口比例高于全国水平[③];深圳市青年群体的教育背景分布呈倒U型,2023年,大专及以上学历的占比高达87.1%,大学本科及以上学历的占比超过70%,高于全国平均水平。[④] 这些条件为深圳市先行示范发展全过程人民民主奠定了良

① 习近平:《在深圳经济特区建立40周年庆祝大会上的讲话》,《人民日报》,2020年10月15日,第002版。

② 《深圳建设中国特色社会主义先行示范区综合改革试点实施方案(2020—2025年)》,《人民日报》,2020年10月12日,第001版。

③ 深圳市统计局:《深圳市第七次全国人口普查公报》(2021年5月17日),深圳市统计局网站,http://tjj.sz.gov.cn/gkmlpt/content/8/8772/mpost_8772048.html#4222,最后浏览日期:2023年11月6日。

④ 深圳报业集团深新传播智库、中国人民大学国家治理与舆论生态研究院:《深圳青年发展报告(2023)》(2023年4月28日),三个皮匠报告,https://www.sgpjbg.com/baogao/124233.html,最后浏览日期:2023年11月6日。

好的经济社会基础。

（二）案例介绍：深圳市发展全过程人民民主的探索历程

自建立之日起，深圳市就被赋予特殊的历史使命，既致力于探索建立社会主义市场经济体制，又积极推动民主制度机制的创新发展，成为改革开放以来中国推进民主政治建设的实践场地与重要缩影。40多年来，经过从经济特区到先行示范区的定位变化，深圳市在发展全过程人民民主上经历了先行探索、深入试验以及先行示范等不同的演化阶段。

1. 先行探索阶段（1980—1999年）

建立初期，深圳市在中国式民主的各个环节率先作出探索，在民主选举、民主监督、民主管理以及民主决策等各个方面均取得了具有广泛影响力的实践成果，是改革开放后中国恢复民主与法治建设的先行者（表1）。

表1　深圳市发展全过程人民民主先行探索阶段民主政治建设大事件

环节	年份	项目	核心内容
民主选举	1983	实行干部直选与测评	打破长期实行的干部终身制
	1998	建立任用干部票决制	改变干部任用“一把手”说了算的任命制
	1999	“三轮两票”推选镇长	对基层政权机关的领导人实行更高程度的民主选举
民主监督	1986	成立监察局	探索行政系统内部决策、执行、监督相分离的体制
	1988	成立经济罪案举报中心	完善监察举报网络、发挥人民群众的监督作用

（续表）

环节	年份	项目	核心内容
民主监督	1989	“两公开、一监督”	推动政务公开、加强公众对政府的监督
民主管理	1991	成立业主委员会	解决基层矛盾纠纷，推动社区协同治理
	1993	实行村干部直选	村干部全部由村民直选产生，实现村民自治
	1997	行政审批制度改革	减少行政审批事项，推动政府职能转移
	1998	建立村务公开制度	便于村民的监督，提高自治的公信力
民主决策	1980	建立决策务虚会制度	重大决策听取有关专家学者的意见和建议
	1989	成立政务咨询委员会	为各方参政议政和民主监督提供组织渠道
		社会民意咨询监督制度	收集社情民意，为政府及有关部门提供决策参考

在民主选举环节，早在 1983 年，蛇口工业区就探索干部直选和民意测评，在没有指定候选人的情况下自行推选工业区管委会成员并进行信任投票，这既是深圳市首次成功举办的民主选举，也是新中国首次通过直选产生领导机构，为打破干部终身制作出了探索。① 1998 年，龙岗区先行试点的干部任用票决制得到深圳市委和广东省委的认可，深圳市委在区级班子换届中对党政领导班

① 《蛇口工业区第一届管委会直选：破除干部职务终身制》，《深圳特区报》，2019 年 6 月 18 日，第 C02 版，http://sztqb.sznews.com/MB/content/201906/18/content_672753.html，最后浏览日期：2023 年 11 月 6 日。

子正职的拟任人选和推荐人选使用了票决制;2002 年,广东省在地级市党政"一把手"提拔任用上也实行全委会票决制。1999 年,大鹏镇开展的"三轮两票"推选镇长在全国首次完全通过民主选举产生基层政权机关的领导人,开创了基层政权民主化的先河。①

在民主监督环节,1986 年,深圳市就借鉴中国香港和新加坡的反腐经验,率先成立全国首个监察局,探索行政系统内部决策、执行、监督相分离的体制;1988 年,更是成立全国检察机关首个经济罪案举报中心,这一做法在全国各级检察机关得到普遍运用,最高人民检察院于 1989 年挂牌成立举报中心。此外,深圳市还探索建立"两公开、一监督"制度,要求特区各级政府部门均把相关政策规定、办事程序以及办事结果公布于众,为我国建立政务公开制度作出了探索。

在民主管理环节,早在 1991 年,罗湖区天景花园就成立了内地首个业主委员会,不仅成功地解决了当时业主和物业公司的纠纷问题,相关经验还被纳入原建设部制定的《城市新建住宅小区管理办法》;1993 年,宝安区沙井镇蚝二村实行由村民自主协商推选村干部候选人并在镇党委对候选人作政治审查后进行选举的"一张白纸选村干",是广东省最早实现村干部全部由村民直选产生的村,开创了村民自治的先河;1998 年,龙岗区坑梓镇首推村务公开,该做法不仅被广东省委省政府推广,还得到了中央的充分肯定。② 此外,1997 年,深圳市在全国范围内率先实施审批制度改革,首次改革就取消或调整审批事项 463 项,同比减少 42.4%,为权力下放作出了探索。

---

① 黄卫平:《十五大以来我国政治现代化的新发展——兼析深圳市龙岗区大鹏镇镇长选举制度改革的政治意义》,《深圳大学学报》(人文社会科学版)1999 年第 4 期。

② 张元辉、张悦华:《"村务公开"要做到点子上——对深圳市龙岗区坑梓镇村务公开工作的调查与思考》,《特区理论与实践》2001 年第 10 期。

在民主决策环节，特区建立后，深圳市委便建立了决策务虚会制度，定期就涉及特区发展战略、城市建设规划等重要决策听取有关专家学者的意见和建议；此外，还建立了作为高层决策咨询机构及方便各民主党派、无党派人士、人民团体和人民群众参政议政的政务咨询委员会[①]和服务重要决策的社会民意咨询监督制度。[②]

2. 深入试验阶段(2000—2012 年)

进入 21 世纪后，面对经济发展瓶颈和“特区不特”等质疑，深圳市在党内民主、人大民主、基层民主以及体制改革等领域深入推进，成为探索人民民主发展路径的重要试验场(表 2)。

表 2 深圳市发展全过程人民民主深入试验阶段民主政治建设大事件

领域	年份	项目	核心内容
党内民主	2000	党代表定期活动制	定期召开党代表大会例会和代表小组会议
	2003	党代会常任制	确保党代表在党代会闭会期间有渠道发挥作用
	2005	领导班子公推直选	全国首个在市直机关系统内全面实施机关基层党组织领导班子成员公推直选
	2008	党务公开	全面推行基层党务公开
	2012	党代表任期制	鼓励党代表参与决策，扩展列席党内有关会议的范围

① 深圳市政协研究室:《深圳市政协的历史沿革》(2022 年 10 月 17 日)，深圳政协网，http://www.szzx.gov.cn/content/2014-01/09/content_8985214.htm，最后浏览日期:2023 年 11 月 6 日。

② 黎伯忠、冯海才:《加强民主政治建设 促进特区改革开放》,《特区实践与理论》1990 年第 4 期。

（续表）

领域	年份	项目	核心内容
人大民主	2002	人大代表社区联络站	紧密联系人民群众，听取和反映社情民意
	2003	人大选举独立候选人	选民自发成为候选人竞选区级人大代表
	2005	人大代表接访室	开设了深圳市第一个人大代表接访室
		按行业划分人大代表	按照行业将人大代表类别划分为文化、教育等九个方面
		人大询问会	人民代表大会闭会期间开展询问活动，发挥人大的监督作用
	2012	常态化联系选民制度	要求人大代表每两个月必须与选区选民见面一次
基层民主	2002	“一会两站”体制	自治、行政和服务职能分别由居委会、社区工作站、社区服务站三个机构承担
	2005	“居站分设”体制	社区工作站从居委会分离出来，成为街道的工作机构
		居委会直接选举	社区居委会成员全部由社区居民直接选举产生
	2009	居民议事会	广泛吸收居民代表参与，激发群众参与社区治理
	2010	民意畅达机制	为居民提供利益表达途径，更好地解决民生问题

（续表）

领域	年份	项目	核心内容
基层民主	2012	居民议事规则	借鉴罗伯特议事规则，完善社区居民议事规则
体制改革	2001	相对集中的行政处罚权	防止多头管理和扯皮现象发生，提高执法效率
	2002	反腐保廉预防体系	以规范行政行为为重点，完善反腐保廉预防体系
	2003	“行政三分制”改革	将行政权分解为决策、执行、监督三项职能
	2008	政治体制改革方案	试图发展社会主义民主政治，推进政务公开

在党内民主领域，2000 年，宝安区松岗镇开展了党代表定期活动制试点，2003 年被广东省委确定为党代会常任制试点，2012 年，深圳市全面推行实施党代表任期制；2005 年，深圳市“两新”组织试点党委班子成员公推直选，2008 年，全市超过 92%的社区党委领导班子由公推直选产生，2009 年，市直机关党组织全面推行公推直选，成为全国首个在市直机关系统内全面实施党组织领导班子成员公推直选的城市。2008 年，《政府信息公开条例》实施后，深圳市开始在社区党组织换届中推动公推直选与党务公开的结合。

在人大民主领域，2002 年，南山区月亮湾片区首创人大代表社区联络站；2003 年，深圳市区级人大代表选举过程中出现“独立候选人”现象；2005 年，成立全国首个人大代表工作站并设立首个人大代表接访室；2012 年，福田区建立人大代表联系选民常态化制度，这些是新时期深圳市人大代表履职创新的重要探索。此外，2005 年，龙岗区还建立人大闭会期间询问会，市人大换届选举按照行业划分人大代表类别，并给非户籍人口分配代表名额，进一步推动了人大制度的创新发展。

在基层民主领域，2002 年，盐田区率先开展社区管理体制改革，将自治、行政和服务职能分别由居委会、社区工作站和社区服务站承担，构建“一会两站”的社区管理体制；2005 年，进一步探索形成了“居站分设”体制，不仅将社区工作站完全从社区居委会分离出来，还实行居委会成员由社区居民直接选举产生，2008 年，全区居委会换届选举投票率、参选率、直选率分别达到 91%、79.7%、100%。[①] 此外，深圳市还探索社区协商民主，2009 年，福田区莲花街道彩虹社区建立全市首个“阳光议事厅”；2012 年，罗湖区文华社区借鉴罗伯特议事规则对社区议事规则进行了完善。

在体制改革领域，2000 年，深圳市在全国率先建立听证会制度，2001 年，在全市范围内开展相对集中行政处罚权试点，设立市、区城市管理行政执法局，2009 年，成立深圳市城市管理局行使 21 个方面的行政处罚权。与此同时，2002 年，深圳市出台《深圳市反腐保廉预防体系总体思路》，提出以规范行政行为为重点，完善反腐保廉预防体系，2003 年，在中央编制办精神的指示下试图构建将行政权分解为决策、执行、监督三项职能的“行政三分制”，2008 年，就发展社会主义民主政治、推进政务公开等内容公布两份重要政改文件草案，向市民征求意见。不过，“行政三分制”改革和“政改”方案最后均没有付诸实践。

3. 先行示范阶段（2013 年至今）

党的十八大以来，随着中国特色社会主义制度的完善与民主政治的发展，处于特区发展新时代的深圳市肩负先行示范的重要

---

① 陈家喜、黄卫平：《深圳基层民主发展的回顾与总结》，《特区实践与理论》2009 年第 1 期。

使命,从监督民主、法治民主、民生民主以及协商民主等方面不断完善民主机制,为人民民主的有效运行提供制度保障(表3)。

表3 深圳市发展全过程人民民主先行示范阶段民主政治建设大事件

方面	年份	项目	核心内容
监督民主	2013	前海廉政监督局	纪检、监察、检察、公安、审计五大监督职能合一机制
	2016	纪检监察一体化	市纪委和市监察局合署办公,实行一体化运作
	2018	成立监察委员会	与市纪委合署办公,履行纪律检查和国家监察两项职能
		专项民主监督	委托民主党派围绕"优化政务服务"开展专项民主监督
	2020	代表监督员制度	聘请选民担任人大代表履职监督员,强化代表履职监督
法治民主	2013	行业协会地方立法	以法治力量引领社会自律建设
	2014	人大立法联系点	听取基层群众的立法意见和建议,促进民意表达
	2017	代表建议直通车	简化代表反映意见和建议的程序,拉近代表和政府的距离
		反贿赂管理标准	以法治力量引领企业廉洁建设
	2019	"双联系"制度	自上而下地推动人大代表知民情、传民意、解民忧

（续表）

方面	年份	项目	核心内容
民生民主	2013	社区基金会	为社区公益慈善事业提供资金，解决治理资源匮乏的问题
	2014	民生微实事	推动社区“我的实事我做主”，实现民生民主
	2016	“民心桥”节目	围绕民生问题安排相关单位“上桥”答疑解惑
	2018	民生实事票决制	由人大代表投票来决定民生实事选题
协商民主	2014	议事会流程化	指导和规范全市社区居民议事会的运作
		“委员议事厅”	建立以政协委员为主体、围绕社会热点的协商议政平台
	2019	民主征询恳谈会	拓宽民众参与政府预算编制渠道，推动预算编制民主化

在监督民主方面，2013 年，成立前海廉政监督局，在全国率先探索纪检、监察、检察、公安、审计五大监督职能合一的廉政监督新机制；2016 年，市纪委和市监察局（市预防腐败局）合署办公，实行一体化运作；2018 年，成立与纪委合署办公的监察委员会履行纪律检查和国家监察两项职能。与此同时，深圳市委在全省率先委托民主党派开展专项民主监督，宝安区则首创人大代表履职监督员制度，探索形成了多形态的监督民主。

在法治民主方面，2014 年，深圳市人大常委会率先在龙岗区愉园社区代表联络站建立立法联系点；2016 年，出台《深圳市人大常委会基层立法联系点管理办法》，为立法联系点的规范运作提供指南；2019 年，出台《深圳市人大常委会组成人员联系代表和代表联系人民群众办法》，推动“双联系”制度走向规范化。此外，深圳在 2013 年和 2017 年还分别出台了全国首部行业协会地方立法和全国首个反贿赂管理标准，以法治力量引领社会廉洁自律建设。

在民生民主方面，2013 年年底，深圳市在全国率先探索推行社区基金会，随后，上海市等地陆续出台促进社区基金会发展政策，2017 年，中央出台《中共中央、国务院关于加强和完善城乡社区治理的意见》，提出推广社区基金会模式。2014 年，福田区率先推出“民生微实事”改革项目，2018 年，福田区探索民生实事项目人大代表票决制，2020 年，深圳市人大常委会出台文件要求各区实施民生实事人大代表票决制。此外，深圳市直机关会同市广电集团精心策划了“民心桥”节目，围绕社会治理、公共服务等民生领域的热点难点问题，安排相关单位“上桥”，五年来推动解决民生热点问题 1.4 万余个，满意率达 95%以上，使得“民心桥”成为党和群众的“连心桥”。

在协商民主方面，深圳市在 2014 年和 2015 年分别出台《深圳市社区居民议事会工作指引(2014)》和《深圳市社区居民议事会工作规程》，加强对全市社区居民议事会运作流程的指导和规范。2014 年，深圳市政协创办“委员议事厅”，以政协委员为主体建立协商议政平台，引导社会围绕市委、市政府的中心工作和社会热点民生问题开展协商；2019 年，龙华区人大常委会在年度预算审查过程中开展民主征询恳谈会，促进政府预算编制从内部决策走向社会公众参与的民主协商模式。

四、深圳市发展全过程人民民主的先行示范经验

作为中国改革开放的重要“试验田”，深圳市建立 40 多年来在民主政治建设领域大胆探索创新，形成了一大批可复制推广的实践经验，在创新方向、推进策略以及制度保障三方面为解决全过程人民民主的操作性命题提供先行示范经验。

（一）创新方向：聚焦民主各环节的完善

民主发展包括宏观价值归属、中观权力结构以及微观运行机制三个层次，价值归属问题强调价值目标的确立，权力结构问题关注体制制度的健全，运行机制问题则聚焦程序环节的优化。从深圳市的探索历程看，地方民主政治创新的重点在于解决微观的运行机制问题，聚焦民主程序环节的优化而非解决宏观价值归属与中观权力结构问题。建立 40 多年来，深圳市在民主选举、决策、管理、协商以及监督等程序环节取得了丰硕的创新成果，包括基层选举、政务公开、业委会、人大代表社区联络站等微观民主创新，为发展全过程人民民主、探索社会主义民主政治发展道路贡献了宝贵的地方经验。深圳市的实践表明，聚焦中国民主各环节的探索创新往往能够取得成功，更容易得到上级部门的肯定，甚至进行复制推广。解决全过程人民民主操作性命题的重点在于聚焦民主的微观程序环节，从选举、决策、协商、管理以及监督的中国式民主五大环节出发，对接党和国家关于发展全过程人民民主的战略目标任务和制度设计框架，推动全过程人民民主宏观价值目标、中观制度设计与微观操作程序的统一。

值得注意的是，深圳市曾多次试图借鉴域外民主政治建设经验推进政治体制改革，包括 1988 年的“行政主导 + 立法委员会”、

2003年的“行政三分制”以及2008年的“政改”方案等，尽管这些聚焦权力结构的民主改革探索得到中央的事前授权，但最后由于各方面原因均未能完成。深圳市也有中观层面的民主改革取得成功，包括行政审批制度改革、综合行政执法体制改革以及纪检监察体制改革等，但这些涉权力结构的民主改革均是在国家总体布局之下展开的，而非深圳市自发进行的民主改革。一方面，中观层面的民主改革往往涉及权力结构的调整，改革方案本身必须成熟可行，但“行政三分制”等改革方案直接借鉴域外经验则容易出现“水土不服”的问题，而围绕中国政治体制运行实践问题展开的行政审批制度等中观民主改革更具可行性；另一方面，相比涉及微观程序环节的民主创新，涉及权力结构调整的中观民主改革的难度更高，不仅需要得到上级部门的授权和支持，更要在国家顶层设计的框架下进行，任何偏离国家既定价值目标和超出中央制度框架的民主改革均难以取得成功。因此，发展全过程人民民主在创新方向上必须坚持中国特色社会主义道路，在中国特色社会主义政治制度的框架下推进。

（二）推进策略：注重民主各领域的协同

同其他治国理政领域一样，党在发展民主政治过程中也注重使用政策试验的方法，尤其是政治领域改革面临巨大的潜在风险，“颜色革命”的惨痛教训历历在目，以政策试验的方式可以降低民主改革的风险。值得注意的是，长期以来，中国推进民主政治建设的政策试验以“试点”为主，改革开放以来，全国范围内均未出现所谓的“政治特区”，即使是作为中国现代化重要政策试验场的深圳也并非真正意义上的“政治特区”。从历史经验看，政策试验成功的关键在于发展次序的选择，无论是“摸着石头过河”还是“渐进式改革”，均表明改革的复杂性与改革次序的重要性，因而，中国在推进民主政治建设上非常注重发展次序。在横向上，中国式民主包括党内民主、人大民主以及协商民主等领域；在纵向上，则包括国家民主、地方民主以及基层民主等内容。改革开放以来，中国民主政治建设在宏观层面曾出现“基层民主带动人民民主”“党内民主带动人民民主”以及“协商民主推动人民民主”等路径导向，既表明了民主政治建设的“试错改革”与重点变化，也影响着各地民主政治建设的任务安排和实践推进。

从过去40多年的探索历程看，基层民主是先行探索阶段深圳市推进民主政治建设的重点领域，尤其是基层民主选举和民主管理，这显然离不开1981年中央颁布的《关于建国以来党的若干历史问题的决议》对基层直接民主的强调①；进入21世纪后，随着中央对民主政治建设的重视，尤其是党的十六大强调“党内民主是人民民主的生命”②和党的十七大将基层民主作为社会主义民主政治的基础性工程重点③，深圳市在党内民主、人大民主、基层民主等各个领域开展各种试点；党的十八大以来，随着“社会主义协商民主”的提出，深圳市民主政治建设的重点也转向协商民主。党的二十大报告强调，“协商民主是实践全过程人民民主的重要形式”，“基层民主是全过程人民民主的重要体现”，将协商民主和基层民主纳入全过程人民民主之中。④ 深圳市在各个民主领域的探索也呈现出融合趋势，如体现基层民主与人大民主融合的人大代表联络站、体现基层民主与协商民主融合的居民议事会、体现协商民主与人大民主融合的人大预算审查征询恳谈会等。这种融合既是对

---

① 《关于建国以来党的若干历史问题的决议》(2008年6月23日)，中国政府网，https://www.gov.cn/test/2008-06/23/content_1024934_3.htm，最后浏览日期：2023年11月3日。

② 江泽民：《全面建设小康社会　开创中国特色社会主义事业新局面——在中国共产党第十六次全国代表大会上的报告》，《求是》2002年第22期。

③ 胡锦涛：《高举中国特色社会主义伟大旗帜　为夺取全面建设小康社会新胜利而奋斗》，《人民日报》，2007年10月25日，第001版。

④ 习近平：《高举中国特色社会主义伟大旗帜　为全面建设社会主义现代化国家而团结奋斗》，《人民日报》，2022年10月26日，第001版。

不同时期中央发展民主政治重点变化的响应，又展示出地方结合自身实际推进民主政治建设的主动性，是深圳市民主政治建设得以持续推进、不断取得丰硕成果的有效策略，有助于推动民主政治建设的纵横双向协同。

（三）制度保障：推动民主各方面的优化

不同于欧美国家追求形式民主，中国式民主更关注实质民主，强调以民主结果有效性凸显民主制度的正当性，采取“有效性积累正当性”的民主发展策略。这一策略成功的关键不仅在于建立一套践行人民当家作主的民主操作程序和体现人民当家作主地位的民主制度设计，更要形成一套确保民主程序与制度高效运行的保障措施。加强民主的制度保障，既要优化使民主运转起来的动力机制和确保民主制度信任度的正当性产生机制，也要完善确保民主结果得以实现的制度约束机制。唯有如此，才能做到民主价值目标、制度设计与操作程序的协同推进，实现形式民主与实质民主的统一。实际上，长期以来出现的“民主是个好东西吗”的价值争论和“建立什么样的民主制度”的道路争论不再困扰中国民主实践的发展，党和国家越来越关注“如何建立有效的民主程序”的操作性命题，保障机制的完善与优化成为化解人民民主操作性命题的关键一环。

从深圳市的实践探索看，发展全过程人民民主的制度保障措施包括：一是提供正当性基础的法治民主。从提出“依法治市”到“打造一流法治城市”再到建设“法治中国示范城市”，从开展相对集中行政处罚权试点到率先出台《深圳市法治政府建设指标体系（试行）》再到深化司法体制综合配套改革，深圳市始终以法治力量为民主发展保驾护航。二是提供制度约束的监督民主。从提出“廉洁城市”目标到出台《反贿赂管理体系》（深圳）再到率先建成“廉洁示范区”，从率先建立行政监察局探索行政系统内部决策、执行、监督相分离的体制到完善反腐保廉预防体系规范行政行为再到成立监察委员会扩大监督的范围，深圳市始终注重加强监督确保民主政治不变质。三是提供运行动力的民生民主。从社会民意咨询监督制度到立法听证会再到人大代表联络站，从社区基金会到民生微实事再到“民心桥”节目，深圳市始终以民意民生作为发展民主的重要动力。经过长期探索，深圳市在推进民主政治建设过程中逐渐形成了以民意民生为动力、法治为基础、监督为约束的保障机制，为人民民主的“全过程”提供制度保障。

五、全过程人民民主先行示范的理论贡献

“全过程”强调人民民主价值与制度在操作层面的具体运用，从操作层面解决“如何发展全过程人民民主”问题，不仅可以摆脱“政治命题翻转学术论题”的话语依赖，还能展示其理论与实践之间的规范性关系。① 面对全过程人民民主的操作性命题，除了制度健全、法治保障以及技术支撑等路径外，学界还提出了诸如原则-精神-能力②、价值-制度-行动③等分析框架，试图从宏观、中观以及微观三个层次出发，对这一命题进行解析。从政治发展的角度看，宏观层面关注的是政治体系的价值归属问题，强调确立明确的价值目标；中观层面关注的是政治体系的权力结构问题，强调形成有效的制度体系；微观层面关注的是政治体系的运行机制问题，强调建立完善的程序环节。因此，推动政治体系的发展不

---

① 亓光、张翔：《全过程人民民主“何以实现”：基本维度、运行机理与基础承载》，《社会科学研究》2023 年第 3 期。

② 王炳权：《全过程人民民主的“三重逻辑”：全过程原则、人民精神与民主能力》，《马克思主义研究》2022 年第 10 期。

③ 周成、钱再见：《全过程人民民主的政治逻辑：基于“价值-制度-行动”框架的分析》，《湖北社会科学》2022 年第 10 期。

仅要从宏观方面确立明确的价值目标,从中观层面形成有效的制度体系,更要从微观层面建立完善的程序环节。

作为现代政治体系的重要议题,民主也有价值目标、制度设计以及运行程序之分,三者在民主建构中分别扮演着指引、载体以及实现方式的作用。[①] 作为中国民主道路的新方向,全过程人民民主强调人民民主的全过程取向,更关注人民民主运行程序环节的完备性。就此而言,解决全过程人民民主的操作性命题,不仅要明晰其价值目标并健全其制度体系,更要建立一套有效的运行程序,为其价值目标的实现和制度体系的运行提供动态支撑,实现其价值性命题、解释性命题以及操作性命题的统一。目前,就如何实现全过程人民民主"三个命题"的统一缺乏系统研究[②],要么聚焦中国民主的各个环节探讨如何贯彻全过程人民民主理念,要么聚焦其制度载体——人民代表大会制度的各种实践探索,包括立法联系点、民生实事票决制、代表联络站、代表述职制度以及议案建议办理等。尽管这些研究对于理解全过程人民民主的操作性命题提供了有益探索,但聚焦中国民主各环节和人大各方面实践容易造成对其操作性命题的理解过于碎片化与具象化,不仅无法形成一个解决如何发展全过程人民民主的系统性方案,也容易忽视发展全过程人民民主的各种影响因素和制约条件。

本文对深圳市建立 40 多年来探索全过程人民民主的研究发现,发展全过程人民民主要把握好其创新方向、推进策略以及制度保障。在创新方向上,要聚焦民主程序环节的完善,从选举、决策、协商、管理以及监督的中国式民主五大要素出发,对接党和国家的战略目标任务和制度设计框架,推动全过程人民民主宏观价值目标、中观制度设计与微观操作程序的统一;在推进策略上,要注重

---

① 唐亚林:《"全过程民主":运作形态与实现机制》,《江淮论坛》2021 年第 1 期。

② 桑玉成:《关于发展全过程人民民主的十点主张》,《湖北社会科学》2023 年第 1 期。

民主各领域的协同，既要响应不同时期党和国家发展民主政治重点的变化，又要展示地方结合自身实际系统推进民主政治建设的主动性，从而实现中国民主政治建设的纵横双向协同；在制度保障上，要推动民主各方面保障机制的优化，不断完善全过程人民民主的动力、正当性生产以及制度约束等机制，为人民民主全过程的实现提供制度保障。当然，深圳市推动发展全过程人民民主也存在独特优势，包括国家赋予的自主探索权（尤其是特区立法权）、较少受到历史传统文化的影响以及成熟的市场经济支撑等，这些条件是其他地方难以复制的。因此，形成发展全过程人民民主的可行方案，必须进行更加丰富的地方试点探索，全面总结出发展全过程人民民主的一般性经验。

对于中国民主来说，如何在保持结果有效性的前提下，完善人民民主制度的程序环节以增强其合法性基础，从而规避“有效性累积合法性”的潜在风险，这是包括协商民主、智慧民主等“融合”取向的中国民主模式研究试图回答的问题，也是发展全过程人民民主致力解决的理论难题。强调人民民主的全过程实质上反映了中国民主政治建设在追求实质民主的同时，越来越注重民主程序环节的完善与健全，致力于解决中国民主的操作性命题。党的二十大报告提出了“全过程人民民主制度化、规范化、程序化水平进一步提高”的发展要求。① 反观以选举和竞争为核心的西式程序民主，致力于程序合法性建构，过于强调民主形式忽视民主绩效的提升，导致民主与治理的脱节，反而损害其合法性基础。从这个层面上讲，全过程人民民主要避免西式程序民主的困境，必须兼顾民主的程序完备性和结果有效性，更加注重民主效应的综合性。对于深圳市来说，在先行示范使命下发展全过程人民民主，要聚焦人民

① 习近平：《高举中国特色社会主义伟大旗帜 为全面建设社会主义现代化国家而团结奋斗——在中国共产党第二十次全国代表大会上的报告》，《人民日报》，2022年10月26日，第001版。

民主的程序环节，打造全链条、全方位的全过程人民民主实践高地，为探索社会主义现代化强国路径和人类政治文明新形态提供深圳经验和方案。

［本文系深圳市社会科学规划课题“基于全过程人民民主的人类政治文明新形态研究”（项目编号：SZ2022B003）和广州市社会科学规划课题“中国共产党积极发展全过程人民民主研究”（项目编号：2022GZGJ211）的阶段性成果］

政策联盟、变通执行与公共政策的调适性稳定

——基于C市“餐筷风波”的案例分析

全　实*　郑贤文**

[内容摘要]　保持公共政策的稳定性对政府治理具有重要意义。不过,由于地方领导的行政权力相对集中,关键职位更替可能增加公共政策的间断风险。如何克服“任期效应”所导致的不确定性,成为政策研究的重要命题。对此,本文构建了“政策间断-政策博弈-政策均衡”的分析框架,描绘了中层干部在机会窗口期构建政策联盟和开展变通执行,促成政策“调适性稳定”的运行机制。在此基础上,本文运用了参与式观察法,分析了C市的“餐筷风波”案例,验证并深化了相关理论。C市文明办在防控新冠肺炎疫情期间实施了公筷公勺推广政策,取得了中央文明办的试点资格。市商务局在新任市委书记的支持下提出分餐制倡议,给文明办继续实施公筷公勺推广政策带来了不确定性。为了应对强势部门的政策变更压力,调和二者可能在执行过程中产生的矛盾,文明办采取了“工作挂钩”和“言行分离”策略,将公筷公勺推广纳入分餐制的政策轨道中,成功地维护了原有政策的平稳运行。

[关键词]　官员更替;政策联盟;变通执行;调适性稳定

* 全实,复旦大学国际关系与公共事务学院博士研究生。

** 郑贤文,复旦大学国际关系与公共事务学院硕士研究生。

一、问题的提出

随着产业政策更加注重长期效益,政府治理日益追求和谐有序,保持公共政策连贯有序的理论意义越发凸显,政策间断的潜在风险成为重要议题。从一般意义而言,公共政策的朝令夕改可能破坏社会公众的稳定预期,造成结构性的短视行为及政府的公信力流失。从政府内部而言,政策体系紊乱意味着部门利益的持续性重构,加剧府际博弈和能量耗散。至于具体成因,中国政策的不确定性集中体现在地方政府层面,植根于地方领导的"任期效应":由于地方政府的决策权相对集中,当其核心领导卸任更替时,随着相关政策网络产生重大变化,资源配置很大程度上也会受到影响,致使公共政策执行容易出现间断风险。① 如何在地方官员"人走茶凉"后维持公共政策的平稳实施,保障地方经济社会的有序发展,仍然是国家治理体系和治理能力现代化进程中亟需探索的命题。对此,本文提出的核心问题是:在决策权力高度集中的行政体制背景下,中国地方政策实施是否可能克服官员更替所导致的政策间断风险?具体过程和内在机理究竟为何?

为了回答上述问题,本文聚焦城市职能部门层面,以参与式观察作为研究方法,深度收集了经验材料。笔者曾于2020年1—8月在A省省会C市政府机关挂职,全程见证了市文明办和商务局因市委书记更替而引发的政策变迁、博弈与调适过程。在此基础上,笔者以中层干部作为主要研究群体,访谈了市文明办和卫健委等部门人士,厘清了弱势部门文明办如何运用"工作挂钩"和"言行

---

① 丁煌:《政策制定的科学性与政策执行的有效性》,《南京社会科学》2002年第1期。

分离”策略，构建政策联盟，开展变通执行，化解强势部门的政策变更压力，最终保障既定政策的实施过程。① 对此，本文将在第一部分回顾现有研究；在第二部分构建相关分析框架；在第三部分将阐明案例背景，叙述“餐筷风波”的事件始末，剖析各行为体的行动逻辑；在结论与展望部分，本文将在回顾研究内容的基础上，对理论和实证研究进行展望。

二、文献回顾

政策稳定性一直是政策研究的分析焦点。早在 20 世纪 80 年代，西方学者就已经发现选举年度将在一定程度上改变政策路线，进而对宏观经济和微观投资方面产生影响。② 面对自下而上的政策间断压力，西方国家相继发展出系列应对模式；不同学者也从封闭性或者开放性的视角出发，探索公共政策的稳定性成因。例如，“政策铁三角”理论认为，公共政策的稳定性有赖于政治决策“封闭网络”的形成。对此，行政官员、立法议员和利益集团将在长期博弈中致力于形成均衡状态，防止更多行为体进入政策辩论和政策制定议程。③而“否决者”理论强调，即使更多行为体参与决策过程，通过维持政治体制的开放性，提高政治势力的碎片化程度，增加反对势力的交易成本，决策者最终将能维持各子系统的均衡状态，避免后者联合威胁公共政策稳定。④

---

① 出于研究伦理和保护受访者考虑，本文人物、地名均已作匿名化处理。

② 杨海生、才国伟、李泽槟：《政策不连续性与财政效率损失——来自地方官员变更的经验证据》，《管理世界》2015 年第 12 期。

③ Jordan, A. Grant, “Iron Triangles, Woolly Corporatism and Elastic Nets: Images of The Policy Process”, *Journal of Public Policy*, 1981, 1(1), pp. 95-123.

④ George Tsebelis, *Veto Players: How Political Institutions Work*, Princeton: Princeton University Press, 2002, p. 295.

不过，鉴于上述研究主要是基于分权框架下的政策过程，对于当代中国研究很难具备直接参考价值。基于中国决策权力相对集中，以及地方官员由上级部门直接任命等特征，学者对政策稳定性展开了重新研究。首先是从关键行为体即地方领导激励兼容的角度进行解释。例如，刘蓝予和周黎安在调研洛川苹果产业后发现，当地惠农政策的连贯稳定有赖于地方领导的发展理念和绩效激励，进而成功地构建"官场 + 市场"的发展模式。换言之，通过在产业发展与官场晋升间形成深度互嵌和良性循环，地方领导将能"一任接着一任干，始终围着苹果转"。① 兰小欢在研究工业化中的政府角色时提出，通过在光电显示和光伏等前沿领域进行长期投资，获取税收和资金方面的超额收益，部分地方政府将能维持政策企业家的创新政策，始终保障高新技术产线的扩张升级。② 然而，上述模式需要在多重约束下才能成立，具有特设性色彩，使之难以在更大的范围内合理应用。一旦某项政策未能在特定经济和社会环境中充分展现其正面效应，则其在很大程度上仍然面临政策间断的风险。

其次，多数研究者主要从结构层面出发，试图在厘清政策间断成因的基础上为维护政策稳定的制度体系建设提供启示。在一般化归因层面，有学者将公共政策缺乏连续性的因素总结为地方官员的短期任职与晋升锦标赛、地方政府的"自利性"和公共政策责任追究主体不明等特征。③ 换言之，在现有的制度结构下，地方领导不仅是政策稳定的压舱石，也可能成为政策间断的责任人。有鉴于此，更多学者将领导更替当作政策间断的核心原因，并通过量

① 刘蓝予、周黎安：《县域特色产业崛起中的"官场 + 市场"互动——以洛川苹果产业为例》，《公共管理学报》2020 年第 2 期。

② 兰小欢：《置身事内：中国政府与经济发展》，上海人民出版社 2021 年版，第 117—164 页。

③ 嵇晨诗：《论地方政府公共政策连续性》，《法制与社会》2015 年第 26 期。

化研究验证了上述假设。例如，杨海生等学者发现，某省地方官员的定期变动，尤其是地级市市长变更将显著地影响政策的非连续性，导致该省财政效率下降约 0.15 个百分点。其中机制在于地级市领导通常控制着关键发展资源。为了形成局部改革突破，谋求官场晋升机会，新任官员将有可能搁置前任规划，导致大量“政策烂尾”，造成地方财政效率损失。① 朱光喜和朱庆发现，地级市官员变更将直接影响当年地方政府工作报告中的政策项目内容，即对政策连续性产生显著的负面效应。究其缘由，除了地方领导直接推动政策变更以外，重新解读上级意志也将成为压力型体制下每级官员的重要目标，引发每一层级变更政策的自发行为。② 在此基础上，其余学者相继验证了系列负面效应：陈德球等人发现民营企业普遍倾向于在政策不确定时规避地方税收③；刘胜等人提出地方官员在换届期间将倾向于制定短视性政策，进而抑制地方服务业的可持续发展④；邓洁等人则认为，市长和市委书记任期过短容易引发短视的经济扩张策略，不利于创新政策的有效延续。⑤ 不过，上述研究均存在一定的局限，即它们未能清晰地勾勒从官员更替到政策间断的因果机制，而是只能验证二者具有强相关性。此外，尽管上述研究也为保障政策稳定提出了系列建议，但大多是从理想状态而非既有实践出发，因此也不具有太强的可操作性。

---

① 杨海生、才国伟、李泽槟：《政策不连续性与财政效率损失——来自地方官员变更的经验证据》，《管理世界》2015 年第 12 期。

② 朱光喜、朱庆：《地方官员更替是否影响政策稳定？——基于 G 自治区地级市的实证分析》，《广东行政学院学报》2019 年第 1 期。

③ 陈德球、陈运森、董志勇：《政策不确定性、税收征管强度与企业税收规避》，《管理世界》2016 年第 5 期。

④ 刘胜、顾乃华、陈秀英：《制度环境、政策不连续性与服务业可持续性增长——基于中国地方官员更替的视角》，《财贸经济》2016 年第 10 期。

⑤ 邓洁、潘爽、叶德珠：《官员任期、政策偏好与城市创新》，《科研管理》2023 年第 1 期。

总之，既有研究基本上解释了西方国家和当代中国政策稳定与间断的成因：前者源于选举周期下的利益集团压力，属于自下而上的过程；后者源于绩效驱动下的领导意志结果，属于自上而下的路径。不过，相比于西方学者对政策连续性的研究而言，由于当代中国的政策过程长期被置于“黑箱”之内，致使多数学者只能将政策稳定性研究局限在经济领域，并以量化分析验证其同地方发展具有显著的负相关性，中间过程实际上并不清晰。同时，既有的本土化研究更多是将“地方官员更替引发政策间断”直接当作逻辑起点，并未探究何种潜在因素能够对其加以调节。换言之，从“官员更替”到“政策不稳定性”是否存在不同的因果路径，是否在不同的领域具有不同的效应，并不在既有研究考虑之列。因此，本文有必要提出替代性解释，更好地统合中国政策研究的“变”与“常”。

三、“间断-均衡”视野下的“调适性稳定”机制

如上所述，鉴于关键行为体和宏观制度的单一视角都难以厘清政策稳定和政策间断的内在机制，本文一方面将形成更加整体的研究视野，强调围绕地方领导所形成的政策目标、政策环境和利益关系都将对公共政策的连续性造成影响，进而构建“结构 + 能动”的理论框架。① 与之相应，本文将以路径依赖作为重要因果机制，强调公共政策变更并非一蹴而就，而需要经过系列的政治过程。这意味着即使某项政策因为高层决策出现剧烈变化，中层组织仍能通过锁定成功经验和强化组织原则等方式，维持既有政策

① 柯尊清、蒋晓艳：《公共政策运行的连续性探析》，《辽宁行政学院学报》2015 年第 1 期。

的运行轨迹。①

另一方面,尽管本文指出了政策稳定的重要性,但必须强调政策本身并不应是一成不变的。与之相应,笔者将充分借鉴陈水生和祝辰浪提出的"调适性稳定"理论,对政策过程进行动态审视:为了保障政策的连续性,政策企业家应当根据外部环境适当调整政策内容,满足利益相关方的要求,最终达成政策均衡而非静止状态。② 不过,由于"调适性稳定"属于宏观层次理论,并不能直接运用于微观层次研究,本文将基于"组织-决策-执行"的综合视野③,构建"政策间断-政策博弈-政策均衡"的分析框架,澄清其中因素与机制的互动过程。

(一) 政策变迁的复杂背景

本文承认关键节点上的重大事件仍将引发"间断-均衡"效应,如地方领导的职位更替将很大程度上引发政策系统变化,而后者需要很长时间才能回归稳定状态。④ 不过,与既往的研究相反,通过将中层干部作为关键行为体,本文可以将多重主体的政治博弈当成政策变迁的起点,由此更好地分析政策企业家的复杂面相。

进而言之,尽管政策变迁是由地方领导集中推动,,但也需要在中层干部配合下方能贯彻落实。在此前提下,后者实际上具备

---

① Gail M. Heffernan, "Path Dependence, Behavioral Rules, And the Role of Entrepreneurship in Economic Change: The Case of The Automobile Industry", *The Review of Austrian Economics*, 2003, 16 (1), pp. 45-62; Sydow, Jörg, Georg Schreyögg, and Jochen Koch, "Organizational Path Dependence: Opening the Black Box", *Academy of Management Review*, 2009, 34(4), pp. 689-709.

② 陈水生、祝辰浪:《中国公共政策调适性稳定的内在机理与实现路径》,《政治学研究》2022 年第 3 期。

③ 相关分层方法参见:唐亚林、嵇江夏:《工作专班制:一种基于事务解决导向与反科层制逻辑的新型治理机制》,《理论学刊》2023 年第 4 期。

④ 李文钊:《向行为公共政策理论跨越——间断-均衡理论的演进逻辑和趋势》,《江苏行政学院学报》2018 年第 1 期。

了更大程度的自主性,拥有更多的行动机会。首先,当地方领导卸职更替、机会窗口敞开期间,部分职能部门确实可以借机在不同场合推销崭新的政策议题,树立不同的政策形象。不过,由于新任领导的政策图景尚未清晰可辨,出于部门利益的最大化考虑,部分中层干部也将继续支持原有政策,为既有政策生存提供更多的合理性。在此过程中,二者对即将变更的政策内容进行不同解读,尽可能地推动政策内容朝着于己有利的方向变迁。①

其次,当新任领导明确了政策变迁方向后,是否代表原有政策将立刻朝着预期方向转变? 答案是否定的。正如薛澜和赵静所言,由于新任决策者始终身处高度信息流中,当其试图变更某项既定政策的内容时,地方官员更多的是以"删繁就简"原则关注变迁过程,并将提供"执行协商"的可能性。② 换言之,在行政权力高度集中的体制下,由于新任领导更多的是在有限理性和繁杂信息的情形下进行复杂决策,注意力资源分配非常有限,导致政策变迁后的执行结果并非以个人意志为转移;而不同职能部门的政策变迁与政策固化行动将分别形成正向和负向反馈,达成不同阶段的权力平衡,最大程度地保障政策系统的稳定状态。③

(二)政策过程的执行主体

承上所述,制度的生命力在于落实,政策的生命力则在于执行。无论地方领导如何集中推动政策内容变迁,政策内容还是需要先在行政系统内进行反复论证和协调,并且需要在中层干部配合下方能有效落实。因此,当政策文本存在模糊空间时,部分中层

---

① 李文钊:《间断-均衡理论:探究政策过程中的稳定与变迁逻辑》,《上海行政学院学报》2018 年第 2 期。

② 薛澜、赵静:《转型期公共政策过程的适应性改革及局限》,《中国社会科学》2017 年第 9 期。

③ Michael Givel, "Punctuated Equilibrium in Limbo: The Tobacco Lobby and US State Policymaking from 1990 to 2003", *Policy Studies Journal*, 2006, 34(3), pp. 405-418.

干部并不会直面上级压力，而是可能在上级注意力有限的情况下采取拼凑应对模式，选择政策联盟和变通执行等适应性策略加以应对。①

首先，政策联盟是职能部门识别共同政策理念、调和不同立场分歧的重要载体。相关概念源于政策创新研究，强调政策企业家通过推广公共政策理念，广泛寻求利益相关方的支持，可以有效地推动政策制定和政策创新。② 本文进而提出，政策联盟不仅可以支持政策创新，也可以维护政策稳定。究其机制，由于政策在创新和执行阶段都需要不同职能部门加以配合，形成了大量的沉没成本，并为大量中层干部提供了固定绩效；因而，当既有政策存在间断风险时，相关职能部门并不会无动于衷，而是可能联合上一阶段所形成的政策联盟，共同维护政策遗产。③ 此外，由于新的政策内容需要耗费额外精力进行适应和学习，而且不一定同执行部门的既有激励机制兼容，致使部分中层干部也有可能偏好原有政策。为了应对政策变更的压力，干部群体也将选择同更多部门形成业务上的捆绑关系，持续扩大原有政策的预期绩效，进而争取更多同行群体的支持。

其次，变通执行策略是中层干部的重要行动指南。相关概念是指压力型体制下执行者自行变更政策内容并且加以实施行为，即通常意义上的“上有政策，下有对策”。④ 究其成因，首先是宏观政策通常具有模糊性特征，以便在复杂场景下灵活地解释与实施，

---

① Xueguang Zhou, Hong Lian, Leonard Ortolano and Yinyu Ye, “A Behavioral Model of ‘Muddling Through’ in the Chinese Bureaucracy: The Case of Environmental Protection”, *The China Journal*, 2013(70), pp. 120-147.

② 朱亚鹏:《政策过程中的政策企业家:发展与评述》,《中山大学学报》(社会科学版)2012 年第 2 期。

③ Nancy Charlotte Roberts, “Public Entrepreneurship and Innovation”, *Review of Policy Research*, 1992, 11(1), pp. 55-74.

④ 庄垂生:《政策变通的理论:概念、问题与分析框架》,《理论探讨》2000 年第 6 期。

导致中层干部可以在执行过程中持续地重构政策目标、内容和操作方法，甚至是作出象征性的执行姿态，借以维系原有政策的固定绩效激励，进而为原有政策保留生存与发展空间。① 同时，正如查尔斯·林德布洛姆(Charles Lindblom)所言，由于地方官员普遍内嵌在科层系统中，必须兼顾短期政策目标与长期组织关系，致使政策执行通常不是“毕其功于一役”，而是需要在渐进调适的过程中完成重复博弈，借以协调政策制定者、执行者以及施政对象的核心利益。② 为了保障长期关系的有效延续，强势部门通常会在政策执行过程中默许变通妥协的可能性，为弱势部门提供生存机会。③ 总之，当某项政策具有协调空间时，相比于直接面对自上而下的政策变更压力，中层干部更有可能在执行过程中调整政策内涵，达成各方利益的均衡状态。

（三）政策博弈的调适结果

当政策过程满足了“执行协商”和“拼凑应对”的基本条件，即当中层干部形成了稳固的政策联盟、在地方领导的有限关注下开展变通执行后，原有政策将有可能导向“调适性稳定”状态。根据陈水生和祝辰浪的论述，首先是政策理念将臻于和合贯通，其不仅将在横向部门间协调统一，也将在纵向层级间上下衔接，并向社会大众呈现出连贯有序的政策面貌。其次是政策内容将趋于调适稳健，即在保障政策连续性和稳定性的同时，体现政策内容的有效性和创新性。再次是政策过程将趋于连贯衔接，确保公共政策制定科

---

① 田先红、罗兴佐：《官僚组织间关系与政策的象征性执行——以重大决策社会稳定风险评估制度为讨论中心》，《江苏行政学院学报》2016 年第 5 期；吴少微、杨忠：《中国情境下的政策执行问题研究》，《管理世界》2017 年第 2 期。

② [美]查尔斯·林德布洛姆：《决策过程》，竺乾威、胡君芳译，上海译文出版社 1988 年版，第 311 页。

③ Michael Mintrom and Phillipa Norman, “Policy Entrepreneurship and Policy Change”, *Policy Studies Journal*, 2009, 37(4), pp. 649-667.

学、执行高效与无缝衔接，重视政策监管和系统评估。最后是政策体系将趋于配套协同，可以兼顾中央与地方、职能部门间的不同诉求。总之，“调适性稳定”不是不变，也不是多变，而是与政策环境的动态、有序和均衡适配，避免政策在完成使命前间断消失(图 1)。①

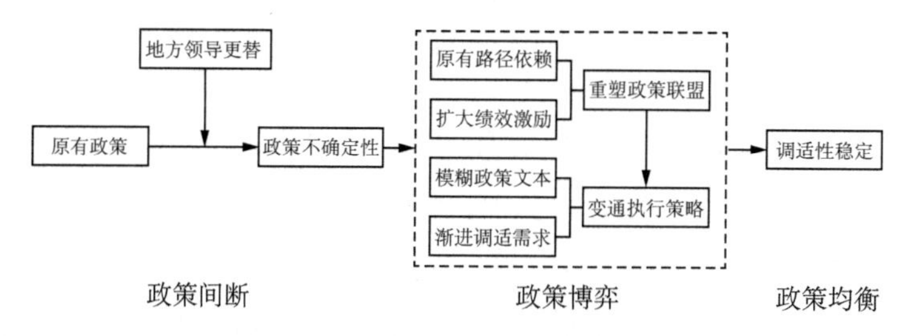

图 1　官员更替下的政策“调适性稳定”机制

概言之，在“调适性稳定”的微观层次研究中，中层干部将成为重要的行为体，政策联盟将提供结构性条件，变通执行则成为关键性策略。首先是地方领导变更将塑造“间断-均衡”的宏观背景，为政策支持者和反对者同时提供行动机会。对于部分中层干部而言，当上级领导在纵向层面推动政策变更时，其将加快政策变迁的速度，试图获取更多的注意力；对于其余中层干部而言，在固定绩效驱动下，其将有强烈的动机制造共容利益，扩大原有政策的激励兼容，借以获取横向层面的联合支持。其次是由于地方领导和不同职能部门同样内嵌于条块关系中，后者始终直面前者委托任务的压力，前者则需要后者代理政策执行。为了内部关系可以长期延续，政策形式通常保持了模糊面貌，避免因为过于清晰而导致内部压力过载，进而为政策稳定提供了另一重保障。在此基础上，当新任领导变动政策轨迹时，其不仅将施加巨大的“推力”，也将面临各方的“拉力”；致使公共政策无论如何剧烈变动，始终都留有“调

① 陈水生、祝辰浪：《中国公共政策调适性稳定的内在机理与实现路径》，《政治学研究》2022 年第 3 期。

适性稳定”的可能性。下文将以“餐筷风波”为案例，验证上述理论演绎。

四、案例研究：条块压力交织下的“调适性稳定”

本文案例源自2020年疫情期间A省C市不同职能部门围绕“爱国卫生运动”自发制定公共卫生政策过程，主要是向社会推广分餐制，或者提倡使用公筷公勺。在人们通常的印象中，分餐制与推广公筷公勺本无高下之分，二者在其余省份的公开宣传中也属于平行关系。不过，随着C市出现重大人事调整，相关表述也发生了微妙变化，进而折射出政策博弈与稳定过程。

（一）案例背景：政策联盟与政策创新

C市系A省省会，曾经多次举办过大型国际会展活动。为了向中外游客更好地展现城市风貌，A省曾积极鼓励C市创建“全国文明城市”称号，着力提振城市形象；并协调建立中央文明办沟通渠道，获取中央层面的关注。然而，由于C市已经连续六届蝉联“全国文明城市”，导致“创文”工作的含金量反而降低，C市文明办也逐渐沦为边缘化角色。① 为了扭转领导注意力的边际递减困境，在2019年C市举办大型运动会之际，市文明办庞主任就主导开展了多项政策创新活动。其中的一项重要内容，便是将公筷公勺推广情况纳入“文明餐厅创建”评价体系中，作为引领行业文明的直观标准，并获得了时任市委书记的批示。不过，由于该举措并非当时社会的重要关切，公筷公勺推广政策(简称公筷政策)实

① 对C市文明办张科员的访谈，2020年2月5日，20200205WMB。

际上没有引起其余部门的重视,相关倡议也就无疾而终。①

2020 年 2 月,当新冠肺炎疫情在全国范围内暂时稳定后,公共卫生专家开始关注疫情防控的日常措施,并为社会公众生活方式提出了一系列的具体建议。例如,张文宏教授提出:“(现阶段)最可怕的是什么? 是别人用自己的筷子给你夹菜。”②在此背景下,公筷公勺使用情况获得了前所未有的关注度。与之相应,由于 C 市文明办早在 2019 年就已经形成相关方案,因而也展现出积极的推广姿态。2 月下旬,C 市文明办联合卫健委等多个部门,在微信等自媒体平台上发表了《使用公筷公勺的倡议书》,总阅读量超过百万次。不久,卫健委领导又以政协委员的名义发布了《关于在 C 市推广公筷公勺建议》的提案,获得了一百多位委员的联署支持。

为了继续扩大公筷政策的社会影响力,庞主任再次进行工作部署,要求文明办在公筷公勺推广工作中发挥社会动员和公益宣传功能。同时,庞主任还以“抗疫简报”的形式上报中央文明办和市委常委,并在几天后分别收到批示。在两份批示中,上级领导都充分肯定了 C 市率先推行公筷公勺举措,并计划将公筷政策在全省乃至全国范围推广。同时,中央文明办还特别赋予了 C 市试点资格,要求文明办在 5 月底前形成专门报告,再行报送阶段性成绩。③ 总之,在重大事件影响和央地领导的支持下,C 市文明办的公筷政策不仅成功地稳固下来,而且构建起广泛的政策倡议联盟,形成了强大的正向反馈激励。

---

① 对 C 市文明办李科长的访谈,2020 年 3 月 20 日,20200320WMB。

② 《领导给你夹菜,到底吃不吃? 张文宏医生又爆金句了》(2020 年 5 月 1 日),澎湃新闻,https://www.thepaper.cn/newsDetail_forward_7230306,最后浏览日期:2023 年 5 月 1 日。

③ C 市文明办内部会议记录,2020 年 2 月 28 日,20200228NBHY。

（二）政策间断：官员变更与政策危机

2020年3月，C市进行了重大人事调整，市委郭书记就职履新。在邻市组织领导防疫工作期间，郭书记曾经要求当地商务局试点分餐制，同样深受社会各界的赞誉。有鉴于此，C市商务局也主动向郭书记请示，希望C市同样能以市商务局作为牵头部门，主导开展分餐制工作，进而打造A省“复工复产典型样板”。对此，郭书记批示C市各部门应当积极配合，要求在全市范围内落实分餐制倡议。

批示下发后不久，市商务局向庞主任展示了“尚方宝剑”，要求市文明办积极配合分餐制推广工作，这不禁使文明办陷入了两难境地。一方面，市文明办显然不可能既推广公筷公勺，又同时提倡分餐制。因为在逻辑层面上，公筷公勺和分餐制本身构成了一对矛盾：既然分餐制是将菜品提前分进餐碟，最大程度上减少了顾客接触，顾客席间自然不再需要公筷公勺。在执行层面上，无论是在时间方面还是精力方面，工作人员更是难以兼顾，也没有任何意愿推广分餐制，“为商务局做嫁衣”。[①] 另一方面，市文明办又必须同时实施两项政策：因为公筷政策已经受到中央文明办领导的明确批示，而且市委常委同样关注公筷政策的推广进展。但分餐制又是新任领导的专门批示项目，同样需要市文明办展现出积极的配合态度。[②] 对此，庞主任召开了临时会议，要求各处室充分发言讨论。

在临时会议上，文明办各处室很快达成共识，希望庞主任能向郭书记汇报公筷公勺试点工作的开展情况，以便继续维持牵头开展公筷政策。至于具体原因，一是公筷公勺推广活动已经得到地

---

① 对C市文明办李科长的访谈，2020年3月20日，20200320WMB。

② 对C市文明办庞主任的访谈，2020年3月20日，20200320WMB。

方媒体的广泛曝光，宣传材料也已经散发到各文明餐厅，形成了一定的社会效应。如果政府又转而推广分餐制，很有可能引发部分餐厅的不理解，致使今后其余餐饮政策也很难正常推广；二是公筷公勺并不挑战中国传统的聚餐习惯，移风易俗工作也相对容易开展。但如果是推广分餐制，可以预见部分公众尤其是老年人群体很容易产生抵触心理，进而引发网络舆情；三是相比于分餐制，公筷公勺更加具有“显示度”，容易形成一项较为直观的“民生工程”，发放数量同样可以作为直观绩效上报；四是公筷公勺可以被打造成各地区的文创产品，为基层部门往来提供“伴手礼”。总之，由于执行难度较大，部门绩效激励使然，“筷子好发，盘子难办”似乎已成定局。①

对此，庞主任并没有直接表态，而是开始分析其中的利害关系：首先，尽管 C 市文明办握有两份批示，然而，具体到批示内容，里面更多是一般化表述，并不代表要否定其余政策；而市委常委的批示也不可能高于市委书记的批示。其次，在日常工作方面，相比于其余地区而言，C 市文明办更多的是作为弱势方，并不具备太多的话语权；而市商务局不仅是传统的强势部门，而且又在新任郭书记面前抢占先机。两相对比之下，领导显然将更加注重商务局的经济职能，进而更加兼顾其提出的政策；而文明办无论是借助上级的合法性资源，抑或是自身的体系性资源，均不太可能在政策博弈中获得优势。最后，文明办掌握的博弈资源仅限于“文明餐厅荣誉序列”，商务局则主管全市餐饮行业，控制着更多资源的项目。如果市文明办执意牵头开展公筷政策，而市商务局没有太多意愿配合，那也将影响到文明办的政策成效。因此，作为条线部门，市文明办必须服从全市的大局。不过，鉴于公筷公勺已有相当曝光度，前期工作也在稳步开展，庞主任还是遣人前往市商务局开展分餐

---

① C 市文明办内部会议记录，2020 年 3 月 19 日，20200319NBHY。

制“对接工作”，实际上就是进行前期谈判。[①]

不出所料，市商务局领导在翌日的谈判中表现出非常强势的态度：其不仅要求文明办和卫健委“形成合力，全力服从全市中心大局”，而且还将分餐制内涵规定为“分餐位上，分派式，自助餐，公筷公勺”，也就是将推广公筷公勺定义为分餐制的一种子类型。对此，部分人员在稍后召开的内部会议上表示，市商务局“简直就是在玩文字游戏”，不免有强词夺理之嫌。因为“分餐位上”本来就是传统意义上的分餐制；而且如果非要分类，推广公筷公勺才是基础：毕竟，先有公筷公勺分餐，分餐制才有可能推行，所以，应当将分餐纳入公筷公勺体系中，而非将其颠倒过来。[②]

不过，所谓的“类型学”背后更多是反映了公共政策的高低地位之争。而且随着形势继续变化，文明办在政策博弈中还将处于更加不利的境地。首先是两周后 C 市的全市精神文明建设大会就要召开。这场会议不仅需要市委书记主持，而且全市其他成员也要参与，因此，“不可能因为这种小事(把关系)搞僵，让大家不愉快”。其次是当庞主任将相关情况通报给 C 市卫健委后，后者并未积极支持既有政策，而是给出了相对模棱两可的回答，希望无论是公筷还是分餐，文明办都要承担好牵头工作。[③] 究其缘由，首先是新一轮防疫工作已经极大地提升了卫健委的地位，使其并不需要以落实政协提案的方式来增强自身的影响力；其次是卫健委也并不想和市商务局在细枝末节上进行博弈，而是想将工作重点放在防疫大局上面。[④] 相反，文明办还需在夹缝中渐进调适，寻求公筷政策维护之道，及时地向中央上交答卷。

---

① C 市文明办内部会议记录，2020 年 3 月 19 日，20200319NBHY。
② C 市文明办内部会议记录，2020 年 3 月 20 日，20200320NBHY。
③ 对 C 市文明办庞主任的访谈，2020 年 3 月 23 日，20200323WMB。
④ 对 C 市卫健委 C 主任的访谈，2020 年 8 月 14 日，20200814WJW。

（三）政策博弈：联盟再造与变通执行

如上所述，相比于条款分明的法律文本而言，政策文本的模糊性特征为强势部门变更政策内容提供了灵活的解释空间。不过，作为弱势部门的C市文明办并非束手无策，而是同样从开放式解读"分餐制"行为中找到了应对方式——开放式解读"公筷公勺"。不久，在市里分管领导的提点和支持下，庞主任领导开展了系列行动，主要包括"工作挂钩"和"言行分离"策略。

首先是"工作挂钩"策略，自愿地将文明办工作纳入强势部门的政策网络。2020年4月初，市文明办分管领导率领文明办活动指导处干部，再次前往商务局进行洽谈，深入商讨部门联动问题。庞主任不仅表示将接受分餐制为主的理念，而且希望商务局能将文明办的"公筷公勺社会动员方案"附在商务局的分餐制总体方案中，作为地方政府的重点工作项目，进而交予省市领导圈阅。当见到文明办同意以分餐制为主的方案，且将自身指标同商务局绩效绑定后，市商务局自然是积极回应，表示愿意将其纳入总体方案。当然，为了能使文明办部分处室愿意放弃牵头地位，建立起"文明办-商务局"的新型政策联盟，分管领导和庞主任还是提前做了不少思想工作。①

其次是"言行分离"策略，在执行过程中变相地完成公筷政策。尽管这份社会动员方案在修辞上还是主提分餐制，甚至出现"分餐制下公筷公勺"的新奇表述，然而，文明办的工作内容仍是以推广公筷公勺为主。不过，由于其并未违反商务局的类型学划分，反而还专门引用了相关表述，后者自然也不好反对。同时，在4月C市第二季度文明办主任的全体会议上，庞主任一改对外的审慎态度，

① C市文明办内部会议记录，2020年3月25日，20200325NBHY；C市文明办内部会议记录，2020年4月1日，20200401NBHY。

对内直接交代事情原委，要求各区文明办主任配合工作大局，并且以公筷政策为工作重点，“灵活地开展推广行动”。由于2020年是第六轮全国文明城市的集中复查年份，各区政府对文明办的工作部署高度重视，要求基层工作人员全力配合相关工作。在一揽子要求下，市文明办顺势将推广公筷政策部署到各区。① 最终，公筷政策的相关指标在“两张皮”的包装下如期完成了。

当然，市商务局也不忘牵头启动“分餐行动”。例如，在4月C市消费专项会议上，为了保障美食节活动期间“舌尖上的安全”，市商务局就围绕餐饮安全管理和市民公共用餐设计了系列规范，分餐制是其中的重点内容。在当年5月的全市扩大会议上，C市副市长还公布了由商务局和市监局联合制定的《餐饮服务单位分餐制管理规范》。作为回应，市文明办也向全市各级单位和全体市民发出了“分餐行动”倡议。几天后，文明办活动指导处全队出动，一起参与美食节期间的分餐制推广活动。由于分解指标偏多，部分同志不免颇有微词。② 不过，鉴于公筷政策的阶段性成果已经上报，当前进度可以暂时放缓；而庞主任积极配合商务局，选择“苦一苦年轻干部”，借以维护双方的长期关系，自然也在情理之中。③

（四）政策均衡：“餐筷风波”与“调适性稳定”

2020年5月，C市文明办和商务局之间的“餐筷风波”暂告停歇。回顾长达三个月的政策过程发现，政策变迁仍然是由上级领导推动发生，但更多是职能部门间的互动博弈所致。首先，官员更替确实引发了政策间断风险，但本质上更多的是信息不对称情况下强势部门的主导推动结果。同时，由于主政官员的注意力有限，

① C市第二季度文明办主任全体会议记录，2020年4月7日，20200407QTHY。
② 对C市文明办A科员的访谈，2020年5月20日，20200520WMB。
③ 对C市文明办庞主任的访谈，2020年5月22日，20200522WMB。

致使政策变迁与稳定转化为强势部门与弱势机构的博弈过程。其次,在既有政策的绩效激励下,尽管弱势部门面临强势部门的政策变更压力,但并不意味着其将无所作为或轻易妥协;反之,弱势部门也在主动寻求行动机会,借以获得政策生存空间。在本案例中,通过构建新型政策联盟,采取变通执行策略,C市文明办不仅兼顾了市委书记和商务局的政策路线,同时也推广了公筷政策,顺利地完成了中央文明办的试点要求。

至于政策调适结果,首先是分餐分食和公筷公勺这两种政策理念达成了有机统一,向各级领导和社会大众呈现出连贯有序而非自相矛盾的推广过程。其次是原先的公筷政策不仅成功地生存了下来,而且在外部压力下扩展了相关内涵。再次是文明办政策既需要配合全市工作大局,也受到中央试点考核的约束,从而倒逼推广公筷公勺行动方案在协商和执行过程中表现出了统一面貌。最后,尽管C市文明办处于相对弱势地位,但通过"工作挂钩"和"言行分离"策略,其在辗转腾挪间也完成了"条条"层面的公筷推广,兼顾了"块块"层面的分餐试点,最大程度地扩展了原有政策的公共效益,堪称"弱势生巧劲"的典范。对此,庞主任幽默比喻道:"在偌大的一张C市餐桌上,只要同志们可以学会张罗,还是能同时放下盘子和筷子的。"①

五、结论与展望

贺东航和孔繁斌指出,由于公共政策通常具有层级性和多属性的特征,致使其在贯彻阶段还要经历内容细化与合作配套的过程,需要采用协调、信任、合作、整合、资源交换和信息交流等多重

① 对C市文明办庞主任的访谈,2020年5月22日,20200522WMB。

渠道解决落实问题。① 遵循上述逻辑，本文将研究视野聚焦于地方主政官员更替背景下的政策变迁与稳定领域，以“结构 + 能动”为分析视角，从纵向上勾勒了上级官员压力传递的复杂过程，从横向上描绘了中层干部构建政策联盟、开展变通执行的行为策略，提出多层级传导和多目标博弈同样能避免公共政策的间断风险，达成“调适性稳定”状态。在此基础上，本文采用了参与式观察方法，深度追踪了C市“餐筷风波”案例，勾勒了弱势部门如何在强势部门压力下维护了原有政策路线，生动地展现了上述过程。

此外，通过深入描绘上述因素与机制的相互作用过程，并将其迁移应用到实证研究领域，本文表明了“调适性稳定”理论在微观层面同样适用，进而拓展了理论的外部有效性。不过，必须注意到本文案例植根于特定领域，即相关政策并未触及强势部门的实质利益或者地方治理的重大议题。因而，在未来的研究中，后继研究者还需收集更多公共卫生领域以外的政策案例，充分厘清具体政策领域、领导压力强弱、政策主体多寡、政策模糊程度等关键因素及其互动机制，对“调适性稳定”进行更多操作化分析，进而构建更具效度的中层理论，更加有效地评估地方政策的调适过程。简言之，地方干部如何维护其创新政策，仍然是一项经久不衰的研究命题。同时，通过深度描绘当代中国的政策过程，强调政策调适需要以开放理念为支持，以各方利益为前提，以多重策略为保障，本文也展现了“调适性稳定”理论的内蕴机理，相信对地方官员保障公共政策的稳定实施具备一定的参考价值。

① 贺东航、孔繁斌：《公共政策执行的中国经验》，《中国社会科学》2011年第5期。

案例研究

亮马河国际风情水岸建设的实践、经验及价值

梁　丽*

[内容摘要]　亮马河国际风情水岸建设是北京市朝阳区推进城市滨水空间更新的一个重要项目。通过打造绿色岸线、重塑生态基底、统一规划共建、推进政企协同治河、构建市民幸福廊道、建立沿河大物业、激发经济活力等做法,北京市朝阳区在亮马河流经东三环至东四环的区段建设了一条滨水景观廊道,实现了亮马河滨水空间的更新目标。亮马河滨水空间更新的主要经验就是做到"六个坚持",即坚持人民至上,坚持党建引领和压实主体责任,坚持高位统筹和政企合作,坚持生态优先和绿色发展,坚持产业带动和提质增效,坚持开放与文化包容。亮马河国际风情水岸建设的价值,在于为进一步推进亮马河国际风情水岸高质量发展打下了良好的基础,为推进北京市滨水空间更新建设树立了样板,为北京城市更新的地方立法和政策制定积累了经验,为国家制定城市更新政策提供了有价值的个案资料。

[关键词]　城市更新;滨水空间治理;水岸经济;亮马河

亮马河国际风情水岸,是北京市朝阳区围绕亮马河流经三里屯、左家庄、麦子店等街道及朝阳公园、红领巾湖等地区打造的一条长6千米的国际化滨水景观廊道。因其周边使馆星罗棋布,高

* 梁丽,中共北京市委党校(北京行政学院)公共管理教研部教授,超大城市治理中心研究员。

端酒店林立，燕莎购物商圈和蓝色港湾等高端商区分布其间，拥有北京特色文化、国际时尚和现代风情等不同文化元素，故定名为国际风情水岸。2018 年 1 月，朝阳区委、区政府提出建设亮马河国际风情水岸项目。2019 年 2 月，围绕亮马河滨水空间更新的项目正式实施。经过近一年半的建设历程，2020 年 8 月，国际化滨水景观廊道正式建成亮相。2021 年 7 月，亮马河滨水航线一期实现了 1.8 千米游船通航。2022 年 9 月，亮马河滨水航线二期再向东延伸 4 千米，实现 6 千米游船通航。2023 年 6 月，亮马河 18 千米滨水慢行系统全线贯通。人们从东直门沿着滨水步道，可至红领巾湖，沿途可观“1 河 2 湖 24 桥 18 景”的旖旎风光。亮马河国际风情水岸建设是北京市滨水空间生态更新的一个成功范例。

一、亮马河国际风情水岸建设的实践探索

在打造亮马河国际风情水岸的实践中，北京市朝阳区主要从六个方面进行探索。①

（一）打造绿色岸线，重塑生态基底

对城市滨水空间的治理，首先是对滨水生态的治理。生态环境的修复是专业性、科学性很强的工作，不能违背生态自然规律。过去治理河流时，通常都选择筑起高坝，严防河水漫溢。其结果就是人们失去了亲水空间，动植物的家园也被破坏，河流无法和地下水交换，变成了死河、臭河。亮马河滨水空间治理的原则之一，就是贴近自然和原生态，从专业的角度看，就是用自然的力量修复自然，用生态的办法解决滨水生态问题。

---

① “主要做法与经验”的部分相关资料由北京市朝阳区水务局提供。

为了促进亮马河水生态系统的修复及河道系统生物链的构建，形成水体自净的丰产河道，首先，施工方对河底淤泥清掏殆尽，补植荷花、千屈菜等水生植物。亮马河水中有相当一部分是再生水，自净能力相对较差。通过种植矮生苦草、狐尾藻等沉水植物和菖蒲、芦苇等挺水植物，让茂密的“水下森林”成为天然的水质净化器，还为水生植物、鱼类、鸟类、两栖类、昆虫类动物提供了多样化的栖息场所，促进了亮马河水质的改善提升。其次，不是将河道修成直来直去、光溜溜的渠化河道，而是保留自然蜿蜒的河道状态，滨水地带既有深潭也有浅滩，为各种生物创造适宜的生态环境。再次，河岸设计采取宜弯则弯、宽窄结合的方案，提高河水的含氧量，增加曝气量，弯曲的河岸形成的河湾、凹岸处可以为水里的生物提供繁殖场所。葱郁的水岸植物柔化了水陆的边界，坡脚处的鱼巢砖为鱼虾提供了生产空间，更多的生物群落得以安家，保护了生物多样性。最后，为了保证行洪畅通，堤岸采用弹性的双层设计，下层为可淹没区，上层为观景区。

（二）统一规划共建，政企协同治河

过去，亮马河的上下游、左右岸分别由不同的部门、单位负责管理，分而治之，体制泾渭分明，造成滨水空间割裂、景观零碎。在打造国际风情水岸的过程中，朝阳区委、区政府高度重视，主要领导、分管领导多次深入现场，调度难点问题。为了改变“政府治河单打独斗”的老样子，朝阳区在项目规划时就确定了“政府主导，社会共建”的新模式，围绕项目的设计、建设、运营等方面，形成多方参与机制。朝阳区发展和改革委员会、北京市规划和自然资源委员会朝阳分局、朝阳区国资委、朝阳区水务局、朝阳区园林绿化局、朝阳区交通委、朝阳区城市管理委员会以及属地街道等各部门协同配合，各司其职、各负其责、齐抓共治。

亮马河国际风情水岸沿线有 22 家大企业，包括甲级写字楼、

五星级酒店、知名商场等。朝阳区主动收集社会各方的诉求，与22家企业多轮对接、问需，请沿线企业共同参与研究水岸沿线的设计，不断完善设计方案，成功地调动了企业的主动性，创造了“共商、共治、共建、共管、共享、共赢”的“六共”治河模式。按照“谁受益、谁出资”的模式，奥克伍德、昆仑饭店、蓝色港湾、燕莎等沿线企业投入了6 900余万元。

同步推进“功能疏解促提升”与水生态文明建设。亮马河滨水空间的设计和布局严格落实《北京城市总体规划（2016年—2035年）》，各相关单位积极配合，对沿线所占的公共空间主动腾退，拆除各种形式的隔离设施，沿河约20万平方米的公共区域被收回统筹，改变了过去公共绿地分割的状态。

（三）构建市民幸福廊道，塑造水岸公共空间

把最好的滨水空间让给市民是一以贯之的建设原则。据统计，在约80万平方米的水岸空间中，可供市民休闲的公共空间就占了75%。附近有幼儿园的河段，建起了儿童攀爬墙；附近有老旧小区的河段，注重多建健身设施。滨河绿道从东直门外斜街一路蜿蜒至东四环路，与朝阳绿道衔接。

(1) 打通桥下空间。此前，亮马河滨水绿道有新东路桥、新源街桥、琉璃桥、润泽桥和三环路燕莎桥等五处桥下断点，市民游览时需要上桥穿行市政道路，既不便利，也不安全。五个断点全部打通后，人们漫步亮马河水岸就不必再穿行市政道路。

(2) 因地制宜地打造符合不同人群需求的公共开放空间。为满足周边居民戏水、垂钓、旅游通船等休闲需求，沿河新建了智能互动设施、跌水景观和喷泉、儿童活动场地。水岸变成“会客厅”，停车场变成百姓秀场，河体变成市民乐场，船闸变成沉浸式影厅，桥梁变成网红打卡点。

(3) 补齐城市功能短板。在寸土寸金的亮马河滨水空间区域

里，增加了高品质的休闲新空间，补上了城市滨水慢行系统，18千米的滨水绿道横向打通了新源路、新东路桥区，纵向连通了新东路、三里屯路、麦子店街、安家楼路，河畔23个居民小区都可直达亮马河水岸。

（四）借鉴国际先进经验，打造亮马河质量标准

亮马河国际风情水岸参考了国际上很多知名河流的治理经验，也面向全球公开征集了治理方案。毗邻使馆区的燕莎段就借鉴了芝加哥河开放水岸的特色，开辟了丰富的硬质空间，如潮头广场、命运共同体广场、艺术花园、绿阶平台等，可为国际交往、重大节庆活动等提供承载空间。商业密集的麦子店段有韩国首尔清溪川的影子，设计了叶状双层步道、曲线沿河步栈、城市森林花园等。

在打造亮马河风情水岸的过程中，按照"专业、节俭、为民"的原则，发扬工匠精神，在工程细节和品质上精益求精，合理地使用资金，使投入产出比达到最优化、最大化。合理充分地利用原有水利基础设施，实施引水上岸、补水工程、水生态及水科技工程，以及景观水利一体化措施，同时应用智慧水务、生态监测、闸坝集成管理系统等科学治水模式，将智慧城市建设的先行探索融入亮马河国际风情水岸的打造过程中。例如，朝阳公园至红领巾公园原有一个水系连通工程，即连通渠。过去，如遇暴雨，来自亮马河超负荷的水可进入朝阳公园蓄积，再从红领巾公园转二道沟泄入通惠河；现在，通过对连通渠清淤、拓宽和景观提升，让河、园、路实现无缝衔接。诸如13°扶手、40 cm高座凳、5 mm木板缝隙、1勒克斯照度①、凹缝砌石等，都是在建设时一点点打磨出的亮马河质量标准，为城市更新和滨水空间治理树立了样板。

---

① 1勒克斯大致相当于0.2瓦（白炽灯）发出的光。

（五）建立沿河大物业，激发经济活力

通常，一个城市更新项目完成并达到预期效果后都会获得肯定和赞赏。但后期如果疏于管理和维护，则很快就会重归破败。这样的案例过去在很多地方都发生过。为避免出现上述情况，朝阳区用“物业模式”创新亮马河国际风情水岸的项目管理方式，对景观统一建设、统一维护，实现高标准、专业化、规范化的管理。朝阳区水务局整合水环境保洁、绿化养护、水利设施、景观设施等运行维护内容，将它们全部纳入物业化综合服务范围，通过政府采购竞争性磋商的方式，经综合评比后选取河道运行维护项目服务单位。同时，为使河道物业化管理规范精细高效，服务单位应用了多种智能化平台，如巡更系统、内部自动派单监督系统等，用科技手段支撑提升河道管理的效能。

（六）既挖掘传统文化内涵，又突出地区特点

亮马河国际风情水岸 6 千米航线上有 24 座跨河桥。在桥的名字和造型里，既挖掘传统文化内涵，又突出地区特点，把传统、现代和国际等多种元素有机地结合起来，与整体景观设计呼应，形成“国际风情、园林风采、古都风貌、自然风光”四大主题，承载历史和时代的印记。

亮马河区域原为明朝永乐年间皇家御马苑所在地，因过往马匹常在此清洗、晾晒而得名。为此，在亮马河滨水岸上设计打造了“饮马花溪”景观，附近的一座桥也被命名为饮马桥。朝阳农耕印记也在 24 桥中得以体现。水碓是以水为动力的去除稻谷壳的工具。在六里屯街道辖区的朝阳公园内，曾有稻谷农田、诸多水坑以及水碓村，为此，朝阳公园一度被称作水碓子公园，公园里的一座桥便被命名为水碓桥，承载了历史印记和百姓思念。问渠桥、和光桥、碧沙桥、观澜桥、琉璃桥、彩虹桥、润泽桥、仓廪桥、日升桥等桥

名均出自我国的古典诗词。连心桥在红领巾湖，形似心形，寓意“不忘初心、牢记使命”。历史上八里庄地区的纺织产业是支柱产业，织锦在民间有吉祥的寓意，织锦桥寓意传达百姓对美好生活的向往。上述桥名留住了乡愁，包含着丰富的中国文化内涵。有些桥名又彰显了朝阳国际化的特色，如友谊桥是亮马河航线上游船通过的第一座桥，临近燕莎友谊商城与命运共同体广场，与使馆区相距不远，寓意北京与世界相连，友谊长存。好运桥寓意穿行此桥好运连连。蓝梦桥寓意碧蓝之水的中国梦。

在桥梁设计和建造上，坚持高标准、高要求，秉持“一流的理念、一流的设计、一流的管理、一流的运营，打造高颜值、高价值的城市景观”的做法。在 24 桥中最具特点的是观澜桥，这里也是观水望景最佳之处，把原本一座旧水闸改造提升成为桥。造型“同弧不同心”，结构新颖。保留原闸墩，桥下可双向通航，与蓝色港湾码头、贝壳剧场相互对望，共同形成朝阳湖区内的标志性风景。午阳桥、银安西桥、银安桥、银安东桥因附近有建于清顺治初年的古宅郡王府，桥梁设计充分体现了区域的文化传承和历史背景，造型为传统拱桥呈对称形式，桥身修旧如旧，以灰色石材错缝铺装，桥身两侧嵌入龙纹石雕，以祥云纹样装饰，与旁边古色古香的郡王府建筑遥相呼应，显得古朴庄严。桥名文字以金色凸显古都文化，区别于其他桥梁的深绿色。好运桥下装了十几万根发光灯，夜晚灯光闪烁时的水面倒影是凡·高的《星空》，游船穿过时，游客在船上伸手就可以直接触摸那些光纤，流光溢彩宛若璀璨星河。琉璃桥与激光、雾森、烟雾机结合，产生了一个梦幻般的光影时空隧道效果。蓝梦桥的结构设计轻盈，修复后呈蓝色调更显时尚，是蓝色港湾的一处浪漫景致。彩虹桥整体呈渐变色，如一道跨河彩虹。日升桥位于红领巾公园入口，过去是一座不锈钢板连接的立面造型，经过巧思设计，“涂”上“橙红”朝阳色，整个桥体像红领巾湖上一座具有蜿蜒曲折感的“飘带”。①

二、亮马河国际风情水岸建设的经验总结

朝阳区通过推进亮马河国际风情水岸建设，成功地更新了亮马河滨水空间，实现了该项目建设的预定目标，取得了良好效果。同时，也为进一步推进城市滨水空间更新积累了经验。亮马河国际风情水岸建设的主要经验，在于在项目实施过程中始终做到了“六个坚持”。

（一）坚持人民至上

习近平总书记指出，“城市建设必须把让人民宜居安居放在首位，把最好的资源留给人民”。② 亮马河国际风情水岸的打造，始终坚持以人民为中心，努力扩大滨水公共空间，完善滨水空间功能，把最好的滨水公共空间留给百姓。2020 年，亮马河国际风情水岸亮相时，80 万平方米的滨水空间，可供市民休闲的公共空间就占了 75%，共连通了 23 个居民小区。像谐趣园、浪潮广场、命运共同体广场等景观节点，现在都是市民争相打卡的景观带。亮马河水岸在设计上极尽精细，比如，下游河段的台阶特意设计成 45 厘米，方便人们屈膝落座；很多休闲长椅旁都栽植了驱蚊香草。水岸景观廊道全线对外开放，居民推窗见绿、推门见景、沿河有荫。滨水空间在细节上精雕细琢，处处以人为本。例如，步道紧挨河

① 马宇晗、单艺伟、张正晔：《亮马河，又见 24 桥！》（2023 年 4 月 14 日），京报网，https://news.bjd.com.cn/2023/04/14/10398358.shtml，最后浏览日期：2023 年 5 月 1 日。

② 习近平：《在浦东开发开放 30 周年庆祝大会上的讲话》（2020 年 11 月 12 日），新华网，http://www.xinhuanet.com/politics/leaders/2020-11/12/c_1126732554.htm，最后浏览日期：2023 年 11 月 18 日。

道，人们蹲下就能触摸水、亲水。休息座椅的扶手不是横平竖直，而是向下略微倾斜13°，经过反复测试这样的角度人倚上去才最舒服。在不影响通行的情况下，路灯调成27米间距、1勒克斯照度效果最佳。在打通滨水慢行步道的最后一个断点，即东三环燕莎桥断点时，将燕莎桥下、亮马河左岸的连通廊道宽度设置为三四米，还特别设置了便民坡道和无障碍升降梯，过去市民绕行燕莎桥下的市政道路穿过三环路需要大约7分钟，现在这条连通廊道全长116米，步行用时仅需90秒。

（二）坚持党建引领和压实主体责任

强有力的领导是推进并完成工作的重要保障，压实责任则是推进并完成工作的必备前提。朝阳区在推进亮马河国际风情水岸建设的过程中，始终坚持党建引领，成立了亮马河商业联盟党建工作协调委员会，广泛征求成员单位的意见和建议，引领带动沿线社会单位围绕亮马河河道治理建言献策，积极参与亮马河国际风情水岸建设，贯彻落实区委工作部署。同时，明确各级领导干部、职能部门和街道的责任。要求区委、区政府主要领导重视和做好调查研究工作，广泛听取各方面的意见，靠前指挥，统筹推动项目实施，解决项目实施的难点问题。要求相关职能部门和街道明确各自的任务目标和责任，强化责任担当，协同配合，合力共建，形成一级督一级、层层抓落实的工作氛围。在项目实施过程中，朝阳区还充分运用河长制工作机制，持续推动河长制向河长治的转变。区各级党政领导以河长的身份履职，实现河长制从“有名、有实”到“有能、有效”。

（三）坚持高位统筹和政企合作

亮马河国际风情水岸按照一河两岸整体规划布局，形成一张蓝图，实施水岸同治。改变了“政府一家，单打独斗地治河”的局面，创新出“共商、共治、共建、共管、共享、共赢”的“六共”治河模式。沿线22家社会单位与朝阳区相关政府部门拧成一股绳，营造了全社会共同关心和保护河道的良好格局与氛围。吸引社会、企业、公众参与河道综合治理的规划、设计、建设、运营，是对城市发展与河道治理体制机制融合创新的新探索。例如，由良业科技集团投资、建设、运营的亮马河航线夜游项目备受游客青睐，旺季时一票难求。该企业因打造首创型夜间文旅产品和高质量运营体系而获得业内普遍的赞誉。亮马河航线夜游项目“用光讲好城市故事”，以文化和光影科技为手段，为北京市文化旅游消费打造出一个典范。

（四）坚持生态优先和绿色发展

绿水青山就是金山银山。在亮马河国际风情水岸的建设过程中，朝阳区始终以习近平生态文明思想为指导，牢牢把握北京城市战略定位，始终坚持“以河道复兴带动城市更新”的理念，将“功能疏解促提升”与滨水生态文明建设同步推进，充分处理好河道管理保护与开发利用的关系，强化规划约束引导，促进河道休养生息，维护河道生态功能。

在滨水治理上，从“工程治水”向“生态治水”转变，实施“五水联治”，即治污水、禁地下水、用再生水、蓄雨水、抓节水。对沿河24个排水口污水溯源治理，加大东北护城河向亮马河分水，两岸绿地实施海绵措施蓄积雨水，片区内近50家大型用水企业创建高标准节水载体。围绕河道治理，在改建驳岸、绿化美化、照明亮化、桥梁抬高、运营航线等方面全面提升景观环境。实施水岸共治，打造亲水水岸，保护生物多样性。治水、修岸、绿化、修复和亮化建筑外立面，打开河道生态空间，拆除各种形式的隔离。① 在河道维护

① 《2023北京城市更新最佳实践系列①朝阳区亮马河国际风情水岸项目》(2023年10月9日)，光明网，https://difang.gmw.cn/bj/2023-10/09/content_36929217.htm，最后浏览日期：2023年11月19日。

管理上，除建立河湖长制每日专人巡查、率先引入物业专业管理外，还发动沿河企业和居民共同参与河道环境、岸线秩序、文明游河、文明亲水等河湖管理。

（五）坚持产业带动和提质增效

对亮马河滨水空间的最大化功能发挥和资源利用，实现河道功能优化，就是践行习近平总书记“绿水青山就是金山银山”的理念，充分释放滨水空间的生态红利。从宏观看实现了滨水上下游的整体可持续发展；从中观看促进了水岸城市空间的联动发展；从微观看实现了河水局部环境的质量提升和惠民惠企服务。滨水生态环境品质的提升，激发了水岸商圈的市场活力，优化了营商环境，也促进两岸企业积极转型，促使商圈结构和品牌类型调整升级。

以河道复兴带动城市更新，让绿水青山成为名副其实的“金山银山”，推动了区域高质量发展。同时，注重衔接河道独特的要素和需求，挖掘周边历史文化底蕴，保护地区文脉，有针对性地设计和建设了更加具有国际风范、亮马河地域风情的滨水空间，进一步增强了区域综合竞争力。

（六）坚持开放与文化包容

城市更新既是一个对传统历史文化继承的过程，也是一个对标国际上其他城市通用做法博采众长兼容并蓄的过程。北京有3 000多年的建城史、870年的建都史，城市发展与更新和其他城市不同，面临着很多困难和问题。因此，城市更新与滨水空间治理必须坚持开放与文化包容，就是既要开放学习借鉴国内外优秀的滨水空间建设案例与治理经验、模式，又要坚决落实新时代首都城市战略定位的需要，坚持减量发展，同时还要运用新技术满足人民美好生活的需要。

亮马河周边分布着多个使馆区，是国际交往的重要窗口。亮马河国际风情水岸打通了燕莎商圈到蓝色港湾商区的水岸，使昔日的“臭水沟”变成京城靓丽的国际风情水岸。滨水两岸文化、旅游、消费相互融合，浑然一体。每当华灯初上时，亮马河畔一片繁荣景象。两岸分布着具有各国风情的餐厅、咖啡馆、小酒馆。游船穿行其中，偶有船上与岸边游客挥手互致敬意，呈现出一番“国际范”与“烟火气”共生共融之景。如画的夜景、沉浸式的演艺和游船体验，让人惊喜连连，流连忘返。

亮马河 24 桥 18 景，既有中国传统文化和区域独特的特点与风采，也富有国际魅力。18 千米滨水绿道分为“国际风情、园林风采、古都风貌、自然风光”四大主题段，向过往的游人“讲述”亮马河的故事。亮马河串联起燕莎、蓝色港湾、好运街等商圈，还有朝阳公园，在承载北京市重要国际交往功能的同时，也成为北京市非常时尚的地方。过去的燕莎桥下是灰暗、单调、无趣的，如今的燕莎桥下却别有洞天。地下连廊共提供了约 400 平方米的展示空间，在装饰和空间布局上，力图体现国际化、科技感。连廊墙壁上布置了古都京韵 · 亮马河国际风情水岸布局图和朝阳区的水系、商业布局图。桥下空间的展示内容可以随需求变化，也为亮马河沿线公益、商业活动等预留了宣传空间。①

三、亮马河国际风情水岸建设的价值分析

亮马河国际风情水岸的建设，实现了对亮马河滨水生态的治理和滨水空间的更新，使亮马河从单一的水利工程成功地转型为

---

① 赵婷婷:《亮马河滨水慢行系统全线贯通》,《北京青年报》,2023 年 6 月 22 日,第 A04 版。

一个集水安全、水生态、水环境、水文化、水景观、水经济于一体的国际风情水岸。它的成功实施,为后续高质量建设与发展打下了良好的基础,为推进北京市滨水空间更新树立了样板,为北京城市更新的地方立法及相关政策制定积累了经验,为国家制定城市更新政策提供了有价值的个案资料。

(一)为亮马河国际风情水岸高质量发展打下了良好的基础

高质量发展是全面建设社会主义现代化国家的首要任务。"十四五"时期,亮马河国际风情水岸高质量发展的具体任务就是提升水岸业态品质、建设亮马河经济带。让亮马河国际风情水岸不仅是以河道复兴引领城市滨水空间更新的典范、文化旅游和消费融合发展的典范,更是新时代首都高质量发展的典范,市民生活休闲健身游玩的高品质公共空间①,京城重要的景观廊道和商业经济带,国内一流、国际领先的高品质国际化滨水旅游消费空间。

因对亮马河滨水空间采取了开放水岸的设计,有大片丰富的硬质空间可供举办活动,亮马河畔已经成为北京市朝阳区举办大型活动的重要场所之一。2022 年 9 月的"亮马河咖啡节"吸引了 2.3 万余人次参加,总成交额超过 120 万元。"北京朝阳国际茶香文化节"选择亮马河国际风情水岸为永久举办地,每年春、秋两季各举办一次,2023 年 5 月 19 日举办了第一届,众多"茶 + "活动在北京郡王府及亮马河沿岸亮相;同时,发布了朝阳区茶文化消费指数报告。驻华使领馆、专业协会、知名茶企、非遗传人和广大市民群众共同参与活动,推动"茶 + 咖啡""茶 + 餐饮""茶 + 旅游",发展

① 赵婷婷:《中外骑友骑行体验北京风情水岸》,《北京青年报》,2023 年 4 月 23 日,第 A04 版。

“沉浸式”体验消费，依托CBD、三里屯国际消费体验区建设，完善消费空间布局，提升国际“朝阳茶香”消费引领度。[①] 这些重要活动的举办，也对亮马河滨水空间品质以及水岸景观的品质提出更高的要求。此外，2023年3月游船开始复航以来，三个月就接待近4万人次。水岸周边总客流量增幅约为13%，重点商业项目销售额增幅超40%，商业活跃度增幅超32%，推动了“夜游+”业务模式的拓展。这些都需要朝阳区持续增加亮马河滨水空间的优质消费供给，以满足市民及游客的多元化消费需求。以“首都水上会客厅”为定位，以“北京的亮马河、中国的亮马河、世界的亮马河”为愿景，差异化地打造亮马河的游船体验。

“十四五”期间，水岸经济是北京城市发展探索的新方向，推动水岸经济消费规模持续性扩大，已经逐步成为北京城市经济的重要增长极。在京城水系图上，亮马河只是一条细细的短弧线。但在商业版图上，它却拥有举足轻重的地位。水岸沿线坐落着三里屯、燕莎、蓝港、郎园Station等商圈，四季、宝格丽、凯宾斯基、威斯汀、渔阳饭店等五星级酒店，也是北京市黑珍珠、米其林餐厅最集中的区域，区位商业优势十分显著。亮马河国际风情水岸的建设，成功地将亮马河水岸经济、区域经济带动起来。亮马河商业经济带的规划建设已全面启动，以“整体规划、分期实施”为原则，计划用三年的时间完成沿线商业的更新。未来将形成“四大特色区段、五大重点环节”的规划蓝图。即围绕河道沿岸的不同特点，形成“休闲生活段、活力商业段、文旅消费段、艺术生活段”四个相互关联又各具特色的水岸商业片区。同时，还将以朝阳公园、郡王府为核心区域，带动蓝港、燕莎、红领巾公园等重点区域商业品质全面升级。2023年已完成朝阳公园及郡王府辖区内泡泡玛特主题乐

---

① 赵婷婷:《首届北京朝阳国际茶香文化节启动》,《北京青年报》,2023年5月20日,第A05版。

园、微博电竞中心、贝壳剧场、郡王府码头等部分项目的落地，实现水上经营项目优化及河岸沿线文化商业提升。2024 年将完成朝阳公园大片区数字文化体验中心的升级建设与二期水岸场景提升工作，将朝阳公园及郡王府片区打造成为亮马河上的“明珠”，进一步通过文旅项目导入、商业优化提升、主题品牌策划等形式，让首都市民及国内外游客能够近距离地体验共融共生的水岸商业经济带，打造“国内领先、国际一流”的旅游目的地，为中国式现代化的北京篇章续写朝阳新实践。

（二）为推进北京市滨水空间更新树立了样板

“十四五”时期，北京市将从水资源匮乏向贯通转变，并满足居民的需求，打造 396.8 千米的滨水慢行系统。城市滨水慢行系统的建设，应该坚持从实际出发，因地制宜，不宜采用和推行统一模式。亮马河国际风情水岸的决策和实施，是坚持从地域实际出发，推进城市滨水空间更新和慢行系统建设的成功范例。

亮马河地处朝阳区，是横跨北京城区东三环到东四环的一段坝河的支流，属于城区内鲜有的河流。历史上，坝河的地理位置就极为特殊。元末时，坝河曾经水源充足，牧草丰盛，分担着繁重的漕运任务。亮马河因位于坝河南面，最初就叫南坝河。明代皇家在此设御马苑，据说养护马匹的兵士经常将马匹带到南坝河处洗马，然后晾晒干净，久而久之，南坝河就被称为晾马河，后取谐音为亮马河。因此，亮马河属于大运河文化带。

坝河逐渐荒废停航后，亮马河就只是一条普通的排洪泄洪河流。在打造亮马河国际风情水岸之前，河道、河水治理偏重行洪排水，忽略了景观、生态、休憩、商业等功能，更没有充分挖掘滨水空间的复合功能。生态系统极为薄弱，河道生态基流量不足，水质较差，水生动植物数量少。河道两侧路面非常狭窄，水岸空间被一些硬质护栏、停车场所占据，虽有慢行系统但不连贯，无障碍设施不完善。跨河桥梁与市政道路交叉,安全性差;桥梁底部与水面之间高差小,无法形成连贯而有氛围的水上游览。水岸两侧绿地狭窄、断裂,可利用的公共空间有限,亲水设施少而单一。亮马河中上游地区,使馆林立。位于三里屯的第二使馆区和位于麦子店的第三使馆区,都地处亮马河畔。使馆区带动了很多涉外酒店、高档商圈落户于此。亮马河滨水空间的不美观、乱、生态差,与使馆区、高档酒店、商圈的国际化形成极大反差,也不符合北京城市发展战略定位的要求。基于以上情况,朝阳区委、区政府作出了亮马河国际风情水岸建设的决策,取得了滨水空间更新与治理的成功。

借鉴亮马河的治理理念和经验,与亮马河一衣带水的坝河使馆区滨水示范段也焕然一新,亲水平台、休憩座椅、慢行步道一应俱全。横跨朝阳区、通州区的萧太后河滨水空间经过治理后也恢复了水清岸绿,变身为休闲公园,是连接朝阳区和城市副中心的重要河道。朝阳区通惠灌渠(高碑店路至东五环路段)治理工程于2023年3月启动,以“水街”为主题,统筹开展治水、治绿、治岸,实现水脉、绿脉、文脉“三脉”合一,打造区域微更新和滨水空间景观带动业态升级的样板,提升了高碑店地区的产业活力,改善了地区的生态环境。2024年,滨水空间将与周边商街和古色古香的小巷交织交融,融合生态、文脉、商业的滨水空间将正式落成,重现运河商业文化的场景。①

北京现存的唯一一条明清两代御用河道南长河,沿线古迹众多,经过滨水空间治理,古老的御河焕发了新生,成为联系三山五园文化区、中关村科学城与核心老城区的生态纽带。针对东起中关村南大街、西至西三环北路、总长度为1.5千米的一段滨水空间,实施了景观工程、生态工程、美化工程。景观工程专门对河道

---

① 朱松梅、董文辉:《古风运河水岸明年重现》,《北京晚报》,2023年3月22日,第5版。

岸坡和滨水步道进行整治，建设滨水平台，提升滨水植物景观等；生态工程是在国家图书馆段、广源闸段，实现道路雨水收集、生态治理后再排入河道，建设全线生态净水设施；美化工程就是开展河道沿线的桥底装饰，进行河道沿线、景观平台、景观小品、绿地种植的亮化。打通桥梁的下穿空间，解决滨水道路与白石桥、西三环北路的市政公路贯穿问题，同时，在现有基础上建设紫竹院东二门，使长河滨水步道直接接入公园游步道，实现"南长河广源闸—紫竹院—国家图书馆—首体"段全线贯通成环，市民游客沿着长河中游段 2.2 千米滨水游览空间能够一走到底。①

如果说亮马河国际风情水岸是北京市东三环外一段具有国际风情的滨水空间，南长河就是北京市西三环一段具有浓郁人文气息的滨水空间。丰台区凉水河段将是北京市南部区域滨水空间改造与更新的亮点。凉水河有 1 400 多年的历史，是金中都都城建设、山水定位的重要河流，全长 66 千米。其中，丰台区段长 11 千米，流经丽泽商务区、北京南站、首都商务新区，贯穿太平桥、右安门、西罗园、大红门、石榴庄 5 个街道的居民区，沿线居民及就业人口超过 40 万人。经过对丰台区段凉水河的干流清淤除臭、水下生态工程、干流污水截流等生态治理，展现出"河畅、水清、岸绿、景美、人和"的河流面貌，滨河休闲系统已现雏形。凉水河作为承载公共活动的绿蓝空间，已成为新晋网红打卡地，仅丰台段节假日高峰小时客流量就超过 3 万人。随着人们对滨水活动的需求愈加强烈，对现状河道空间环境品质、水质量就会提出更高的要求。②

（三）为北京城市更新的地方立法及政策制定积累了经验

党的十八大以来，习近平总书记先后 10 次视察北京，18 次对

① 曹政：《南长河沿线整治提升完成》，《北京日报》，2023 年 6 月 25 日，第 1 版。

② 孙颖：《千年古河畔将建起城市开放空间》，《北京日报》，2023 年 5 月 17 日，第 6 版。

北京工作发表重要讲话，深刻阐述了“建设一个什么样的首都，怎样建设首都”这一重大时代课题，明确了“四个中心”的首都城市战略定位，提出了建设国际一流的和谐宜居之都的目标，为北京城市规划、发展与更新提供了根本遵循。作为千年古都，北京的城市更新与其他城市有所不同。它是落实新时代首都城市战略定位的城市更新，也是减量背景下的城市更新，还是满足人民美好生活需要的城市更新。近两年，为更好地推动北京城市更新工作，北京市加速构建政策体系，并在实践中不断完善。亮马河国际风情水岸的启动，早于国家、北京市发布城市更新政策的时间，既是为北京市滨水空间更新与水岸经济发展先行先试，也是为北京市乃至国家出台相关制度和政策提供实践经验。

2019 年 7 月，北京市商务局印发了《北京市关于进一步繁荣夜间经济促进消费增长的措施》的通知(京商函字〔2019〕724 号)，计划到 2021 年年底打造一批“夜京城”地标、商圈和生活圈。要求形成商旅文体融合发展的夜经济消费氛围，提升夜经济消费品质，辐射热点地区的消费者。地处亮马河风情水岸的蓝色港湾区域入选首批“夜京城”商圈。随着亮马河国际风情水岸的打造，成功地带动“亮马河-蓝色港湾区域-朝阳公园”夜间经济的发展，扩大了周边居民及游客的夜间生活空间。亮马河观光游船项目运营方——良业科技集团，通过不断地探索亮马河夜间文化消费的纵深化、精细化、多元化发展路径，开拓出“夜游+”新场景、新营销模式，为北京市夜间经济、水岸经济发展注入了活力。

2021 年 6 月，北京市人民政府发布《关于实施城市更新行动的指导意见》(京政发〔2021〕10 号)；8 月，中共北京市委办公厅、北京市人民政府办公厅联合发布《北京市城市更新行动计划(2021—2025 年)》，两份文件都是围绕城市老旧小区综合整治改造、危旧楼房改建、老旧厂房改造、老旧楼宇更新、首都功能核心区平房(院落)更新以及城市公共空间的改造提升。2022 年 5 月，北京市人民政府印发《北京市城市更新专项规划(北京市“十四五”时期城市更新规划)》(京政发〔2022〕20号),加强规划引领城市更新;9月,发布《关于进一步加强水生态保护修复工作的意见》(京政发〔2022〕29号),指出“积极探索以水为媒的生态产品价值实现机制……以水岸经济为重点,探索水生态保护与绿色开发合作共建、效益共享机制”。亮马河国际风情水岸的成功打造,加速推进了北京市滨水空间更新进入立法。

2023年3月1日开始实施的《北京市城市更新条例》①(以下简称《条例》),为推动北京城市更新提供了坚实的法治保障。《条例》明确指出,城市更新是指对本市建成区内城市空间形态和城市功能的持续完善和优化调整,包括居住类、产业类、设施类、公共空间类、区域综合类5大更新类型、12项更新内容。《条例》指明了城市更新要遵循的基本原则,概括起来有三个方面:一是要坚持以人民为中心。围绕“七有、五性”补短板、强弱项,改善人居环境,完善城市功能,使城市更健康、更安全、更宜居,成为人民群众高品质生活的空间。二是要把握城市更新的底线。城市更新不是大拆大建,要坚持敬畏历史、敬畏文化、敬畏生态,要传承历史文脉,保护城市风貌,留住乡愁记忆;还应加强既有建筑改造管理,消除危险和安全隐患。三是要突出高质量发展。加强科技驱动,开展既有建筑节能绿色化改造,推动数字技术创新与集成应用;实施适老化改造,提升无障碍环境建设水平;以绿色、智慧、健康、安全、韧性等新理念引领城市更新。

亮马河国际风情水岸为《条例》的制定提供了有价值的经验材料。《条例》中关于城市更新的类型划分、内容、目标的确定、参与各方的权利义务以及协商方式等,都吸收了亮马河国际风情水岸

① 《北京市城市更新条例》由北京市人大常委会于2022年11月25日通过,2023年3月1日起施行。

的建设经验。《条例》将提升滨水空间、慢行系统等环境品质为主的城市更新归在公共空间类。滨水空间更新与治理是一个循序渐进的动态过程、系统工程，以市场为主体来推动，坚持广泛动员，鼓励多元参与，政府、企业、市民和社会组织协作合作，才是可持续之路。这就需要确定好市场主体的权利和义务边界，吸引市场主体参与投资，解决好更新项目“第一桶金”甚至长线投资问题。亮马河国际风情水岸的成功打造和运营，靠的就是政府政策引导、以市场为主体，“六共模式”使合作各方共赢，沿线企业积极出资，激发了水岸商圈乃至地区的经济活力。沿线 22 家社会单位、企业、公众与朝阳区相关政府部门齐心协力，都积极参与河道综合治理的规划、设计、建设、运营，共同关心和保护亮马河的滨水空间。滨水空间景观统一建设、统一维护，多元化的项目投资渠道、大物业管理、共建共享的理念得到了滨水两岸企业的支持，沿线企业主动配合腾退岸线空间。朝阳区政府、专业管理部门、沿线街道充分通过对接多方资源，满足多方需求，统筹规划、设计、实施，实现将商业、文化、旅游、民生等发展需求与亮马河滨水景观治理提升的有机结合，全面提升了滨水景观的生命力和亲民力。

为了充分保障城市更新实施全过程中参与各方的合法权益，《条例》在全国首次提出了物业权利人的概念，对城市更新中参与各方的权利、义务以及如何进行民主协商都作出了明确界定。在实施更新前，物业权利人可以向各级政府部门提出更新需求和建议；在实施更新过程中，物业权利人享有对项目进行表决、知情、监督、建议的权利；在完成更新后，享受合法的经营权和收益权。同时，物业权利人也应当履行相应的义务，要配合相关部门开展意愿调查、参加协商活动、提供相关资料、配合施工实施以及按约定承担相关费用。明确街乡、居(村)委会通过社区议事厅等形式推进多元共治，搭建起协商平台，充分了解群众的需求，听取意见和建议，多与群众商量着办，真正落实“人民城市人民建、人民城市为人民”的要求。确保老百姓、市场主体等从“想参与”到“会参与”，让更新改造后的一砖一瓦、一草一木都更好地体现民众所盼所愿。对拒不执行实施方案或者无法达成一致意见的，提供异议处置路径；还明确了相邻权利人应当依法提供必要的便利。

（四）为国家制定城市更新政策提供了个案资料

2019 年 12 月，中央经济工作会议首次提出城市更新的概念。2021 年，城市更新被首次写入政府工作报告。《中华人民共和国国民经济和社会发展第十四个五年规划和 2035 年远景目标纲要》提出，“实施城市更新行动，推动城市空间结构优化和品质提升”，对进一步提升城市发展质量作出了重大决策部署，为“十四五”乃至今后一个时期做好城市工作指明了方向，明确了目标任务。

亮马河国际风情水岸经过 2018 年的规划设计、2019 年的实施建设、2020 年的亮相、2021 年的游船通航，近四年时间的打造，为北京市滨水空间治理树立了一个典范，也为其他地区滨水空间治理起到了示范作用。2021 年，亮马河游船航线开通后，让游客“轻舟夜赏亮马河”成为亮马河国际风情水岸的华彩之笔。每到傍晚 7 时，水岸沿线的建筑、桥梁、河岸灯带被一同点亮，璀璨的夜景点靓城市的夜空，为人们带来梦幻般的游览体验。在航线中将穿越十个创意光影场景，体验饱含科技感与光影美感。阑珊夜色中，沿线光影或如火树银花，或如星河璀璨，组成一幅幅绚烂美丽的城市画卷。越来越多的游客前来邂逅“轻舟夜赏亮马河”的惬意，感受亮马河的前世今生与大运河文化带的深厚底蕴；在优雅的音乐和解说中，尽享亮马河国际风情与科技之美，让游客流连忘返。2021 年 11 月 5 日，亮马河国际风情水岸被文化和旅游部确定为第一批国家级夜间文化和旅游消费集聚区，项目荣获国际风景园林师联合会 2021 年亚太地区风景园林专业奖“公园与开放空间类优秀奖”。外交部发言人华春莹在她的个人推特账号上称赞亮马河为“梦幻之河”。

亮马河国际风情水岸现在是北京市新的网红打卡地，也为国家制定城市更新政策提供了个案资料样板。2021 年 11 月，北京市入选住房和城乡建设部第一批城市更新试点。2022 年，习近平总书记在党的二十大报告中提出，“坚持人民城市人民建、人民城市为人民”，“加快转变超大特大城市发展方式，实施城市更新行动”，“加强城市基础设施建设，打造宜居、韧性、智慧城市”。2023 年的国务院《政府工作报告》提出，“实施城市更新行动”，将其作为着力扩大国内需求的工作重点之一。实施城市更新行动，根本目的是提升人民群众的获得感、幸福感、安全感。要坚持人民城市人民建、人民城市为人民，提高城市规划、建设、治理水平，努力创造宜业、宜居、宜乐、宜游的良好环境。“十四五”时期，北京要打造全球数字经济、智慧城市标杆城市，朝阳区是核心承载区。推动亮马河风情水岸高质量发展，仍然需要进一步夯实亮马河区域的基础路网、交通、桥梁、防洪排涝等城市基础设施，同时，顺应数字化、网络化、智能化发展的趋势，适度超前部署支撑滨水空间高质量发展的泛在智联数字基础设施体系，整合水岸文旅的优质资源，运用 5G、物联网、人工智能、BIM、VR 等技术为水岸业态高标准、高品质提升赋能增效，同步推进“数字亮马河”建设。搭建滨水空间信息管理系统，运用数字化手段提升滨水空间的管理效能。加强亮马河滨水空间安全体系建设、风险防控实力与应急抗灾能力建设，不断提升水岸的工程韧性、空间韧性、管理韧性、经济韧性；完善并提升亮马河滨水空间的应急减灾能力。

党建引领国有企业托底老旧小区物业治理的经验、模式和路径
——以南京市玄武区为例

黄利强 *　王维斌 **

[内容摘要] 党建引领物业治理已成为贯彻落实党的重大方针政策、完善基层党组织建设、推进基层治理现代化的重要抓手。结合南京市玄武区国有企业全面托底老旧小区物业治理的生动实践，本文聚焦基层党委和政府部门以及物业企业运用党建引领理念化解基层物业治理“老大难”问题、优化物业服务流程、延伸物业服务产业链、提升物业服务质量等主要经验，探究其在逐步解决居民各种诉求的过程中，如何实现物业治理与基层治理双向融入，市场化运作、社会协同和公众参与同步推进，物业服务与公共服务共同发展，党建引领与基层治理现代化同频共振等一体化发展目标。研究发现，南京市玄武区通过创建“党建引领＋”的物业治理实践模式，坚持培育国有企业的属性优势，塑造党建引领多方共治的主体力量，完善物业治理融入社区治理的多维嵌套机制，打造互联互嵌、互促互进式物业治理生态平台，有效赋能基层治理，为众多超特大城市中心城区老旧小区物业治理的

* 黄利强，复旦大学国际关系与公共事务学院公共管理专业博士研究生、钟山城市实验室研究人员。

** 王维斌，复旦大学国际关系与公共事务学院公共管理博士后、钟山城市实验室研究人员。

复旦大学国际关系与公共事务学院行政管理专业博士研究生郝文强对此案例报告的完善也有贡献。

可持续发展与基层治理现代化建设提供了良好示范和有益参考。

[关键词] 党建引领;老旧小区;物业治理模式;托底型物业;南京市玄武区

党的二十大报告指出,"基层民主是全过程人民民主的重要体现",要"拓宽基层各类群体有序参与基层治理渠道","建设人人有责、人人尽责、人人享有的社会治理共同体"。[①] 作为广大市民日常居住生活的主要空间,城市社区担负着居民日常交往、休闲娱乐、生活服务和健身养老等多样化功能。由生活服务、物业服务、养老服务、安全服务和文化服务等多种类型服务共同组成的社区服务体系,既与社区自身的服务体系建设密切相关,也与一地政府所提供的基本公共服务类型与品质密切相关。

近年来,随着物业企业参与城市社区治理的必要性和活跃度不断上升,物业企业逐渐成为城市社区基层党建和社区治理的重要一环,物业治理也成为当下城市社区治理的切入口和突破点。就城市社区的治理主体而言,物业企业与社区党支部、居委会以及业主委员会、广大居民等主体共同参与社区治理过程,其角色扮演、服务能力、同其他治理主体间的互动关系,直接影响社区民众对所在社区服务的感知度、满意度和认同度。在当前及今后相当长的一段时期,如何发展和完善城市社区住宅物业治理和物业服务,不仅事关广大社区居民生活品质的提升和城市运行的安全有序,而且对于推进城市基层治理体系和治理能力现代化也有重要影响。

自 2020 年 8 月起,南京市结合实施"美丽家园"行动计划和老

---

① 《党的二十大报告辅导读本》,人民出版社 2022 年版,第 35—49 页。

旧小区改造行动，全面推进老旧小区物业管理全覆盖工作，成立了由分管市领导任组长的工作专班，统筹推进老旧小区整治改造和治理，提出创新性的思路办法，制定细化措施，定期调度推进，取得了阶段性成效。为应对特大城市老旧小区物业治理所面临的规模小且分散、服务质量较低、物业费难以收缴、民众怨声载道等困局，南京市玄武区积极响应市委、市政府的统筹安排，开展了党建引领国有企业全面托底中心城区老旧小区物业治理的新探索。为此，玄武区委、区政府明确由玄武城建集团专门负责老城更新和新城开发，在精塑城区面貌的同时，主动响应民生诉求，成立了专门化、集团化、区域化的百子物业公司，打造"百子红"党建品牌，统筹负责无物业老旧小区的托管工作。经过三年多的实践探索，玄武区形成了以党建引领基层治理为基石，市场化运作、社会协同和公众参与同步推进，物业治理与基层治理双向融入，物业服务与公共服务共同发展，党建引领与基层治理现代化同频共振的老旧小区物业治理新模式，获得了广大社区居民和社会各界的高度认可。

一、南京市玄武区老旧小区及其物业治理的基本情况

一般来说，我国各地住宅小区的性质类型可分为商品房小区、单位住宅小区(售后公房小区)、老旧小区(城市核心区域)、混合型住宅小区、保障房小区、农(动拆)迁安置小区(城郊接合部)等，而各类住宅小区物业管理运行模式也受到历史和现实等因素的叠加影响，呈现出不同的运行模式，可分为市场型、单位自管型、业主自管型、半市场化半行政型、政府兜底型五种模式。①其中，在一些经

① 唐亚林：《城市社区物业管理的现状、问题与对策》，载唐亚林、陈水生主编：《物业管理与基层治理》[《复旦城市治理评论》(第六辑)]，复旦大学出版社 2021 年版，第 239—254 页。

济发达且法治化程度比较高的超特大城市，由商品房小区而孕生的市场型物业管理运行模式由于起点比较规范、运行相对合法、居民收入整体较高、权利意识比较强等因素的综合作用，物业治理问题并不很突出，矛盾也不多。但是，在众多超特大城市的中心城区，诸多老旧小区的失管失控现象比比皆是，甚至众多物业公司竞相上演“你方唱罢我登场”，最后不得不由街道和社区出面收拾“烂摊子”的闹剧。

玄武区是南京市的核心城区，总面积为 75.46 平方千米，下辖 7 个街道、60 个社区，常住总人口数为 53.73 万人，是南京市委、市政府及众多省、市直机关所在地，也是东部战区、东部战区空军等部队的首脑机关所在地。①

作为以老旧小区为主的核心老城区，玄武区建设时间早，开发强度大，辖区内共有居民小区 577 个(建筑面积为 2 019.2 万平方米)，其中，商品房小区 121 个，保障房小区 9 个，老旧小区 447 个(建筑面积为 1 017.82 万平方米)。老旧小区占全区小区总数的 77.5%，占全市老旧小区总数的 14.5%，其中，零散小区 216 个(建筑面积为 256.79 万平方米)。②

在 447 个老旧小区中，实施市场化物业企业管理服务的小区 101 个(占比 22.6%，建筑面积为 373.63 万平方米)；部队等产权单位自管小区 53 个(占比 11.9%，建筑面积为 101.7 万平方米)；业主自治小区 17 个(占比 3.8%，建筑面积为 17.31 万平方米)；玄武区城建集团托管小区 276 个(占比 61.7%，建筑面积为 525.18 万平方米)。

玄武区的老旧小区房屋建成年代较早，主要建于 20 世纪 50

---

① 《玄武简介》，玄武区人民政府网，http://www.xwzf.gov.cn/zjxw/xwgk/xwjj/，最后浏览日期：2023 年 11 月 14 日。

② 除特别注明外，本文中关于玄武区的所有数据来源于课题组实地调研所获取的数据。

年代到90年代，以八九十年代居多。由于当时的建筑规范标准偏低，加之长期以来缺乏有效的维护管理，普遍存在房屋基础设施不完善、住宅陈旧、基础配套损坏、管理不到位等诸多问题，形成了街老、院老、房老、设施老、生活环境差的“四老一差”困局，与广大人民群众日益增长的美好生活需要之间存在较大的差距。

根据课题组的多次实地调研，玄武区老旧小区存在的主要问题包括五个方面：一是基础设施不完善。停车(棚)位、室外活动场所、适老养老与托幼抚育设施、物业用房等相关基础设施严重不足。二是住宅较为陈旧。房屋屋面漏水，外墙脱落、渗水，落水管破损，内楼道起皮脱落，单元电子防盗门损坏，比比皆是。三是基础配套毁损。小区道路破旧，路面坑洼不整，路牙路沿损坏；小区无路灯设施，各种沿墙管线随意铺设；小区车棚年久失修，小区垃圾箱、信报箱等配套设施破损。四是管理不到位。车辆乱停乱放，外来车辆、人员随意进出，管理混乱；小区违章搭建严重，随地随处晾晒衣物，绿化带杂草丛生，小区整体环境脏乱差。五是失管失控现象严重。由于老旧小区管理主体不明，历史欠账太多，既谈不上征收物业费，更谈不上收缴物业维修基金，也没有居民愿意义务参与管理，市场化物业也不愿意进入，导致政府不得不兜底老旧小区的物业管理问题，对于纷乱的物业治理乱象，也只能是“睁一眼闭一眼”了。

二、南京市玄武区国企托底老旧小区物业治理的实践缘起

物业治理是城市社区治理的重要内容，也是完善城市基层治理体系的重要组成部分。围绕物业治理的模式创新研究近年来不在少数，但多集中于“红色物业”和信托制物业的相关实践和经验。

就南京市玄武区老旧小区的情况而言，此前已有包括市场型、居民自治型在内的多种类型物业企业参与老旧小区的治理过程，但老旧小区的历史遗留问题、资金筹集和工作协调问题较为复杂和困难，使得市场型物业和居民自治型物业模式既难以为继，又无法大面积推广，最终不得不由玄武区委、区政府指导区属国有企业玄武城建集团成立百子物业公司，承担起无物业老旧小区托管的重任。

（一）老旧小区物业失管

玄武区国有企业托底老旧小区物业治理的一个重要原因，是大量老旧小区物业管理缺乏市场吸引力，竞争不充分，没有物业公司愿意经营老旧小区物业。玄武区老旧小区产权模糊分散，物业管理普遍面临基础设施陈旧、邻里纠纷多、费用难以收缴、盈利项目少和运行维护投入大等问题。与此同时，小区停车位、充电桩、5G 基站等新型基础设施建设需要大量资金投入，打消了市场化物业入驻或居民成立业主委员会自管的主动性和积极性，老旧小区物业陷入无人管理的困境。根据市场价位，一个新能源车充电桩的价格在 4 000—5 000 元；一个电动自行车的充电桩一般具备 1 个主机和 10 个端口，价格在 2 000—3 000 元。如若在老旧小区大量安装上述新型设施，成本较高，超出老旧小区居民所能承受的范围。

此外，虽然部分规模较小、市场占有率不高的物业企业愿意选择性地接收基本能够实现盈利的老旧小区开展物业服务，但基于成本收益测算，收益水平不高，服务标准较低，部分老旧小区陷入“收费低、服务差”的恶性循环境地，居民与物业公司的矛盾尖锐，导致此类市场化物业公司进一步接管更多老旧小区的意愿较低，纷纷望而却步，甚至打起了退堂鼓。

（二）市场化管理规模不经济

一般来说，物业市场化管理是改善小区面貌、居住条件与提升生活服务质量的普遍选择。但老旧小区空间布局较为分散,小区居民传统生活习惯相对落后,导致物业市场化管理面临规模不经济的问题,因此,需要国有企业托管老旧小区物业管理。

一方面,老旧小区的规模普遍较小,地理位置分散,难以进行集中连片管理,导致物业企业人工、运维和改造成本的上升,难以吸引市场化的物业公司入驻。市场化物业公司作为以营利为目的的组织,执着于追求利润与规模效益,而玄武区作为以老旧小区为主的核心老城区,辖区内的老旧小区数量众多,且布局较为分散,导致物业管理成本较高。目前,只有约五分之一的老旧小区实施了市场化物业管理。

按照封闭化管理的方式进行测算,以雍园 41 号小区为例。该小区建筑面积为 1.7 万平方米,包括 13 个单元,183 户居民,配有生活管家 0.5 名(同时兼管其他零散片区),保安 2 名,保洁 1 名,成本是 24.81 万元/年,物业费是 0.6 元/平方米・月(公摊费 2 元/户・月),预计全年收缴率为 85%,共计收入是 10.77 万元。按照零散管理的方式测算,以天山路 45—75 号小区为例。该小区建筑面积为 1.18 万平方米,包含 16 个单元,197 户居民,配有生活管家 0.5 名(兼管其他零散片区),保安 1 名,保洁 0.5 名,成本是 17.48 万元/年,物业费是 0.5 元/平方米・月(公摊费 5 元/户・月),预计全年收缴率为 40%,共计收入是 7.19 万元。根据测算结果,在实行两种管理方式的情况下,物业费收入都不足以覆盖物业管理支出成本,使得老旧小区物业管理市场化进程止步不前。

另一方面,长期以来老旧小区居民缺乏物业管理思维,并未形成为物业服务付费的意识,导致物业费难以收缴,市场化物业公司难以经营。老旧小区本身面临基础设施陈旧、居民房屋破损等问题,物业维护需要大量的资金支持,而大量的老旧小区居民主要由企业职工、部队退休人员和原拆迁户组成,成分复杂。这类居民的原工作单位包括房产经营公司、南京林业大学、市级机关、地矿局、熊猫电子、南京汽车集团、7425 厂等，居民的素质不一，大多不具备为物业付费的意愿，甚至经多方改制，主管方一再变更，都找不到原初责任方了。因此，高昂的物业管理成本与落后的物业管理思维，成为阻碍老旧小区物业管理走向市场化的主要原因。

（三）对业委会的监管机制不完善

业主自管也是小区物业管理的可选择模式之一，但由于管理经验与专业能力不足，缺乏完善的监管机制，有可能损害居民利益，大多只限于社区人员间比较熟悉的传统社区。目前，玄武区现有老旧小区中，3.8%的小区实施了业主自管，通过成立业主委员会，代表全体业主进行日常物业管理，保安、保洁、水电工等服务人员则进行市场化招聘。虽然业主自管模式在一定程度上增加了业主在物业管理实践中的话语权，但也导致了物业服务质量较差、监管不到位等现象。

首先，业主管理委员会的成员通常欠缺物业管理的专业能力和经验，且社会招聘的服务人员流动性较大，时常出现离职、缺岗的情况，导致物业服务质量低下。其次，业委会成员多为兼职，且部分退休人员由于身体、年龄及家庭等原因，无法保证全职在岗，难以在物业管理中投入充足的精力，导致小区物业管理实际运营困难，难以满足居民的物业服务需求。最后，更为重要的是，由于现有法律法规及相关条例对业委会缺乏有效的监管机制，部分业委会存在公私不分、物业管理台账不透明的问题，从而损害居民利益。

（四）街道社区兜底服务能力差

通常而言，物业治理具有系统性和长期性的特征，涉及公共素质培育、公共秩序维护、公共资源分配、公共物业设施养护、公共事件处置等多方面的服务内容，而街道和社区由于承担了大量基层行政工作，自身事务颇为繁杂，难以做到统筹兼顾，加之缺乏足够的人员管理物业公司，因此，由街道或社区成立的物业公司所能提供的物业服务内容不足，服务拓展能力欠缺，只能维持老旧小区的维修、保洁、保安和绿化服务等基本任务，难以满足居民日益增长的养老、助餐、快递和家政等更加多元的服务需求。目前，玄武区全区并无街道所属的物业企业。

三、南京市玄武区党建引领国企托底老旧小区物业治理的主要经验

1998 年 7 月，国务院《关于进一步深化城镇住房制度改革 加快住房建设的通知》正式出台①，明确要求各省、自治区、直辖市自 1998 年下半年起终止住房实物分配，实行住房分配货币化，并确立了以经济适用住房为主体的住房供给结构，中国城镇住房市场化进程全面启动。自此，公有住房自有化改革在全国全面展开。②

在住房市场化改革进程中，大量老旧公房的物业管理出现失管、失控、失序的现象，对此，部分地区采取了市场化物业的做法，但由于规模过小、分布零散和物业收费困难等问题导致成本收益差距过大，市场化物业管理方式难以为继。经过多方论证决策，南京市玄武区城建集团受命出面组建了百子物业公司，建立区域化物业管理服务体系，通过坚持国有企业的治理、服务与人心属性，畅通物业公司与居民的沟通渠道，充分发挥国有企业的规模、资金

① 《国务院关于进一步深化城镇住房制度改革 加快住房建设的通知》(1998 年 7 月 3 日)，北京市人民政府网，https://www.beijing.gov.cn/zhengce/zhengcefagui/qtwj/201309/t20130924_776668.html，最后浏览日期：2023 年 11 月 15 日。

② 李国庆、钟庭军：《中国住房制度的历史演进与社会效应》，《社会学研究》2022 年第 4 期。

与资源统筹优势，推进老旧小区更新改造和长效管理，并依托区域化党建平台，推动多方力量融入基层治理，打造共建、共治、共享的基层治理格局。

（一）坚持国有企业属性，提升物业的综合服务能力

市场化物业服务公司一般以营利为目的，定位是做好基础物业服务，适时提供其他拓展性服务。国有企业在提供物业服务时，其自身的公共属性决定了社会责任感也是国有物业公司必须优先考虑的内容。作为国有企业，百子物业先天具备了治理、服务和人心属性，在老旧小区市场化物业服务失位、失序的背景下，国有物业公司应当努力提升物业服务能力，在市场化竞争中拓展自身业务。

1. 彰显治理属性，增强居民的认同感

国有企业的治理属性，意味着物业公司在物业管理过程中必须主动加强与其他主体的合作，通过与党组织、居委会、小区居民等主体在小区卫生、基础设施维护、居民服务及家政养老等方面相互配合，形成小区物业治理的合力。治理属性赋予了国有企业承担物业治理的逻辑自洽，即国有企业在物业治理的实践中，通过协调社区治理主体之间的关系，进而柔化国家与社会的权力结构关系，重建社区成员间的关系并增强成员的社区认同感①，这既贯彻了“以人民为中心”的社会治理理念，也有助于保障社会的稳定与和谐。

2. 培育服务属性，满足居民的需求

服务属性，意指国有物业企业应向居民提供物业服务，满足居民需求。在国有物业公司进驻之前，老旧小区物业管理一直存在

---

① 张力伟、高子涵:《人心与治理:如何通过提升社区温度塑造社区韧性? ——基于 D 社区的个案研究》,《社会政策研究》2022 年第 3 期。

收费难的问题。以南京市玄武区孝陵卫街道为例，由于地处城郊接合部，该街道下辖的小区居民大部分为失地农民，尚未形成缴费习惯，此前的物业费收缴率普遍较低。

百子物业进驻后，采取先服务、后收费的方式，通过制定细化的管理制度和落实细致的巡更计划，实现了日常保洁、垃圾清运、绿化修剪、安全检查等各项工作的全面覆盖，极大地提升了居住环境的整洁和整体美观程度，获得了小区居民的认可，增强了小区居民的付费意愿。孝陵卫分公司坚持“讲诚信、树形象、争一流”的服务理念，以业主需求为导向，加强对业主投诉的处理和跟踪反馈，及时解决业主在日常生活中遇到的各种问题。同时，在特殊节日和重要活动期间还提供特色服务，比如端午节送粽子、元宵节组织包元宵等，不断提升物业服务的水平和质量。以上举措赢得了当地居民的认可，2023 年上半年度，物业费指标完成率达 73.35%，政务热线工单满意率达 100%，由此体现出国企在物业治理中的服务属性优势。

> “送助餐以及其他很多服务其实不是本身业务，是一个敲门砖，敲开心门的砖。你做了这些之后，有效地满足了居民的需求，然后我们再收费，其他的就好谈了，管理起来也就好管了。”（访谈记录：20230627-生活管家-XW-002）

3. 践行人心属性，获取居民的信任

无论采取何种物业治理模式，都需要社区居民的积极参与和友好协商。在坚持治理属性与服务属性的前提下，百子物业通过强化与居民业主间的联系，促进居民间的互动交流，增加了社区的凝聚力和小区居民的归属感。

百子物业通过引入街道、社区、物业三方党建元素，为小区居民提供了交流互动的空间,充分发挥了居民参与物业治理的主动性、积极性,获得了小区居民的信任。一是设立议事亭,为居民议事聊天、参与社区和物业治理提供空间场所。二是大量返聘老社工,发挥“红色管家”的榜样及监督作用,与社区实行双向进入、交叉任职等联动机制,并定期召开联席会和议事会,鼓励居民参与物业治理。三是凝聚小区党员的力量,通过发挥党员的模范带头作用和社区能人、达人的示范作用,动员小区居民参与物业治理。在街道和社区党组织的领导下,百子物业公司通过充分发挥党员带头作用与热心群众的积极参与作用,实现了社区物业管理同社区治理事务、管理制度和规章的有机结合,有效地提升了物业治理成效。此外,为了更好地服务业主,提高小区居民的生活质量,百子物业定期在小区开展一系列便民服务活动,为业主提供更加便捷、高效的服务,同时也为小区营造了更加和谐、温馨的居住环境。

> “国企作为一个托底主体,要做的就是人心服务,让居民心里舒服了,走进他心里,随后再结合人的需要,以人为本,从人出发,最终还是服务于人。”(访谈记录:20230619-社区书记-XW-006)

(二) 发挥国有企业优势,实现老旧小区改造目标

在物业治理实践中,国有企业在落实资金监管、实施空间改造、均衡资源配置等方面具备较大的优势,是国有物业企业在市场竞争中制胜的法宝。

1. 增强物业治理的透明度,建立全方位的监管体系

国有企业在物业管理中既要接受上级党委和行业主管部门的领导与监督,同时也要接受居民业主的日常监督。全方

位、全过程、全链条式监督可以有效地解决服务不到位、态度不积极、程序不简洁、配合不及时的问题，这是国有物业公司相对于市场化物业公司的显著性比较优势。同时，国有企业在提供物业服务时能够兼顾大体量和精细化的物业服务，通过资源互补与利益协调，既能够建立完善的监管体系，避免人员冗杂和物资利用效率低下的问题，也能从其他驻区单位获得人力、财力、物力和智力支持，配合街道、居委会完成一系列政治任务与管理任务。

2. 发挥规模与资金优势，推进老旧小区改造进程

在物业服务市场中，相较于市场化物业和其他类型物业，国企物业在老旧小区空间改造方面具备两点明显优势：一是规模优势。百子物业公司隶属于玄武区城建集团，在“出新”改造思路下，物业公司可以参与改造前期的意见收集，就改造内容与改造措施提出利于后期维护运营的针对性意见；二是资金优势。在老旧小区的改造过程中，国企物业可以积极拓展资金来源。对于基础设施等无收益的改造项目，可以向上级申请由财政资金拨付，减轻自身的出资压力。

> “‘出新’之前肯定要有设计方案这些东西，哪些东西要改需要做预算，哪些细微东西需要再更新，我们都会开很多次协商议事会定下来，先把这个事情落实一下，公示完了以后就开始改造。协商的过程中居民会来，施工方和设计方都会来，街道的也会来，这肯定要达成共识。”（访谈记录：20230627-项目经理-XW-001）

3. 统筹各类资源使用，实现资源均衡配置

老旧小区物业治理是系统工程，离不开上级政府的指导与支持，包括政策供给、资金投入、资源整合等方面。2021 年 12 月，玄

武区政府发布《玄武区"十四五"老旧小区改造专项规划》①,该规划由玄武区房产局拟定,对改造内容进行分类,提出大片区统筹改造、跨项目组合改造、小区自我更新改造和政府引导的多元化投入改造四种改造模式。

以大片区统筹改造模式为例,在制定年度老旧小区改造储备计划过程中,有关部门应充分考虑辖区棚户区、旧厂区、危旧房改造和既有建筑功能转换计划任务,推动棚户区改造与老旧小区改造项目捆绑、旧厂区开发建设与老旧小区改造项目捆绑、危旧房(重建)项目与老旧小区改造项目捆绑、既有建筑功能转换项目与老旧小区改造项目捆绑,生成片区内不同类型捆绑实施项目,区分不同渠道同步争取各级各类补助资金,实现多种项目开发的土地、资金与老旧小区改造项目的大片区统筹、与大片区下的住宅小片区整治资金平衡。

(三) 依托区域化党建平台,塑造多方共治的主体力量格局

1. 区域化党建吸纳物业力量融入基层治理

作为社会治理的领导力量,党组织在新时期的城市基层治理中发挥着总揽全局、协调各方的作用。② 借助区域化党建,党组织在基层治理共同体建构过程中承担起"掌舵者"的角色,通过联合一定区域内不同层级、行业、组织的党组织,使之嵌入基层社会共建、共治、共享的治理格局中。基于此,区域化党建已成为加强党对基层治理工作领导,衔接不同治理主体的有效平台。

---

① 《玄武区"十四五"老旧小区改造专项规划》(2022 年 1 月 20 日),玄武区人民政府网,http://www.xwzf.gov.cn/xwqrmzf/202201/t20220120_3268388.html,最后浏览日期:2023 年 10 月 11 日。

② 侯琳琳、林晶:《城市基层党组织何以引领社会治理创新》,《人民论坛》2018 年第 8 期。

在党组织的领导下，百子物业坚持国有企业定位，通过联系所在街道空间中的基层党组织，如街道党工委、社区党组织、驻区单位党组织，同时携手政府组织、市场组织以及社会组织，共同建构了“纵向到底，横向到边”的区域化党建组织体系，主动助力区委、区政府整合多元基层治理主体，打造了共建、共治、共享的基层治理共同体。此外，通过创建党建品牌，聚焦“红色管家”队伍建设，百子物业在拓展自身社会功能的基础上，积极主动地嵌入社区治理实践，协助政府部门统筹区域党建资源，保障了党组织在社区治理中的领导地位和核心作用。

> “街道对我们比较支持，并不是因为分公司人员在街道有任职，而是因为我们是城建集团的物业公司，是国有企业来兜底的，肯定和商业物业不一样。”（访谈记录：20230614-项目经理-XW-001）

2. 社区党建支撑物业力量融入共治格局

随着社会治理共同体理念的发展与扩散，社会治理的层级边界和区域壁垒日趋扁平与开放，同时，党组织自身的嵌入性与组织性也会引起功能的转变，即由过去的权威管控向引领治理过渡。①

百子物业在社区党建机制创新方面扮演着“枢纽”的角色，能够克服党组织在层级间、部门间和行业间的阻隔，有效地盘活社区党建资源。为此，百子物业公司实施了如下行动：一是建立党建联席会议制度，对接相关治理机构；二是坚持“党建 + 物业”发展模式，提升“百子红”党建品牌的影响力；三是深度融合属地资源，积

① 李浩、原珂：《新时代社区党建创新：社区党建与社区治理复合体系》，《科学社会主义》2019 第 3 期。

极融入社区治理,协助相关政府部门进入小区与民协商,从谋福利和促共治的角度扩大党建的组织联系;四是加大对“红色管家”的培育力度,定期开展培训,规范服务内容,同时加强支部党员和物业人才的队伍培养。在此基础上,百子物业公司进一步优化企业内部制度建设,从内部和外部激发自身在社区治理中的活力,从而创建有引领、有信誉、有实力的物业管理品牌,落实社区党建的目标。

> “居委会和社区会帮忙解决问题,如果居委会解决不了,可以向分管领导汇报,分管领导基本上都是街道的领导,就有这个权力去帮助解决问题。社区和街道的每个部门都是有共建的,比如说党群部门。一般我们和社区联动还是能够得到社区支持的,我跟他们都很熟。”(访谈记录:20230614-项目经理-XW-003)

3. 三方共治保障物业治理融入共建体系

在物价普涨的年代,玄武区老旧小区的物业管理费十几年未变,仍维持在较低的水平,导致物业管理公司运行经费紧张,服务质量持续下降,居民不满情绪升高。对此,物业管理公司要求提高物业管理费的缴纳标准,部分居民则表示不满,拒绝缴费,从而引发物业管理公司与社区居民间的信任危机,双方关系形成恶性循环,不利于社区和谐。

百子物业进驻老旧小区以来,通过发挥区域化党建平台的资源整合与利益协调优势,建构了物业治理、政治动员和居民参与协商三方合力,化解了多元主体之间的利益冲突,有效地提升了老旧小区的物业治理水平。值得一提的是,由于百子物业聘请的管理人员,如分公司经理或片区项目经理,多为已经退休的、原来从事社区工作的书记或主任,他们对老旧小区的环境颇为熟悉,并愿意积极配合居委会开展工作,从而推进了社区工作的高效落实。由此可以发现,以事为中心的基层治理效能的实现,需要多方力量之间的熟悉和配合,这在一定程度上也体现了中国文化的熟人社会特征。通过定期召开党建联席会议和"红色管家"座谈会(议事会),协商解决小区内的矛盾与问题,不同社区治理主体的利益表达和民主协商得以实现,从而打破了老旧小区居民内心不愿付费的藩篱,创造了物业管理费用上涨和物业服务质量提高的互利双赢局面。

> "化粪池疏通是归市政部门管理的,但通常都是我们物业自己做。因为找市政处理时间比较晚,但是老百姓又比较着急,所以现在我们主动提供管理服务。本来收费就难,你再不去处理问题,收费就更难了。"(访谈记录:20230614-生活管家-XW-005)

四、南京市玄武区党建引领国企托底老旧小区物业治理的典型模式

南京市玄武区百子物业公司在党组织的引领下,通过培育"党建引领+"实践模式,有效地链接党建引领与物业治理、生活服务以及可持续发展,同时从组织体系、服务模式、工作机制和监督环节等多个维度构建嵌套机制,打造了物业治理与社区治理组织体系双向进入、交叉任职的互联互嵌、互促互进式物业治理生态平台(图1),实现了物业服务内容拓展和产业链的延伸,有效地提升了自身物业服务能力,实现了满足居民需求与物业可持续发展共赢的目标。

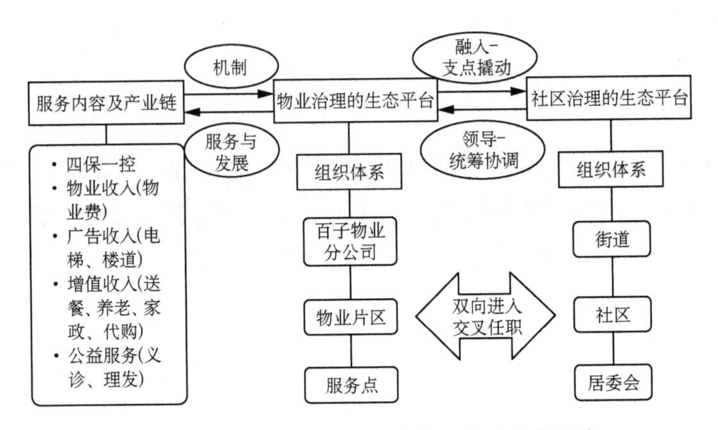

图 1　互联互嵌、互促互进式物业治理生态平台

(一) 践行"党建引领 + "实践模式,推动物业治理可持续发展

1. "党建引领 + 物业治理"双向赋能

"党建引领 + 物业治理"旨在以党建引领为核心,运用市场化的合作机制,对专业服务、智慧平台和行政力量进行有机融合,实现物业治理由过去政府"大包大揽"向社会协同参与转变。① 借助数字化平台管理,百子物业开发使用的智慧物业平台与南京市智慧家园系统形成同构,促成了市-区-街道-社区-小区的全链条互动,实现了城域中心治理的落地。在结合自身职责与社区实事的前提下,百子物业公司积极实行"党建引领 + 物业治理"实践模式,把居民群众急难愁盼问题列入年度实事清单,取得了良好的治理效果。

(1) 建立党建引领机制。百子物业公司在区物业行业党委与集团党委的双重领导下,在全区 7 个街道分公司全覆盖地成立党

① 深圳市图元科技有限公司:《科技赋能城市服务新业态——图元物业城市管理平台解决方案》,《中国建设信息化》2022 年第 7 期。

小组。同时,在老旧小区打造“百子红”加油站,与社区建立AB角,实施组织成员双向进入、交叉任职,共同构建“1+3+X”多方联动治理机制。此外,通过建立信息互通机制、将党的领导融入小区管理公约等举措,把社区党组织建设打造成基层治理平台,推动物业顺利进驻、改造稳妥推进。

以锁金村街道为例,该街道范围内的小区大多建于20世纪八九十年代,是典型的老旧小区,普遍存在环境卫生、停车秩序、硬件老化、人员流动等方面的共性问题,长期困扰着社区居民。在社区党委的牵头组织下,百子物业锁金村分公司与小区业委会、网格党支部书记以及居民代表面对面地召开了多轮议事会进行沟通,通过敲门行动征集党员居民的意见,制定一小区一政策的物业工作实施方案,物业公司党员与社区党员一起行动,组建先锋服务队,集中实施了环境美化、楼道亮化、公共绿化等一系列的“焕新行动”,让居民看到了实实在在的“百子红”服务,从心底真切地接纳百子物业的服务。

(2) 社区党委发挥核心作用。社区党委积极发挥党建引领作用,主要从三个方面开展工作。

第一,加强社区与国企物业的融合度。有别于普通的商业物业,国企物业具有先天的政治性。百子物业进驻老旧小区后,通过召开月度工作碰头会、吸纳党员骨干进入百子物业与“红色管家”队伍、社区网格员与百子物业生活管家结对、一对一联系等方式,及时解决居民协商议事中反馈的问题,积极回应居民的日常诉求,从而为业主和小区居民提供了优质的物业服务。

第二,社区党委在百子物业进驻后联合开展了一系列行动,包括大规模的环境整治,打造楼栋红色文化,建设小区议事亭、红色小广场等公共场所,大力整治飞线充电、小广告和居民种菜等环境问题,使居民小区的面貌焕然一新。经过整治行动,社区接到的居民关于环境卫生、物业管理的12345投诉大幅减少,居民满意度得到提升。

第三，社区党委积极帮助百子物业融入居民生活，双方合力开展了月嫂、驿站等服务项目。通过打造“百子红”加油站党建阵地，百子物业将民主协商议事、联席会、红色管家首问接待、党史微课学习、悦读空间、微服务（居家养老、“宁姐月嫂”家政、青少年托管、线上代购等）、邻里文化活动等功能整合贯通，使居民感受到百子物业相较于普通商业物业的优势所在。小区居民对物业的态度由之前的提意见转变为提建议，居民参与社区治理的积极性得到提高，幸福感得以增强。

（3）凝聚多方合力。在推动党建引领物业治理的过程中，百子物业广泛延揽物业管理专业人士，遴选熟悉社区情况、对群众工作有感情的退休社区支部书记、主任、社工“加盟”物业公司，其中，近三成分公司项目经理有丰富的社区工作经历。同时，百子物业组织骨干力量到头部企业参观学习先进经验，委派专业团队开展驻场指导、协同管理，组建了一支既懂业务、又善做群众工作的专业队伍，确保物业管理初期运作顺利进行。此外，百子物业在小区进出口、道路旁、公示栏、楼道单元等公共区域，设置“百子红”标识、阵地标牌、“四亮”公告栏，推行物业生活管家、“红色管家”、社区网格员“亮身份、亮承诺、亮服务、亮标准”，植入百子视觉系统，打造“红色物业”标杆项目，扩大了自身品牌的知名度和影响力。

2. “党建引领＋生活服务”互促共进

从玄武区启动党建引领国有企业托底老旧小区物业治理的实践模式来看，百子物业公司通过搭建生活平台和服务平台，高效地履行管理与服务职责，满足居民的公共服务需求，有效地链接城市更新改造行动，最终实现了舒心和谐的家园建设目标，创造了美好生活共同体。

（1）生活平台。对物业服务企业而言，物业项目里生活的业主、工作的员工以及相关上下游企业共同构成一个生活平台，通过整合资源,统筹服务与发展,物业企业既可以获取新的利润增长点,也可以提升群众的生活满意度,从而实现自身的可持续发展。

百子物业的生活平台打造主要由以下三个部分组成:一是拓展服务空间。百子物业公司在清溪村9号小区揭牌睦宁里“百子红”便民服务点,成为南京市十家服务点之一,完成中央路262号、和平大沟2个“红色标杆”小区打造。二是常态化开展“百子红”市集。2023年3月以来,百子物业公司联合属地街道、社区开展“百子红”市集15场,设立物业服务展位、公益服务展位和商业体验展位近400个,收集问题数十件,参与居民超过万人次。2023年4月7日,“百子红”市集走入1912商业街区,集团党委联合区人大代表开设接待展台,共同倾听居民诉求、收集居民建议,在公益展台提供理发、磨刀、维修小家电等便民服务,在增值展台引入网红热门美食体验展位,吸引了50余家单位、商户参与,提升了品牌效应。三是提升服务能力。2023年上半年,百子物业通过实地参观、现场分享的形式,举办“百子红”大课堂8次,开展物业专业知识培训、安全生产、多种经营、投诉处理、服务话术、标准化接待等培训,邀请分公司、子公司先进员工分享交流经验,互相学习优秀经验方法与工作作风,不断提升服务水平。通过打造生活平台,百子物业可以吸纳更多治理主体,扩大自身的发展空间,辐射带动周围居民圈的发展活力。

(2) 服务平台。近年来,随着城市化进程的不断加快,居民群众对生活质量的要求越来越高,对小区物业的需求从过去的“安居”逐渐转变为“乐居”,但小区物业治理仍然存在诸多问题,难以满足人民对美好生活的向往。①如何完善物业服务体系,增强物业服务能力,是百子物业自成立以来不断努力的方向。

---

① 汪红梅、李春光、解斌:《基于BIM+实景三维+物联网技术的智慧物业管理服务平台研究》,《中国建设信息化》2022年第21期。

为了推动物业服务的智能化、精细化，首先，百子物业通过接入“数字玄建”系统，实现了从门岗到小区环境，从车辆进出到垃圾回收的监控全覆盖，智慧平台的运用促使物业服务更完善，水平质量更有保障。其次，百子物业全面启动智慧物业平台，建立指挥中心，搭建综合调度平台，配以数字物业管理系统，目前已全覆盖所有托管小区。再次，百子物业设立玄建精灵报事报修、巡更巡检、品质管理、物联集成等多项功能模块，对保安、保洁及现场品质等业务进行数字化现场管理，通过扫码及AI智能识别等方式，实时监测生活管家和保安的巡逻路线、巡查频次以及保洁清扫状态，做到定时定点定人全域管理，及时、精准发现日常管理中容易反复的动态问题，全力提升老旧小区的物业服务质效。最后，百子物业于2023年上半年在智慧物业平台新增多种经营和投诉咨询工单派发模块，上线微信小程序，居民可以通过手机随时随地了解自家小区的物业服务状况，线上一键向物业人员报事报修，通过运用科技手段，使物业服务朝着精细化、人性化的方向发展。

3. “党建引领+可持续发展”双轮驱动

“线上平台+线下服务”的发展模式近年来已成为大量物业服务企业的发展方向，然而实施效果不一而足。在拓展线上资源、获取资金支持的前提下，物业服务企业更需要切实向业主提供优质的线下服务，由点到面才能更好地发挥自身的资源优势，获取居民的支持。

百子物业凭借自身的国企优势，坚持党的建设和经营发展并行推进，积极发挥党组织的战斗堡垒作用和党员先锋模范作用，在做好居民群众服务工作的同时，不断拓宽经营范围，探索创新发展模式。

具体而言，百子物业公司制定了《百子物业资金平衡方案》，按照方案降本增效的原则，定期按有关规定和合同约定公布物业服务费用或物业服务资金的收支情况，开展提供物业服务合同之外的特约服务和商务代办服务。为了实现独立、可持续发展，百子物业在多种经营方面开发新能源、快递柜、房屋租赁、基站、摆摊设点、售水机、换电柜、助餐、家政保洁、商品团购及广告等增值服务，与区域内有运营能力的服务供应商搭建合作平台，在有条件的项目里设立一体化社区增值服务网点，既方便了业主的生活，也增强了自身的造血功能。2023 年上半年，百子物业主动参与市场公建项目和盈利商品房小区项目的竞争招投标 5 次，新增了广场游园物业等业态。在各项目点新增社区零售业务，引入大米、矿泉水和网红酸奶等产品。截至 2023 年 11 月，百子物业多种经营社区资源型业务收入达 300 万元，智慧商业营收 310 万元，有效地提升了物业服务水平，同时也实现了自身可持续发展的目标。

（二）完善多维嵌套机制，促进物业治理融入基层治理

1. 组织嵌套

在百子物业全面托管玄武区老旧小区之初，组织机制建设便被放在了首要位置，对日后物业服务的顺利开展起到了基础性作用。一方面，百子物业紧扣物业服务主责主业，创建“百子红”组织模式，构建了“三方共治”的组织架构与运作机制。“三方共治”组织机制由社区党组织牵头抓总，社区居委会、百子物业、业(管)委会协同联动，在民意诉求征集、议事、处置、回馈等方面形成闭环，推进小区共治善治。另一方面，百子物业与社区实行交叉任职制度，即百子物业片区项目经理、小区业(管)委会负责人兼任社区居委会物业管理专委会成员；同时，社区党委书记、居委会主任兼任物业片区项目党建指导员。百子物业进驻后，物业费整体收缴率从 30%增长到 60%，托管的雍园 41 号小区物业费收缴率已达到 95%，逐步减少了收支剪刀差，收到物业管理方面的锦旗、表扬信超百件，居民群众的参与度、配合度大幅增加，社会影响力显著

上升。

2. 政策嵌套

在政策方面，老旧小区物业治理已经形成了中央、省、市、区多层级的政策嵌套体系。党中央高度重视老旧小区改造，2020 年 7 月，国务院办公厅发布《国务院办公厅关于全面推进城镇老旧小区改造工作的指导意见》①，强调要明确城镇老旧小区改造任务，建立健全政府统筹、条块协作、各部门齐抓共管的专门工作机制；建立改造资金政府与居民、社会力量合理共担机制，全面推进城镇老旧小区改造工作，满足人民群众的美好生活需要。2021 年 8 月，江苏省人民政府先后发布《江苏省"十四五"新型城镇化规划》②和《江苏省"十四五"城镇住房发展规划》③，强调践行美好环境与幸福生活共同缔造理念，加快住宅小区物业服务管理全覆盖，实现物业服务与社区治理、居民自治的良性互动；加快发展物业服务业，构建"党建引领、行业指导、基层主抓"的物业管理服务新模式，促进物业管理融入社会基层治理体系；积极探索创新老旧小区、保障房小区物业管理服务新模式，实现公益属性、市场化运作；鼓励物业服务企业开展养老、托幼、家政等延伸服务，探索"物业服务 + 生活服务"模式。2021 年 9 月，南京市人民政府印发《南京市"十四五"城镇住房发展规划》④，主要任务包含大力推进老旧小区

---

① 《国务院办公厅关于全面推进城镇老旧小区改造工作的指导意见》(2020 年 7 月 20 日)，中国政府网，https://www.gov.cn/zhengce/content/2020-07/20/content_5528320.htm?channel=?fromapp108sq=subject_5500，最后浏览日期：2023 年 10 月 11 日。

② 《江苏省"十四五"新型城镇化规划》(2021 年 8 月 13 日)，江苏省人民政府网，http://www.jiangsu.gov.cn/art/2021/8/25/art_46144_9987995.html，最后浏览日期：2023 年 10 月 11 日。

③ 《江苏省"十四五"城镇住房发展规划》(2021 年 8 月 16 日)，江苏省人民政府网，http://www.jiangsu.gov.cn/art/2021/8/26/art_46144_9988528.html，最后浏览日期：2023 年 10 月 11 日。

④ 《南京市"十四五"城镇住房发展规划》(2021 年 9 月 30 日)，南京市人民政府网，https://www.nanjing.gov.cn/zdgk/202111/t20220128_3278619.html，最后浏览日期：2023 年 10 月 11 日。

改造,提升物业管理服务水平,推动物业服务高质量发展,融入基层社区治理;深化党建引领,充分发挥物业行业党组织的作用,推动实施“党建+物业”的“红色物业”治理模式;建立健全基层党委领导下的社区、业主组织、物业管理单位共建、共治、共享的物业长效管理模式;推动发展生活服务业,强化物业服务监督管理。

根据中央、省、市层面的政策精神,玄武区人民政府于2021年12月发布《玄武区“十四五”老旧小区改造专项规划》①,探索物业企业、养老机构、经营机构等市场主体先期投资、长效运营机制,逐步由政府投资的“外部输血”模式,转变为创造效益的“自身造血”模式。坚持党建引领小区物业管理工作,推动老旧小区改造与加强基层治理有机结合,建立街道、社区、物业、业主组织等多方联动的工作机制,健全社区综合治理体系。

3. 服务模式嵌套

互联互嵌、互促互进,既是玄武区物业治理生态平台的深刻内涵,也是百子物业公司拓展服务内容、融入社区治理的根本特征。以党建引领为抓手,百子物业首先保证托管小区的安全、整洁及违建控制等专业服务,在此基础上,进一步提供养老助餐、家政代购和家电清洗等增值服务,满足居民和特殊群体的多元需求。与此同时,百子物业依托党建联盟,从自身国企定位出发,通过打造“百子红”品牌,开展“百子红”市集,举行社区生活服务招商推介会,接触洽谈重点项目,实现了专业服务向增值服务、拓展服务和公益服务的链式跃升,推动了玄武区物业治理的全链条、全过程、全领域发展。

百子物业在做好自身主责主业、提升服务质量的同时,也在不断强化自我造血功能,在市场竞争中寻找可持续发展路径。一是稳步扩大服务范围,积极推动配套设施建设。例如,百子物业尝试

① 《玄武区“十四五”老旧小区改造专项规划》(2022年1月20日),玄武区人民政府网,http://www.xwzf.gov.cn/xwqrmzf/202201/t20220120_3268388.html,最后浏览日期:2023年10月11日。

推进立体停车场建设和地面泊位拓展,寻找新的盈利点。通过在条件较好的小区产生盈利,有效地平摊运营成本,反哺老旧小区物业服务。二是不断整合资源,拓展开源渠道。百子物业聚焦居民的个性化需求,积极拓展物业服务合同之外的特约服务和商务代办服务,并通过盘活零星闲置的经营性资产,整合租赁房屋、车行人行道闸、充电桩、基站、快递柜、广告投放、摆摊设点等资源,拓展小区的多种经营业务,打造了以子项目支撑物业大板块的运行模式。三是延伸业务领域,以专业服务催生增值服务、拓展服务和公益服务等服务内容,构建集管理链、服务链、产业链和生态链于一体的物业服务产业链(图 2)。百子物业在做好小区管养基本服务的基础上,适度开发了“物业 + 养老、托管、家政”等衍生服务,如新增装修垃圾标准化清运项目,以此放大品牌效应。同时,百子物业在家政领域与区妇联合作,打造了“宁姐月嫂”家政服务工作站,在帮助失业、困难妇女就业创业的同时,拓宽了营收渠道。四是主动参与市场竞争。百子物业主动承接医院学校、商务楼宇、商圈市场等载体商业项目的物业服务,开拓了多种盈利渠道,逐步缩小了收支缺口。

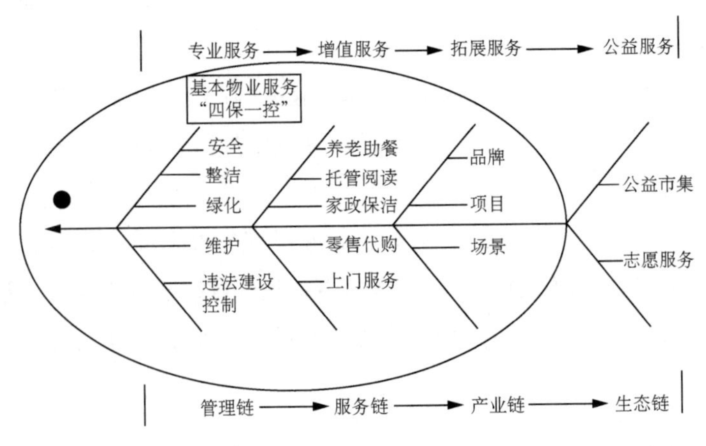

图 2　物业服务产业链鱼骨图

4. 工作机制嵌套

百子物业积极探索老旧小区的托管模式，采取先整治后托管的方式，从实际出发，充分考虑老旧小区的基础条件、历史背景、人口结构等问题，围绕小区综合治理体制完善和小区管理服务精准化、专业化、规范化等目标，不断发展和完善物业服务链条，取得了良好成效。

以樱驼花园颂和园项目为例。该小区建成于 20 世纪 90 年代，是金陵石化的房改房项目，共有 2 600 多户居民。在百子物业接手管理之前，该小区的物业由金陵石化的厂办物业管理，具有较强的福利属性。然而，政策改变和自身发展的局限性迫使金陵石化最终退出了该小区的物业管理。百子物业进驻后，首先对社区文化环境和生态环境进行修葺与改善。通过举办文艺活动、兴建公共文化基础设施等方式，改善了社区文化服务，提高了居民的文化素质和艺术修养，加强了社区居民的交流与沟通。其次，百子物业通过专业化的物业管理服务，强化了居民的垃圾分类、绿化管理意识，改善了社区环境质量，提高了居民的生活品质。再次，百子物业吸纳退休党员参与物业治理，提升志愿服务的参与度，组建功能型党支部，打造"百子红加油站"党建品牌，将"红色物业"力量融入社区的基层治理中，推动形成了社区、物业、业主三方共建、共治、共享格局。最后，百子物业构建起"1 + 3 + X"多方联动治理体系，制定议事规则，每月召开党建联席会、议事会，搭建起党建共建工作平台，提高了居民的参与度和积极性。

5. 监督环节嵌套

2017 年 12 月，南京市政府办公厅发布《关于进一步加强全市老旧小区管理工作的通知》①，在明确组织分工、完善管理机制、加

① 《关于进一步加强全市老旧小区管理工作的通知》(2017 年 12 月 29 日)，南京市人民政府网，https://www.nanjing.gov.cn/zdgk/201810/t20181022_573908.html，最后浏览日期：2023 年 10 月 11 日。

强监督考核等方面作出安排,要求市、区财政建立全市老旧小区管理专项资金,加强资金保障。在这一背景下,南京市政府于2018年开始设立老旧小区管理专项资金,专门对老旧小区管理机构进行补贴。同年10月,南京市住房保障和房产局、市财政局联合发布《南京市老旧小区管理专项资金管理办法》(宁房物字〔2018〕242号),明确了专项资金的使用范围及标准、预算编制与执行、监督管理等内容①,从政策层面确立了资金监督机制。

根据上级政策指示,百子物业通过建立"百子红"老旧小区治理标准化体系,明确了老旧小区治理规程,开通24小时服务热线和监督电话,实行24小时党员带头值班巡查、设置每月"项目经理接待日"等制度,保证了居民反馈的直达有效。此外,百子物业每季度需要向社区"两委"专题汇报1次工作、每半年向小区业(管)委会专题汇报1次工作,每年度在托管小区开展1次居民满意度测评。小区业(管)委会每年需要向居民业主作1次履职述职;社区"两委"每年要向辖区党员群众代表及共建单位开展1次"党建引领基层治理"述职评议。借助工作汇报与述职评议等形式,百子物业把居民意见和建议转化为小区治理的动力,将居民最关切的问题纳入"红色物业"年度实事清单,实施"月推进、季调度、年述评",有效地完善了老旧小区物业治理的监督机制。

五、南京市玄武区党建引领国企托底老旧小区物业治理的优化路径

百子物业作为城建集团下属的国有企业,始终坚持和加强党

① 《2022年南京市老旧小区管理专项资金绩效自评报告》(2023年6月30日),南京市住房保障和房产局网站,https://fcj.nanjing.gov.cn/njszfbzhfcj/202306/t20230630_3950473.htm,最后浏览日期:2023年10月11日。

建引领，在强化自身发展中保障和改善民生，助力老旧小区更新改造，积极履行社会责任，融入和赋能基层治理，取得了显著的治理成效。针对南京市玄武区在推动国有企业托底老旧小区物业治理中面临的各种问题，可从以下四个方面进一步突破与深化，包括以党建引领人心服务、创新治理模式、树立全域思维及强化智慧赋能等，以期深入地推进超特大城市基层物业治理体系和基层治理能力现代化的进程。

（一）以党建引领人心服务

老旧小区的物业服务实质上是一种人心服务，只有赢得人心，获取信任，才更有利于服务的开展与长期可持续发展。国有企业全面托底并不意味着无限责任，因此，需要重视员工在多任务情境下的注意力分配问题，适当地权衡政治任务、专业服务、多种经营、公益活动等职责，制定兼顾公平与人性化的绩效考核标准，以此激发员工的积极性。对此，百子物业应合理确定片区划分和片区人员配置，优化组织层级间的上传下达机制、意见反馈渠道，提高组织运转的效能。

首先，百子物业应进一步畅通居民物业信息诉求传达的反馈渠道，做好居民的知心人，扮演好家门口的服务员。百子物业应及时更新公示公告信息，保障服务送达率和居民的知情权，发挥“红色管家”、生活管家、网格、联席会议等桥梁纽带作用，将群众需求转化为实实在在的为民服务项目和绩效。其次，百子物业应进一步延伸物业服务的可及性，拉近与居民之间的距离。在党建引领下，百子物业应做好人心服务、品质服务和长期服务，做好全方位、全过程服务，发挥好服务中介枢纽功能，获取居民的认同和认可，实现可持续服务。最后，百子物业应完善“12345”“400”号诉求反映解决机制，积极主动地接受区级相关部门组织的第三方测评、重视对标物业服务项目“红黑榜”，在自查自纠的基础上，认真对待外部监督，尤其应重视“12345”投诉、信访等问题的解决满意度，努力提供令居民满意的物业服务。

（二）重视源头治理，创新整体治理

国有企业物业治理应实现从末端管理向源头治理转变，建立起用事前诊断预防取代事后补救的整体性治理机制。对此，百子物业应及时总结老旧小区改造整治托管过程中的普遍性问题和特殊疑难问题，有针对性地提出相应预案，防患于未然。同时，百子物业应采用梳理问题处置工作法，精准地把脉问题的源头，迅速定位涉事相关方，搭平台、理事项、置议程，联动协同，合力解决治理问题。

物业企业托管进驻时，如果成本收益测算不精准，就可能导致后期管理过程中收不抵支的后果。因此，国有企业实施全面托底的首要任务就是要进行托管成本测算。国有企业应摸清物业费、停车费等收益底数及其增长空间与增长规律，充分考虑政府指导价、老旧小区之前的物业费、停车费水平、业主抵触物业付费的观念与相应习惯。在此情况下，国有物业企业要科学地掌握进驻后相关收入的增长规律，合理制定相应的量化考核标准，在增量上下功夫。

在科学测算成本收益的前提下，国有物业企业应采取合法、合规、合理的方式订立托管合同。首先要做好宣传，广而告之，保障业主的知情权。国有物业企业应公开、公正、公平地与业委会或管委会协商讨论，确立初步方案，并广泛征询业主意见，再经业主大会表决通过，保证代表性、程序性、合法性，以利于后面开展相应的物业服务。托管合同的形成过程，也是民意收集汇聚的过程，物业费、停车费等标准和相关管理办法都应向业主告知，并获得业主同意，便利后续的收缴和管理。无论是初次收费还是延续先前的收费规定，国有物业公司都应合理估计任务完成的难易程度，设定合

理化的目标。长期来看,逐步提高物业费的收费标准,续筹维修资金,将成为物业治理中无法回避、不得不解决的难题。因此,国有物业公司需要把好小区停车、房屋出售等关口,利用这些契机,提高物业费收缴率和维修资金续筹的可能性。

此外,更新改造和物业托管一体,可能造成责任不清、互相推诿的情况。更新方和托管方同属一个集团,物业公司可以帮助更新方提前摸清小区的物业状况,反映改造需求,提供改造建议,承担起后期的维保任务。在前期更新改造的过程中,物业如若牵涉拆违等纠纷,可能会给一些业主留下不好的印象,不利于后期管理。因此,在更新保修期内,更新方依然要切实履行相关责任,及时妥善地解决业主的合理诉求,不将问题推给物业,不把矛盾转嫁。

(三)树立全域思维,深化协同联动

国有企业全面托底老旧小区物业治理过程,也是一个小区治理从无序到有序的过程。一方面是为了便利托管,另一方面也形成了基本职责规则化。先前处于小区外的机关、企事业单位、个体工商户等主体都要被纳入小区物业治理体系,以前属于职能部门的职责也需要通过物业公司去统筹和落实。在没有执法权的情况下,很多小区事务需要协同房管、城管、消防、公安、绿化园林、水电气、管线管道等负责部门合力解决。因此,国有物业公司应不断完善跨部门、跨层级的对接会商联动机制,及时共同妥善地解决居民的急难愁盼问题及更新改造、日常管理中需要执法力量出场予以解决的问题。

为进一步提升物业治理效益,国有物业公司首先应科学合理地分析收入缺口的来源和结构,在努力提高老旧小区托管服务收入、拓展多种经营的同时,推动商业物业服务做优、做大、做强。其次,国有物业公司可以尝试对邻近老旧小区物业服务进行连片整

合,主动托管小区周围的公有物业和政府收费停车场地服务,以此获得规模效益。最后,国有物业公司可以探索构建超越行政管理辖区的物业服务片区治理模式,全面整合资源,合理配备人员,优化目标考核,以实现规模经济的发展目标。

(四)强化智慧赋能,推进数字惠民

数智治理是社会治理现代化的必然要求,国有物业公司应努力夯实城区物业数字治理新底座,提升整体数据治理能力和全域场景应用智慧化水平。国有物业公司应依托数字物业开展城区基础设施管理、小区运行态势监管、公共事件预警预报,实现全要素管理和服务数据的采集汇聚以及市、区、街道三级业务联动,形成一体化的物业治理新格局。

一方面,物业治理应打造一体化的物业服务集成平台,加快服务模式重构,推动治理范式重塑,推进运行流程再造,助推服务渠道、服务能力、服务资源等深度融合,不断提高物业服务的智能化水平。另一方面,基于数字化平台的物业治理,应着力推动实现物业服务事项统一入口、统一预约、统一受理、统一反馈,以及物业治理全领域、全业务、全流程数字化、网络化、智能化进程,不断提高物业服务的信息化、网络化、数字化能力和水平。

[本文系"南京市玄武区党建引领国有企业全面托底中心城区老旧小区物业治理模式创新研究"的阶段性成果]

稿 约

1.《复旦城市治理评论》于2017年正式出版，为学术性、思想性和实践性兼具的城市治理研究系列出版物，由复旦大学国际关系与公共事务学院支持，复旦大学国际关系与公共事务学院大都市治理研究中心组稿、编写，每年出版两种。《复旦城市治理评论》坚持学术自由之方针，致力于推动中国城市治理理论与实践的进步，为国内外城市治理学者搭建学术交流平台。欢迎海内外学者惠赐稿件。

2.《复旦城市治理评论》每辑主题由编辑委员会确定，除专题论文外，还设有研究论文、研究述评、案例研究和调查报告等。

3. 论文篇幅一般以15 000—20 000字为宜。

4. 凡在《复旦城市治理评论》发表的文字不代表《复旦城市治理评论》的观点，作者文责自负。

5. 凡在《复旦城市治理评论》发表的文字，著作权归复旦大学国际关系与公共事务学院所有。未经书面允许，不得转载。

6.《复旦城市治理评论》编委会有权按稿例修改来稿。如作者不同意修改，请在投稿时注明。

7. 来稿请附作者姓名、所属机构、职称学位、学术简介、通信地址、电话、电子邮箱，以便联络。

8. 投稿打印稿请寄：上海市邯郸路220号复旦大学国际关系与公共事务学院《复旦城市治理评论》编辑部，邮编200433；投稿邮箱：fugr@fudan.edu.cn。

稿　例

一、论文构成要素及标题级别规范

来稿请按题目、作者、内容摘要(中文200字左右)、关键词①、简短引言(区别于内容摘要)、正文之次序撰写。节次或内容编号请按一、(一)、1.、(1)……之顺序排列。正文后附作者简介。

二、专有名词、标点符号及数字的规范使用

1. 专有名词的使用规范

首次出现由英文翻译来的专有名词(人名、地名、机构名、学术用语等)需要在中文后加括号备注英文原文,之后可用译名或简称,如罗伯特·登哈特(Robert Denhardt);缩写用法要规范或遵从习惯。

2. 标点符号的使用规范

请严格遵循相关国家标准,参见《标点符号用法》(GB/T 15834—2011)。

3. 数字的使用规范

请严格遵循相关国家标准,参见《出版物上数字用法》(GB/T 15835—2011)。需要说明的是:一般情况下,对于确切数字,请统一使用阿拉伯数字;正文或注释中出现的页码及出版年月日,请以公元纪年并以阿拉伯数字表示;约数统一使用中文数字,极个别地方(为照顾局部前后统一)也可以使用阿拉伯数字。

4. 图表的使用规范

各类表、图的制作要做到清晰(精度达到印刷要求)和准确(数据无误、表的格式无误),具体表格和插图的制作规范请参见《学术出版规范 表格》(CY/T 170—2019)和《学术出版规范 插图》(CY/T 171—2019)。表、图相关数据或资料来源需要标明出处,数据或资料来源的体例要求同正文注释,具体见“五、注释格式附例”。

三、正文中相关格式规范

1. 正文每段段首空两格。独立引文左右各缩进两格,上下各

---

① 关键词的提炼方法请参见《学术出版规范 关键词编写规则》(CY/T 173—2019)。

空一行，不必另加引号。

2. 正文或注释中出现的中、日文书籍、期刊、报纸之名称，请以书名号《》表示；文章篇名请以书名号《》表示。西文著作、期刊、报纸之名称，请以斜体表示；文章篇名请以双引号“”表示。古籍书名与篇名连用时，可用中点（·）将书名与篇名分开，如《论语·述而》。

3. 请尽量避免使用特殊字体、编辑方式或个人格式。

四、注释的体例规范

所有引注和说明性内容均须详列来源：本《评论》的正文部分采用“页下脚注”格式，每页序号从①起重新编号，除对专门的概念、原理、事件等加注外，所有注释标号放在标点符号的外面；表和图的数据来源（资料来源）分别在表格下方（如果表有注释的话，请先析出资料来源再析出与表相关的注释说明）和图题下方析出。

【正文注释示例】

［例一］ 陈瑞莲教授提出了区域公共管理的制度基础和政策框架。[①]杨龙提出了区域合作的过程与机制，探讨如何提高区域政策的效果和协调区域关系。[②]第二类主要着眼于具体的某个城市群区域发展的现实要求，比如政策协同问题、大气污染防治、公共服务一体化等。

［例二］ 1989年，中共中央发表《中共中央关于坚持和完善中国共产党领导的多党合作和政治协商制度的意见》，明确了执政党和参政党各自的地位和性质，明确了多党合作和政治协商制度是中国的基本政治制度，明确了民主党派作为参政党的基本点即“一个参加三个参与”[③]。

---

① 陈瑞莲：《论区域公共管理的制度创新》，《中山大学学报》2005年第5期。

② 杨龙：《中国区域政策研究的切入点》，《南开学报》（哲学社会科学版）2014年第2期。

③ “一个参加三个参与”指，民主党派参加国家政权，参与国家大政方针的制定，参与国家事务的管理，以及参与国家法律、法规、政策的制定和执行。

【表的注释示例】

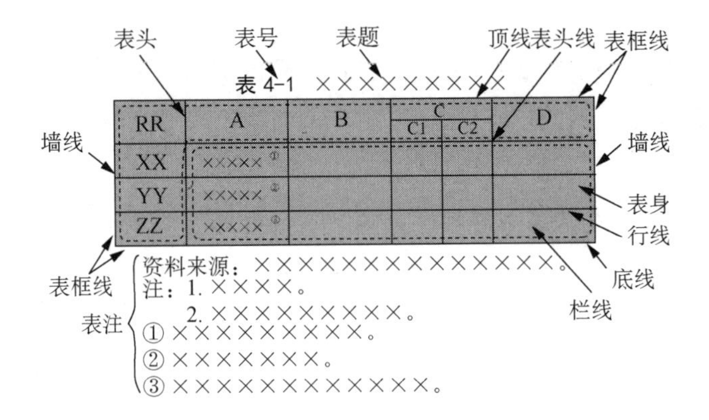

【图的注释示例】

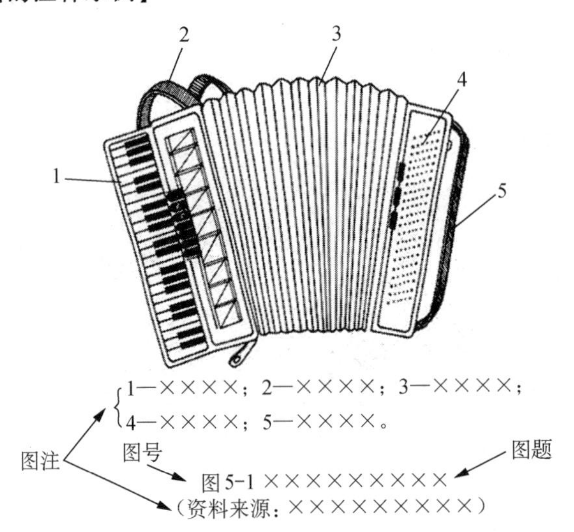

五、注释格式附例

1. 中文著作

（作者名）著（或主编等）：《 *** 》（书名），*** 出版社 **** 年版，第 * 页。

如，陈钰芬、陈劲：《开放式创新：机理与模式》，科学出版社 2008 年版,第 45 页。

2. 中文文章

*** (作者名):《 ****** 》(文章名),《 ****** 》(期刊名) **** 年第 ** 期,第 ** 页/载 *** 著(或主编等):《 ****** 》, *** 出版社 **** 年版,第 * 页①。

期刊中论文如,陈夏生、李朝明:《产业集群企业间知识共享研究》,《技术经济与管理研究》2009 年第 1 期,第 51—53 页。

著作中文章如,陈映芳:《"违规"的空间》,载陈周旺等主编:《中国政治科学年度评论:2013～2014》,复旦大学出版社 2016 年版,第 75—98 页。

3. 译著

*** (作者名或主编等):《 ****** 》, *** 译, *** 出版社 **** 年版,第 * 页。

如,[美]菲利普·科特勒:《营销管理:分析、计划、执行和控制》(第九版),梅汝和等译,上海人民出版社 1999 年版,第 415—416 页。

4. 中文学位论文

*** (作者名):《 ****** 》(论文标题), **** 大学 **** 专业 ** (硕士/博士)学位论文, **** 年,第 * 页。

如,张意忠:《论教授治学》,华东师范大学高等教育学专业博士学位论文,2006 年,第 78 页。

5. 中文网络文章

*** (作者名、博主名、机构名等著作权所有者名称):《 ****** 》(文章名、帖名)(**** 年 * 月 * 日)(文章发布日期), *** (网站名), *** (网址),最后浏览日期: * 年 * 月 * 日。

如,王俊秀:《媒体称若今年实施 65 岁退休 需 85 年才能补上养老金

① 期刊中论文的页码可有可无,全文统一即可,但是涉及直接引文时,需要析出引文的具体页码。论文集中文章的页码需要析出。

缺口》(2013 年 9 月 22 日),新浪网,http://finance.sina.com.cn/china/20130922/082216812930.shtml,最后浏览日期:2016 年 4 月 22 日。

6. 外文著作

****** (作者、编者的名 + 姓)①,ed./eds.②(如果是专著则不用析出这一编著类型),****** (书名,斜体,且除虚词外的每个单词首字母大写),*** (出版地):*** (出版社),**** (出版年),p./pp.③ * (页码).

如,John Brewer and Eckhart Hellmuth, *Rethinking Leviathan: The 18th Century State in Britain and Germany*, Oxford: Oxford University Press, 1999, pp.5-6.

7. 外文文章

****** (作、编者的名 + 姓),"******"(文章名称,首字母大写),****** (期刊名,斜体且首字母大写),****,(年份) *** (卷号),p./pp. *** (页码). 或者,如果文章出处为著作,则在文章名后用:in ****** (作、编者的名 + 姓),ed./eds.,****** (书名,斜体且首字母大写),*** (出版地):*** (出版社),**** (出版年),p./pp. * (页码).

期刊中的论文如,Todd Dewett and Gareth Jones, "The Role of Information Technology in the Organization: A Review, Model, and Assessment", *Journal of Management*, 2001,27(3),pp.313-346.

或著作中的文章如,Randall Schweller, "Managing the Rise of Great Powers: Theory and History", in Alastair Iain Johnston and Robert Ross, eds., *Engaging China: The Management of an Emerging Power*, London: Routledge, 1999, pp.18-22.

---

① 外文著作的作者信息项由"名 + 姓"(first name + family name)构成。以下各类外文文献作者信息项要求同。

② "ed."指由一位编者主编,"eds."指由两位及以上编者主编。

③ "p."指引用某一页,"pp."指引用多页。

8. 外文会议论文

****** (作者名 + 姓), "****** "(文章名称,首字母大写,文章名要加引号), paper presented at ****** (会议名称,首字母大写), ******** (会议召开的时间), *** (会议召开的地点,具体到城市即可).

如,Stephane Grumbach, "The Stakes of Big Data in the IT Industry: China as the Next Global Challenger?", paper presented at The 18th International Euro-Asia Research Conference, January 31 and February 1, 2013, Venice, Italy①.

以上例子指外文会议论文未出版的情况。会议论文已出版的,请参照外文文章的第二类,相当于著作中的文章。

9. 外文学位论文

****** (作者名 + 姓), ****** (论文标题,斜体,且除虚词外的每个单词首字母大写), doctoral dissertation/master's thesis(博士学位论文/硕士学位论文), **** (大学名称), **** (论文发表年份), p./pp. * (页码).

如,Nils Gilman, *Mandarins of the Future, Modernization Theory in Cold War America*, doctoral dissertation, John Hopkins University, 2007, p. 28.

10. 外文网络文章

****** (作者名、博主名、机构名等著作权所有者名称),"****** "(文章名、帖名)(********)(文章发布日期), *** (网站名), *** (网址), retrieved ****** (最后浏览日期)。

如,Adam Segal, "China's National Defense: Intricate and Volatile" (April 1, 2011), Council on Foreign Relations, https://www.cfr.org/blog/chinas-national-defense-intricate-and-volatile, retrieved December 28, 2018.

---

① 如果会议名称中含有国家名称,出版地点中可省略国家名称信息。

图书在版编目(CIP)数据

城市更新与空间治理/唐亚林,陈水生主编. —上海: 复旦大学出版社,2023. 12
(复旦城市治理评论)
ISBN 978-7-309-17191-4

Ⅰ. ①城… Ⅱ. ①唐… ②陈… Ⅲ. ①城市空间-空间规划-研究-中国 Ⅳ. ①TU984. 2

中国国家版本馆 CIP 数据核字(2023)第 253178 号

城市更新与空间治理
CHENGSHI GENGXIN YU KONGJIAN ZHILI
唐亚林 陈水生 主编
责任编辑/朱 枫

复旦大学出版社有限公司出版发行
上海市国权路 579 号 邮编: 200433
网址: fupnet@fudanpress. com http://www. fudanpress. com
门市零售: 86-21-65102580 团体订购: 86-21-65104505
出版部电话: 86-21-65642845
上海四维数字图文有限公司

开本 787 毫米×960 毫米 1/16 印张 25. 5 字数 320 千字
2023 年 12 月第 1 版
2023 年 12 月第 1 版第 1 次印刷

ISBN 978-7-309-17191-4/T · 749
定价: 86. 00 元